中国近海底栖动物多样性丛书

丛书主编 王春生

黄海底栖动物常见种形态分类图谱

上册

张学雷 主编

科学出版社

北京

内 容 简 介

本书分上、下两册，内容涵盖了环节动物、软体动物、节肢动物和棘皮动物等大型底栖生物的主要类群，以及刺胞动物、底栖鱼类等常见的较小门类，对小型底栖生物线虫也有较翔实的描述。上册共包括六部分，分别为多孔动物1科1种、刺胞动物9科22种、扁形动物2科2种、纽形动物7科10种、线虫动物19科73种、环节动物44科138种；下册共包括七部分，分别为星虫动物2科2种、软体动物42科76种、节肢动物43科76种、苔藓动物7科7种、腕足动物2科3种、棘皮动物19科29种、脊索动物22科45种。各部均以文字和图片（主要为实体图，部分是线条图）相结合的形式，描述相应门下各科常见于黄海的底栖种类形态特征，略述其生态习性、分布和参考文献，遇一科下有多属或种的情况编有分类检索表。

本书旨在成为海洋底栖动物分类鉴定的工具书，可供海洋生态、环境保护、海洋生物资源利用和海洋管理相关工作者参考使用。

图书在版编目（CIP）数据

黄海底栖动物常见种形态分类图谱：全2册 / 张学雷主编. — 北京：科学出版社，2024.2
（中国近海底栖动物多样性丛书 / 王春生主编）
ISBN 978-7-03-073732-8

Ⅰ. ①黄… Ⅱ. ①张… Ⅲ. ①黄海－底栖动物－动物形态学－分类－图谱
Ⅳ. ①Q958.8-64

中国版本图书馆CIP数据核字(2022)第206007号

责任编辑：李 悦 闫小敏 / 责任校对：严 娜 / 责任印制：肖 兴
封面设计：刘新新 / 装帧设计：北京美光设计制版有限公司

科学出版社 出版
北京东黄城根北街16号
邮政编码：100717
http://www.sciencep.com
北京华联印刷有限公司 印刷
科学出版社发行 各地新华书店经销
*
2024年2月第 一 版 开本：787×1092 1/16
2024年2月第一次印刷 印张：60 1/4
字数：1 428 000
定价（上、下册）：918.00元
（如有印装质量问题，我社负责调换）

"中国近海底栖动物多样性丛书"
编辑委员会

《黄海底栖动物常见种形态分类图谱》（上、下册）编辑委员会

主　　编　张学雷

副 主 编（以姓氏笔画为序）

　　　　　王建军　寿　鹿　李新正　周　红　葛美玲

编　　委（以姓氏笔画为序）

　　　　　马　林　王亚琴　王宗兴　王建军　王春生　甘志彬

　　　　　史本泽　刘　坤　刘清河　汤雁滨　许　鹏　孙　悦

　　　　　孙世春　寿　鹿　李　阳　李一璇　李新正　杨　梅

　　　　　冷　宇　宋希坤　张　琪　张东声　张均龙　张学雷

　　　　　张鹏弛　范士亮　周　红　徐勤增　郭玉清　黄　勇

　　　　　黄雅琴　龚　琳　寇　琦　葛美玲　董　栋　蒋　维

　　　　　曾晓起　温若冰　蔡立哲　廖一波

丛书序

海洋底栖动物是海洋生物中种类最多、生态学关系最复杂的生态类群，包括大多数的海洋动物门类，在已有记录的海洋动物种类中，60% 以上是底栖动物。它们大多生活在有氧和有机质丰富的沉积物表层，是组成海洋食物网的重要环节。底栖动物对海底的生物扰动作用在沉积物 – 水界面生物地球化学过程研究中具有十分重要的科学意义。

海洋底栖动物区域性强，迁移能力弱，且可通过生物富集或生物降解等作用调节体内的污染物浓度，有些种类对污染物反应极为敏感，而有些种类则对污染物具有很强的耐受能力。因此，海洋底栖动物在海洋污染监测等方面具有良好的指示作用，是海洋环境监测和生态系统健康评估体系的重要指标。

海洋底栖动物与人类的关系也十分密切，一些底栖动物是重要的水产资源，经济价值高；有些种类又是医药和多种工业原料的宝贵资源；有些种类能促进污染物降解与转化，发挥环境修复作用；还有一些污损生物破坏水下设施，严重危害港务建设、交通航运等。因此，海洋底栖动物在海洋科学研究、环境监测与保护、保障海洋经济和社会发展中具有重要的地位与作用。

但目前对我国海洋底栖动物的研究步伐远跟不上我国社会经济的发展速度。尤其是近些年来，从事分类研究的老专家陆续退休或离世，生物分类研究队伍不断萎缩，人才青黄不接，严重影响了海洋底栖动物物种的准确鉴定。另外，缺乏规范的分类体系，无系统的底栖动物形态鉴定图谱和检索表等分类工具书，也造成种类鉴定不准确，甚至混乱。

在海洋公益性行业科研专项"我国近海常见底栖动物分类鉴定与信息提取及应用研究"的资助下，结合形态分类和分子生物学最新研究成果，我们组织专家开展了我国近海常见底栖动物分类体系研究，并采用新鲜样品进行图像等信息的采集，编制完成了"中国近海底栖动物多样性丛书"，共 10 册，其中《中国近海底栖动物分类体系》1 册包含 18 个动物门 771 个科；《中国近海底栖动物常见种名录》1 册共收录了 18 个动物门 4585 个种；渤海、黄海（上、下册）、东海（上、下册）和南海（上、中、下册）形态分类图谱分别包含了 12 门 151 科 260 种、13 门 219 科 484 种、12 门 229 科 522 种和 13 门 282 科 680 种。

在本丛书编写过程中，得到了项目咨询专家中国海洋大学张志南教授、浙江大学蔡如星教授和自然资源部第三海洋研究所林茂研究员的指导。中国科学院海洋研究所徐奎栋研究员、肖宁博士和张均龙博士，自然资源部第二海洋研究所刘镇盛研究员，自然资源部第三海洋研究所江锦祥研究员、郑凤武研究员和李荣冠研究员，自然资源部南海局张敬怀研究员，海南南海热带海洋研究所陈宏研究员审阅了书稿，并提出了宝贵意见，在此一并表示感谢。

同时本丛书得以出版与原国家海洋局科学技术司雷波司长和辛红梅副司长的支持分不开。在实施方案论证过程中，原国家海洋局相关业务司领导及评审专家提出了很多有益的意见和建议，笔者深表谢意！

在丛书编写过程中我们尽可能采用了 WoRMS 等最新资料，但由于有些门类的分类系统在不断更新，有些成果还未被吸纳进来，为了弥补不足，项目组注册并开通了"中国近海底栖动物数据库"，将不定期对相关研究成果进行在线更新。

虽然我们采取了十分严谨的态度，但限于业务水平和现有技术，书中仍不免会出现一些疏漏和不妥之处，诚恳希望得到国内外同行的批评指正，并请将相关意见与建议上传至"中国近海底栖动物数据库"，便于编写组及时更正。

"中国近海底栖动物多样性丛书"编辑委员会
2021 年 8 月 15 日于杭州

前　言

黄海是西太平洋边缘海，西、北、东三面濒临中国大陆和朝鲜半岛，西北与渤海相连，南部与东海相通。黄海生境异质性较高，主要包括浅海、潮间带、海湾、河口和岛礁，底质类型主要包括泥、砂、黏土等软相沉积物和基岩底质。黄海的营养盐较为丰富，底栖生物的饵料充足。黄海的底栖生物以广温广盐种类、暖温带种类为主，在中部 40m 以深区域受底层冷水团影响栖息着一些冷水性种类；东南部受黑潮余脉影响有亚热带种类栖息。

我国底栖生物调查与分类研究起源于黄海。1935 年张玺先生领导的胶州湾海洋生物调查，为我国学者组织的第一次海洋生物调查。基于该调查出版的《胶州湾及其附近海产食用软体动物之研究》，为我国第一部比较系统的贝类与底栖生物分类学著作。新中国成立之后，逐渐形成较为全面的底栖生物分类学与生态学研究团队，开展了一系列海洋生物调查与研究，对新种与新记录种进行了描述，但大部分底栖生物分类工具书按特定生物类群编写，缺乏聚焦特定海域的较全面的分类图鉴与图谱。

在全球变化和人类活动影响下，黄海生态系统面临多重环境压力。相比寿命较短的浮游生物和活动能力较强的游泳动物，许多底栖动物个体具有较长的生命周期，栖息地范围也较为局限，是生态系统的重要指示类群。底栖动物包括众多门类，生活类型与生活史特征差异较大，研究底栖动物需要较全面实用的分类鉴定图谱。

本书分为上、下册，内容涵盖了环节动物、软体动物、节肢动物和棘皮动物等大型底栖生物的主要类群，以及刺胞动物、底栖鱼类等常见的较小门类，对小型底栖生物线虫也有较翔实的描述。上册共包括六部分，分别为多孔动物 1 科 1 种、刺胞动物 9 科 22 种、扁形动物 2 科 2 种、纽形动物 7 科 10 种、线虫动物 19 科 73 种、环节动物 44 科 138 种；下册共包括七部分，分别为星虫动物 2 科 2 种、软体动物 42 科 76 种、节肢动物 43 科 76 种、苔藓动物 7 科 7 种、腕足动物 2 科 3 种、棘皮动物 19 科 29 种、脊索动物 22 科 45 种。各部分均以文字和图片（主要为实体图，部分是线条图）相结合的形式，描述相应门下各科常见于黄海的底栖种类形态特征，略述其生态习性、分布和参考文献，遇一科下有多属或种的情况编有分类检索表。书中的多孔动物、扁形动物、纽形动物、星虫动物、苔藓动物、腕足动物和脊索动物由中国海洋大学孙世春团队编写，刺胞动物和节肢动物由中国科学院海洋研究所李新正团队编写，线虫动物由中国海洋大学周红牵头编写，环节动物由自然资源部第一海洋研究所张学雷团队编写，软体动物由自然资源部第二海洋研究所寿鹿团队、王春生团队编写，棘皮动物由自然资源部第三海洋研究所王建军团队编写，全书由张学雷团队牵头汇编。

本书旨在成为海洋底栖动物分类鉴定的工具书，可供海洋生态、环境保护、海洋生物资源利用和海洋管理相关工作者参考使用。欢迎读者提出宝贵意见，以期不断改进，更好地发挥其参考书的作用。

　　谨以此书纪念我国海洋底栖生物学与生态学研究先驱刘瑞玉先生、吴宝铃先生百年诞辰。

张学雷

2023 年 12 月于青岛

目 录

上册

多孔动物门 Porifera

寻常海绵纲 Demospongiae
皮海绵目 Suberitida
皮海绵科 Suberitidae Schmidt, 1870

皮海绵属 *Suberites* Nardo, 1833

刺胞动物门 Cnidaria

水螅纲 Hydrozoa
被鞘螅目 Leptothecata
钟螅科 Campanulariidae Johnston, 1836

薮枝螅属 *Obelia* Péron & Lesueur, 1810

根茎螅属 *Rhizocaulus* Stechow, 1919

羽螅科 Plumulariidae McCrady, 1859

羽螅属 *Plumularia* Lamarck, 1816

小桧叶螅科 Sertularellidae Maronna et al., 2016

小桧叶螅属 *Sertularella* Gray, 1848

扁形动物门 Platyhelminthes

纽形动物门 Nemertea

色矛纲 Chromadorea
色矛目 Chromadorida

环节动物门 Annelida

多毛纲 Polychaeta / 游走亚纲 Errantia

多孔动物门
Porifera

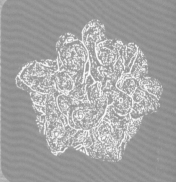

寻常海绵纲 Demospongiae

皮海绵目 Suberitida

皮海绵科 Suberitidae Schmidt, 1870

皮海绵属 *Suberites* Nardo, 1833

宽皮海绵
Suberites latus Lambe, 1893

标本采集地：黄海。

形态特征：海绵呈块状，近似椭圆球形，颜色多样，有橘红色、灰土色、黄色等，海绵上表面有褶皱状突起，下表面较平坦。有出水口，不均匀地分布在海绵表面且多分布在突起的顶端。酒精浸泡后海绵呈褐色。内有大寄居蟹共生，海绵质地较硬，可压缩。大骨针为大头骨针，有大小不同的两种。小骨针为小杆骨针。该种的小杆骨针为带棘的中头棒状骨针。外皮层骨骼由相对较小的大头骨针紧密排列而成，大头骨针的尖端突出身体的表面。领细胞层骨骼主要由相对较大的大头骨针杂乱无章地排列而成。

生态习性：生活在黄海，内有大寄居蟹，底拖网数量较大。

地理分布：黄海，南海；亚得里亚海，爱琴海，北大西洋。

参考文献：龚琳和李新正，2015。

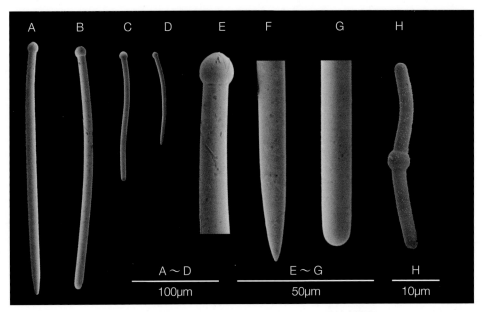

图 1-1　宽皮海绵 *Suberites latus* Lambe, 1893 骨针电镜图

2

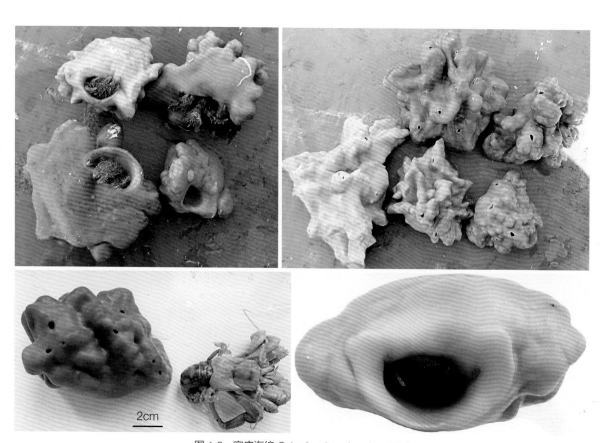

图 1-2　宽皮海绵 *Suberites latus* Lambe, 1893

多孔动物门参考文献

龚琳，李新正 . 2015. 黄海一种寄居蟹海绵宽皮海绵的记述 . 广西科学, (5): 564-567.

刺胞动物门
Cnidaria

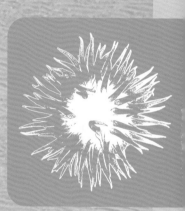

水螅纲 Hydrozoa

膝状薮枝螅
Obelia geniculata (Linnaeus, 1758)

标本采集地： 山东青岛。

形态特征： 螅根网状，茎高约 25mm，分枝不规则。分枝上方具 3～4 个环轮，芽鞘互生，分枝之处有屈膝状弯曲。芽鞘口缘齐平，高与宽几乎相等，芽鞘底部明显加厚。生殖鞘长卵形，生于分枝与主茎的腋间，柄部具环纹 3～4 个。

生态习性： 附着在海藻、岩石、贝壳、养殖设施、舰船及其他人工设施上。

地理分布： 渤海，黄海，东海，南海；世界性分布。

生态危害： 污损生物，危害船舶、养殖设施等。

参考文献： 冈田要等，1960；杨德渐等，1996；曹善茂等，2017。

图 2　膝状薮枝螅 *Obelia geniculata*（Linnaeus, 1758）（曾晓起供图）

中国根茎螅
Rhizocaulus chinensis (Marktanner-Turneretscher, 1890)

标本采集地： 黄海。

形态特征： 群体高 100～150mm，螅茎及分枝中下部聚集成束呈多管状。分枝不规则，芽鞘具长柄，呈轮状着生在茎或分枝的周围。柄上部和基部有环轮或波纹，但中部大部光滑。芽鞘钟状，高、宽相近，口部稍张开，其上有数条纵肋，边缘齿 10～12 个。生殖鞘纺锤形。图中无完整芽鞘，仅剩余柄部。

生态习性： 栖息水深 30～400m，主要分布于 100m 以内浅海。

地理分布： 黄海，东海，南海；西北太平洋，北大西洋，北极。

参考文献： 杨德渐等，1996。

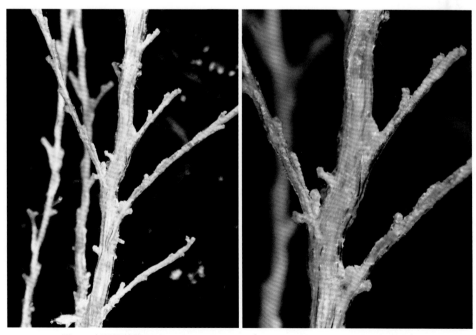

图3　中国根茎螅 *Rhizocaulus chinensis*（Marktanner-Turneretscher, 1890）

拟毛状羽螅
Plumularia setaceoides Bale, 1882

标本采集地： 山东青岛。

形态特征： 群体高 10 ～ 30mm，茎部有规则的分节。茎部与分枝的粗度相差悬殊，分枝粗约为茎部的 1/2。分枝互生，在一个平面上。有鞘节与无鞘节交互排列，前者长于后者。有鞘节具一个芽鞘和三个刺丝鞘，芽鞘上方两个，下方一个。芽鞘圆筒形，口径与高度相近，腰部内凹，口缘光滑无齿。无鞘节下端平截，上端斜截，上有一个刺丝鞘。生殖鞘大，位于水螅枝基部，弯曲，下凸上凹，近端变细，顶端平截，表面有数条皱纹。

生态习性： 栖息于潮间带、潮下带的岩礁、石块等基底上。

地理分布： 山东，浙江，福建沿海；太平洋，大西洋。

参考文献： 杨德渐等，1996。

图 4　拟毛状羽螅 *Plumularia setaceoides* Bale, 1882

阿氏小桧叶螅
Sertularella areyi Nutting, 1904

标本采集地： 黄海。

形态特征： 形态简单，个体纤细，具主茎，不分枝，主茎分为多个长节，每节末端具 1 个芽鞘，芽鞘互生，几乎处于同一平面。芽鞘卵杯状，中间最宽，约 1/2 贴生，表面具 2 圈明显横向皱褶，将芽鞘分为近等宽的 3 部分，芽鞘开口处宽，具 4 个缘齿、4 瓣芽盖，围成塔状，未观察到内部齿。具离茎盲囊。无生殖鞘标本。

生态习性： 群体匍匐生长于其他水螅表面。

地理分布： 黄海，东海；日本，韩国，加勒比海。

参考文献： Calder，2013；宋希坤，2019。

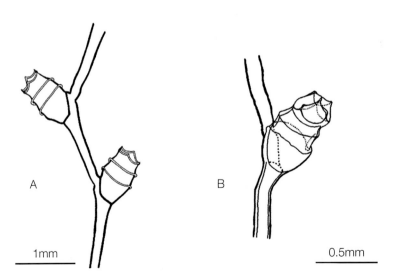

图 5　阿氏小桧叶螅 *Sertularella areyi* Nutting, 1904（引自 Calder, 2013; 宋希坤，2019）

A. 芽鞘排列；B. 单个芽鞘

巨芽小桧叶螅
Sertularella gigantea Hincks, 1874

标本采集地： 黄海。

形态特征： 直立生长，具明显的主茎，部分主茎在中下部开始具 1～3 级双歧分
枝，分枝夹角约 30°，分枝与主茎近等粗，部分分枝的腋窝处具芽鞘。
主茎和分枝规律分节，每节具 1 个芽鞘，分节处倾斜，具收缢，节间具
0～6 环较浅的环轮。芽鞘互生，在主茎和分枝上排成两纵列，芽鞘
长管状，表面不具明显的环纹，近茎侧 1/2 贴生，顶部略外弯，往口
部方向逐渐变细，口下方略收缩，具 4 个等大的缘齿，不具内部齿，
芽盖由 4 片三角形缘瓣围成塔状，部分芽盖层叠。在性成熟的群体中，
芽鞘和节间上的波纹及芽盖层叠程度更为明显。生殖鞘卵圆形，着生于
主茎或分枝表面，垂直于芽鞘所在平面，具柄，表面具较深的 6～8 条
环肋，具短领，顶端具 3 个或 4 个棘刺（多为 4 个），领较宽长。

生态习性： 群体附生于石块、海鞘或海绵表面。

地理分布： 黄海；日本海，北大西洋，北冰洋。

参考文献： 宋希坤，2019。

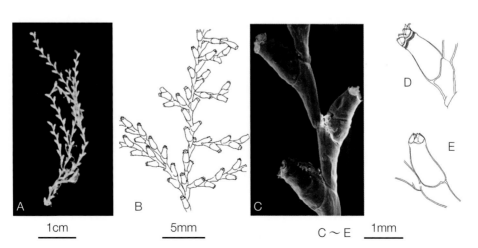

图 6　巨芽小桧叶螅 *Sertularella gigantea* Hincks, 1874（引自宋希坤，2019）
A. 群体；B. 主茎与分枝；C～E. 分枝和芽鞘

奇异小桧叶螅

Sertularella mirabilis Jäderholm, 1896

标本采集地： 黄海，东海，南海。

形态特征： 群体蓬松，絮状成团，海绵状，无明显主茎，分枝连续、重复、多级双歧分枝，每级双歧分枝具 3 个小枝，近等长或不等长，位于同一平面上，彼此间夹角 120°，腋窝处不具垫突、具芽鞘，远端的两个小枝向外继续双歧分枝，新的小枝所在平面与原平面垂直，经多级分枝、拓扑、延伸，部分分枝交联相接、闭合成环，立体交织成网。有的群体末端的分枝直立，不呈网状。芽鞘一般只着生于分枝腋窝处，分枝上一般不具芽鞘，各双歧分枝远端的腋部均具单个芽鞘，多级分枝的终点处（一般位于群体边缘）亦具单个芽鞘，少数单枝上具 2 个或 2 个以上互生的芽鞘。芽鞘下半部贴生，底部较窄，向上逐渐变宽，至顶部又收缩，顶部具 4 个等大的缘齿，芽盖由 4 片三角形缘瓣围成塔状，芽鞘整体或仅中上部具 4 ～ 8 圈明显的环纹。具离茎盲囊。生殖鞘由芽鞘下生出，具柄，表面具 3 ～ 4 圈明显的横纹，口部有一领状突起。

生态习性： 栖息于潮下带的岩石、贝壳等硬质基底上。

地理分布： 黄海，东海，南海；日本，韩国。

参考文献： 宋希坤，2019。

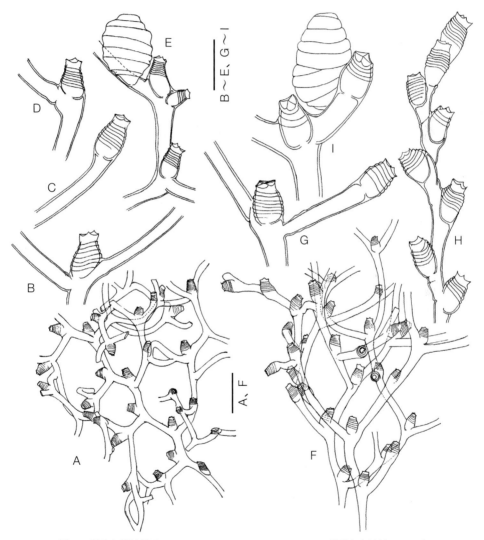

图 7　奇异小桧叶螅 *Sertularella mirabilis* Jäderholm, 1896（引自宋希坤，2019）

A、F. 群体；B ～ D、G. 芽鞘；E、I. 生殖鞘；H. 分枝

比例尺：A、F = 1mm；B ～ E、G ～ I = 0.5mm

广口小桧叶螅
Sertularella miurensis Stechow, 1921

标本采集地：黄海。

形态特征：群体根部缠绕，匍匐延伸，具明显主茎，主茎直立，基部有 2～5 圈明显的环轮，分枝或不分枝，分枝由芽鞘下生出，主茎和分枝位于或不位于同一平面上。主茎规律分节，每个节间的基部具 2～4 圈明显环轮，向上着生一个芽鞘，芽鞘在主茎基部排列紧密，向上间距增大，芽鞘互生，在主茎和分枝上排成两纵列，在生长过程中有些芽鞘轮生，相邻芽鞘间隔约 120°，导致所有芽鞘并不位于同一平面。主茎基部芽鞘较小，向上芽鞘逐渐增大，芽鞘整体饱满，上半部远茎侧表面具环纹，口部下方略收缩，近茎侧约 1/3 贴生，环纹不明显，口部具 4 个等大的缘齿，开口近似方形，在部分芽鞘中观察到 3 个内部齿，芽盖由 4 片三角形缘瓣围成塔状。生殖鞘呈卵圆形，多着生于主茎下半部，偶尔在远端分布，由一对芽鞘侧面生出。雄性生殖鞘表面具 6～7 圈环纹，口部具领，领上具 0～3 个棘突。雌性生殖鞘表面具 2～4 圈波纹，口部具领。

生态习性：群体多附着于海藻或贝壳等表面。

地理分布：黄海；日本，韩国。

参考文献：宋希坤，2019。

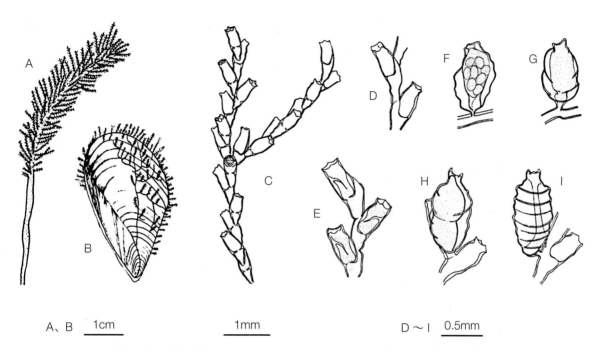

图 8 　广口小桧叶螅 *Sertularella miurensis* Stechow, 1921（引自宋希坤，2019）

A、B. 群体；C. 主茎和分枝；D. 芽鞘；E. 离茎盲囊；F、G. 雌性生殖鞘；H、I. 雄性生殖鞘

螺旋小桧叶螅
Sertularella spirifera Stechow, 1931

标本采集地： 黄海。

形态特征： 群体直立，具主茎，主茎中上部具多级双歧分枝，分枝腋窝处不具垫突和芽鞘，主茎和分枝分节，分节末端倾斜，末端具 1 个芽鞘，芽鞘互生，排列稀疏，排成两纵列，芽鞘具 4 个缘齿和 4 瓣芽盖围成塔状，芽鞘 1/3 ～ 1/2 贴生，表面具 2 ～ 3 圈环纹（皱纹）。生殖鞘椭圆形，基部具弯柄，着生于芽鞘侧下方，表面布满 9 ～ 16 条环纹，顶部具短领，领的基部具 4 ～ 5 个棘刺。

生态习性： 固着生活，常附着于海藻表面。

地理分布： 黄海；日本陆奥湾。

参考文献： 宋希坤，2019。

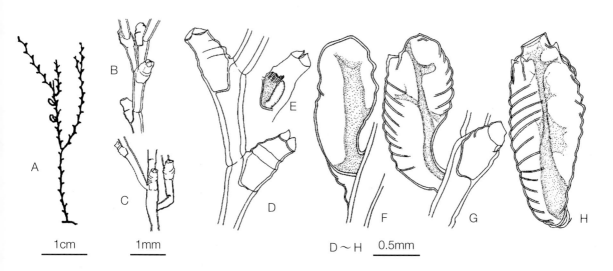

图 9　螺旋小桧叶螅 *Sertularella spirifera* Stechow, 1931（引自宋希坤，2019）
A. 群体；B、C. 分枝；D. 芽鞘排列；E. 离茎盲囊；F～H. 生殖鞘

小桧叶螅属分种检索表

1. 群体海绵状，无明显主茎···奇异小桧叶螅 *S. mirabilis*
 - 群体直立，具明显主茎 ··2
2. 个体纤细，主茎不分枝，分为多个长节 ···阿氏小桧叶螅 *S. areyi*
 - 个体非纤细，主茎分为多个节 ···3
3. 芽鞘长管状，表面不具明显的环纹 ···巨芽小桧叶螅 *S. gigantea*
 - 芽鞘非长管状，表面具明显的环纹 ··4
4. 主茎规律分节，基本不分枝 ··广口小桧叶螅 *S. miurensis*
 - 主茎中上部具多级双歧分枝 ···螺旋小桧叶螅 *S. spirifera*

星雨蟲属 Xingyurella Song et al., 2018

星雨蟲
Xingyurella xingyuarum Song et al., 2018

标本采集地： 渤海，黄海。

形态特征： 群体细长，呈柳条状，具明显的单根或多根主茎，主茎呈"Z"形，分枝互生，多级双歧分枝，分枝夹角 20°～30°，分枝与主茎粗细相似，分枝腋窝处具芽鞘、不具垫突。分枝分节规律，节末具 1 个芽鞘，芽鞘排列稀疏，互生，排成两纵列。芽鞘近茎侧 1/8～1/5 贴生，往末端逐渐变细，末端收缩，口部扩展，芽鞘表面近茎侧布满 5～9 圈明显的环纹（皱纹），远茎侧环纹较浅或无环纹，口部具 3 个等大的缘齿，芽盖由 3 片三角形缘瓣围成塔状，未观察到内部齿。生殖鞘着生于主茎和分枝的基部，近椭圆形，口部具短领，生殖鞘及口部表面布满向上的棘刺，棘刺长度具变化。

生态习性： 栖息于潮下带的岩石、贝壳等硬质基底上，水深 10～70m。

地理分布： 渤海，黄海，东海。

参考文献： Song et al.，2018；宋希坤，2019。

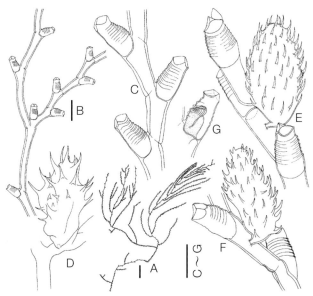

图 10　星雨蟲 *Xingyurella xingyuarum* Song et al., 2018（引自 Song et al., 2018; 宋希坤，2019）
A. 群体；B. 分枝；C. 次级分枝；D～F. 雌性生殖鞘；G. 离茎盲囊
比例尺：A = 1cm；B = 1mm；C～G = 0.5mm

锯形特异螅
Idiellana pristis (Lamouroux, 1816)

标本采集地： 东海，南海。

形态特征： 群体直立，主茎、侧枝粗壮，部分充分成熟群体的侧枝在主茎上可以围成多层伞状。主茎规律分节，节间具 1 个侧枝；侧枝在主茎上 1 个或多个位点轮生，围成单层或多层伞状；分枝在主茎或侧枝上互生，位于同一个平面，具明显分节，不规律；芽鞘在侧枝或分枝上排成两纵列，仅位于侧枝或分枝一侧，侧枝相邻分枝间隔 3 个芽鞘，1 个腋生，另 2 个互生，分枝上的芽鞘互生或近互生，密集处相邻芽鞘叠生，芽鞘表面光滑，无柄，近茎侧 2/3 贴生，顶部外弯下垂，顶端具 2 个侧齿，分别位于近茎与远茎的正中间，近茎端具单瓣椭圆形芽盖。生殖鞘壶形，在主茎或侧枝芽鞘基部着生，基部具短柄，顶部具短领，表面具 10 ～ 13 条纵脊。

生态习性： 栖息于潮间带、潮下带的岩石、贝壳等基底上。

地理分布： 黄海，东海，南海；日本，新西兰，澳大利亚，印度尼西亚，南非，西大西洋。

参考文献： 宋希坤，2019。

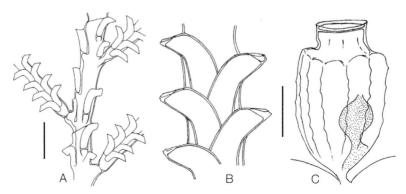

图 11　锯形特异螅 *Idiellana pristis* (Lamouroux, 1816) （引自宋希坤，2019 ）
A. 主茎与分枝；B. 分枝，示芽鞘排列；C. 生殖鞘
比例尺：A = 1mm；B、C = 0.5mm

束状海女螅
Salacia desmoides (Torrey, 1902)

标本采集地： 黄海。

形态特征： 群体通过匍匐根生长于海藻表面，具多根直立的主茎，主茎具分枝；侧枝着生于主茎芽鞘底部，不具垫突和腋生芽鞘；主茎和侧枝上具锥形铰合关节，铰合关节间具 1 ～ 2 对芽鞘；主茎和侧枝上的芽鞘对生，排成两纵列，正面芽鞘彼此邻近，背面分开；芽鞘近 2/3 贴生，顶部外弯，末端具 3 个不明显的矮齿，单瓣芽盖，位于远茎侧，椭圆形。无生殖鞘标本。

地理分布： 黄海；南非，美国加利福尼亚，东太平洋，南印度洋。

参考文献： 宋希坤，2019。

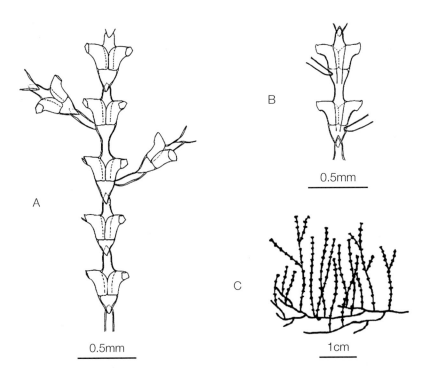

图 12 束状海女螅 *Salacia desmoides* (Torrey, 1902)（引自宋希坤，2019）

A. 螅茎（正面观）；B. 芽鞘（背面观）；C. 群体

六齿海女螅
Salacia hexodon (Busk, 1852)

标本采集地： 山东青岛。

形态特征： 群体具明显主茎，多级、规律双歧分枝，分枝夹角 120°，具垫突和腋生芽鞘。分枝分节，每节具 1 簇芽鞘，由 2 ～ 7 个芽鞘紧密排列成簇，对称排列于分枝两侧，分节处具 1 个收缢。芽鞘 1/2 贴生，顶端外弯，口部不具缘齿，远茎侧具单瓣椭圆形芽盖。生殖鞘着生于分枝一侧，呈 9 层塔状，往生殖鞘两端方向逐渐变窄，每层具多条纵褶，顶部具领。

生态习性： 固着生活，常附着于海藻表面。

地理分布： 山东青岛沿海；澳大利亚，印度尼西亚。

参考文献： 宋希坤，2019。

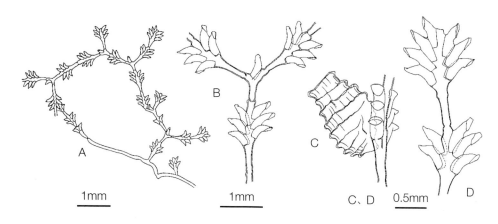

图 13　六齿海女螅 *Salacia hexodon* (Busk, 1852)（引自宋希坤，2019）
A. 群体；B. 分枝；C. 生殖鞘；D. 芽鞘

朴泽弗氏辫螅
Fraseroscyphus hozawai (Stechow, 1931)

标本采集地： 山东、浙江沿海。

形态特征： 群体根部匍匐于海藻或苔藓虫表面，围鞘较厚，茎直立，呈"Z"形；主茎基部有 1～2 圈环轮，分枝或不分枝，分枝从主茎表面或主茎芽鞘开口内生出；主茎和分枝分节，分节处倾斜，具收缢，每节具 1 个芽鞘；芽鞘互生，排成两纵列，位于同一平面，或形成 60°～90° 夹角。芽鞘管状，近茎侧 1/3～2/3 贴生，远茎侧向内凹陷，芽鞘表面具细密的环纹，口部具 3 个缘齿，近茎齿 1 个，远茎齿 2 个，近茎齿小于远茎齿，芽盖由 3 片三角形缘瓣围成塔状，不具内部齿，具不发达的离茎盲囊。生殖鞘具柄，一般从主茎的芽鞘开口处生出，表面部分区域具细纹，顶端具短领，雄性生殖鞘上下近等粗，近柱状，雌性长卵圆形，雌性领部较雄性细长。具附着盘，伴随发育程度分为 2～6 瓣，每瓣可再次双歧分瓣，附着盘所在节及相邻节芽鞘变稀少，倾向于排成 60°～90° 夹角，各具 1～6 条环轮。具 2 种刺细胞，梭形，大小不同，内部均具一根管状直刺。

生态习性： 栖息于潮间带、潮下带的岩石、贝壳、海藻等基底上。

地理分布： 仅分布于北太平洋两岸，包括中国山东、江苏、浙江沿海；韩国沿海，日本陆奥湾、相模湾，美国加利福尼亚沿海。

参考文献： Song et al., 2016；宋希坤，2019。

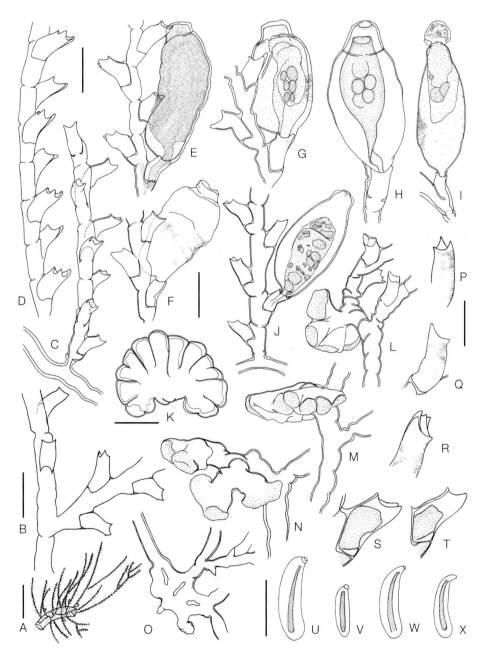

图 14　朴泽弗氏辫螅 *Fraseroscyphus hozawai* (Stechow, 1931)

（引自 Song et al., 2016; 宋希坤, 2019）

A. 群体附于马尾藻表面；B. 主茎与分枝；C、D. 主茎上芽鞘形成一定夹角；E、F. 雄性生殖鞘，芽鞘位于同
一平面；G ～ J. 雌性生殖鞘，G、H 来自同一群体，I、J 来自同一群体；K ～ N. 附着盘；O. 群体基部及主茎，
可能形成于附着盘；P ～ R. 芽鞘表面细纹变化；S、T. 离茎盲囊；U ～ X. 刺细胞
比例尺：A = 1cm；B ～ O = 0.5mm；P ～ T = 0.3mm；U ～ X = 5μm

黄外肋筒螅

Ectopleura crocea (Agassiz, 1862)

同物异名： 中胚花筒螅 *Tubularia mesembryanthemum* Allman, 1871

标本采集地： 黄海南部，福建漳浦。

形态特征： 群体高 25 ~ 60mm，螅茎直立，不分枝。茎顶端与芽体间有一缢缩。芽体瓶状，通常 2 轮触手，触手 25 ~ 30 个；围口触手短，18 ~ 26 个。生殖体位于围口触手和基部触手之间。

生态习性： 固着于岩石及人工设施上，常在水产养殖设施上大量出现。

地理分布： 黄海，东海，南海；日本，朝鲜半岛。

生态危害： 污损生物，危害养殖网箱等海洋设施。

参考文献： Huang et al., 1993；严岩等，1995；杨德渐等，1996；宋希坤等，2006。

图 15 黄外肋筒螅 *Ectopleura crocea* (Agassiz, 1862)

A. 群体侧面观; B. 群体触手面观; C. 单个水螅体侧面观

珊瑚虫纲 Anthozoa

等指海葵
Actinia equina (Linnaeus, 1758)

标本采集地： 中国沿海潮间带。

形态特征： 活体全身鲜红色到暗红色，酒精保存后易褪色。足盘直径、柱体高和口盘直径大致相等，通常为 20 ～ 40mm。柱体光滑，部分大个体领窝内具边缘球。触手中等大小，100 个左右，按 6 的倍数排成数轮，完整模式为 6+6+12+24+48+96=192 个；内、外触手大小近等。

生态习性： 栖息于潮间带及潮下带的岩石上。

地理分布： 渤海，黄海，东海，南海；世界性分布。

参考文献： 裴祖南，1998；李阳，2013。

图 16　等指海葵 *Actinia equina* (Linnaeus, 1758) 活体伸展照（李阳供图）

绿侧花海葵
Anthopleura fuscoviridis Carlgren, 1949

同物异名： 绿疣海葵 *Anthopleura midori* Uchida & Muramatsu, 1958

标本采集地： 山东烟台、青岛、日照。

形态特征： 柱体高 20 ～ 80mm，直径 15 ～ 60mm。柱体圆柱形，上部较宽，中部常缢缩。体表具 48 列疣状突起，在口盘附近较为发达和明显。口盘浅绿色或浅褐色，口圆形或裂缝状。触手多为 96 个，长度与口盘直径相近。体壁绿色。触手淡绿色、白色或浅褐色。

生态习性： 栖息于潮间带与浅潮下带岩礁上。

地理分布： 渤海，黄海，东海，南海；日本。

参考文献： 杨德渐等，1996；裴祖南，1998；曹善茂等，2017。

图 17　绿侧花海葵 *Anthopleura fuscoviridis* Carlgren, 1949（孙世春供图）
A. 口面观；B、C. 侧面观；D 生态照

青岛侧花海葵
Anthopleura qingdaoensis Pei, 1995

标本采集地： 山东青岛。

形态特征： 活体变化大，柱体高从小于 1cm 到数厘米；口盘直径 1cm 左右。柱体红棕色，体表可见隔膜系；口盘灰褐色，有白斑。疣状突起延伸至基部，可吸附外来物。边缘球白色。触手中等大小，口盘面具白斑；触手 48 个左右，按 6 的倍数规则排列。

生态习性： 栖息于潮间带及潮下带的岩石上。

地理分布： 黄海。

参考文献： 裴祖南，1998；李阳，2013。

图 18　青岛侧花海葵 *Anthopleura qingdaoensis* Pei, 1995 活体照

管海葵属 *Aulactinia* Agassiz in Verrill, 1864

中华管海葵
Aulactinia sinensis Li & Liu, 2012

标本采集地： 山东青岛。

形态特征： 柱体延长，近圆柱形，通常上部较宽大；边缘到柱体中部具 48 列对应于内腔的黏附性疣突，每列的最上端一个，显著。边缘括约肌环型。隔膜 48 对，具肌肉者可育。完全模式下触手 96 个，排成 5 轮，内触手略长于外触手。

生态习性： 栖息于潮间带及潮下带的泥沙滩中。

地理分布： 黄海。

参考文献： 李阳，2013。

图 19　中华管海葵 *Aulactinia sinensis* Li & Liu, 2012 活体形态

30

亨氏近瘤海葵
Paracondylactis hertwigi (Wassilieff, 1908)

同物异名： *Condylactis hertwigi* Wassilieff, 1908

标本采集地： 中国沿海。

形态特征： 体浅红棕色，易收缩，伸展时可见隔膜插入痕。柱体延长。保存状态下最大个体长 7.0cm，柱体最大直径 3.5cm，足盘直径 1.0cm。领部有 24 个假边缘球。无疣突。有边缘孔。触手短小，有斑点，48 个；内触手长于外触手。边缘括约肌弥散型。两个口道沟，连接两对指向隔膜，指向隔膜可育。隔膜 3 轮 24 对，按 6+6+12 的方式排列。

生态习性： 栖息于近岸泥沙滩中。

地理分布： 渤海，黄海，东海，南海；日本，韩国。

经济意义： 可供食用。

参考文献： 裴祖南，1998；李阳，2013。

图 20　亨氏近瘤海葵 *Paracondylactis hertwigi*
(Wassilieff, 1908)（李阳供图）

格氏丽花海葵
Urticina grebelnyi Sanamyan & Sanamyan, 2006

同物异名： *Tealia felina* Pei, 1998

标本采集地： 黄海。

形态特征： 柱体近圆柱形，下端大于上端。柱体基部直径、高和上部直径从 1cm 到 6 ～ 7cm。活体状态柱体棕色，具红色或紫色的斑块。基部发达。柱体粗糙，布满疣状突起，领部一轮紧密排列。疣状突起不具黏附性，因此柱体上通常没有碎石、沙砾、贝壳等外来物的附着。领窝深。触手粗短，约 160 个，排成 4 轮左右，大小相近。两个口道沟，连接两对指向隔膜。隔膜排成 4 ～ 5 轮。隔膜收缩肌强，弥散型。中胶层厚，在柱体中部达 1cm 以上。

生态习性： 附着于碎石或贝壳等硬底上。

地理分布： 黄海；西北太平洋。

参考文献： 裴祖南，1998；李阳，2013。

海葵科分属检索表

图 21　格氏丽花海葵 *Urticina grebelnyi* Sanamyan & Sanamyan, 2006 外部结构

纵条矶海葵
Diadumene lineata (Verrill, 1869)

标本采集地： 山东长岛、灵山岛，西沙群岛。

形态特征： 个体较小，圆筒形。褐色、浅灰色、橄榄绿色，常有橙色、黄色或白色纵条纹，或双色条纹。头部与柱体交界处有一圈颜色较深的横带（领部）。伸展时体表可见很多小的壁孔，是枪丝的射出通道。口盘喇叭形，灰绿色，常有白斑，有时具浅红色斑点。基盘略宽于下体柱。受到干扰后从柱体壁孔和口中射出枪丝，是该种明显的鉴别特征。

生态习性： 潮间带习见种，附着于岩礁、石块上，也见于养殖筏架等人工设施上。

地理分布： 渤海，黄海，东海，南海；世界性分布。

参考文献： 杨德渐等，1996；裴祖南，1998；李阳，2013。

图 22-1　纵条矶海葵 *Diadumene lineata* (Verrill, 1869)（李阳供图）

图 22-2　纵条矶海葵 *Diadumene lineata* (Verrill, 1869) 活体收缩照（李阳供图）

高龄细指海葵
Metridium senile (Linnaeus, 1761)

标本采集地：黄海南部。

形态特征：身体圆柱形，基盘较宽，其边缘常呈锯齿状。柱体表面光滑。口盘很大，上面密生触手，常达数千个，呈花冠状，小个体触手较长，基部常有 1～2 个不透明白色条斑。体色多变，从纯白色到深橙色或暗褐色。

生态习性：栖息于浅海，常见于养殖筏架等人工设施上。

地理分布：渤海，黄海；北冰洋，太平洋，大西洋。

参考文献：杨德渐等，1996；裴祖南，1998；曹善茂等，2017。

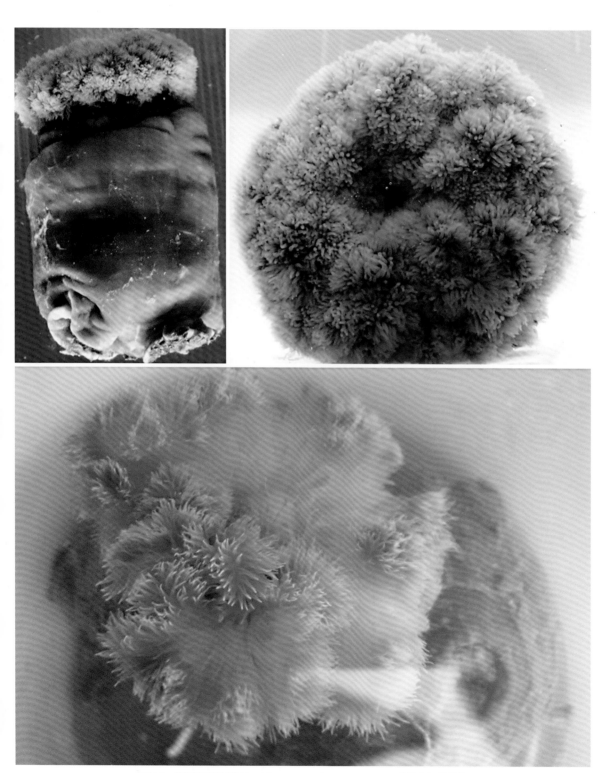

图 23　高龄细指海葵 *Metridium senile* (Linnaeus, 1761)（曾晓起供图）

刺胞动物门参考文献

曹善茂，印明昊，姜玉声，等 . 2017. 大连近海无脊椎动物 . 沈阳 : 辽宁科学技术出版社 .

李新正，王洪法，等 . 2016. 胶州湾大型底栖生物鉴定图谱 . 北京 : 科学出版社 .

李阳 . 2013. 中国海海葵目 (刺胞动物门 : 珊瑚虫纲) 种类组成与区系特点研究 . 青岛 : 中国科学院
　　海洋研究所博士学位论文 .

李阳，徐奎栋 . 2020. 中国海海葵目 (刺胞动物门 : 珊瑚虫纲) 物种多样性与区系特点 . 海洋与湖沼，
　　51(3): 434-443.

裴祖南 . 1998. 中国动物志 腔肠动物门 海葵目 角海葵目 群体海葵目 . 北京 : 科学出版社 .

宋希坤 . 2019. 中国与两极海域桧叶螅科刺胞动物多样性 . 北京 : 科学出版社 .

宋希坤，冯碧云，郭峰，等 . 2006. 中胚花筒螅辐射幼体附着和变态及其温盐效应 . 厦门大学学报 (自
　　然科学版), 45(S1): 211-215.

杨德渐，王永良，等 . 1996. 中国北部海洋无脊椎动物 . 北京 : 高等教育出版社 .

严岩，严文侠，董钰 . 1995. 湛江港污损生物挂板试验 . 热带海洋，14(3): 81-85.

冈田要，内田亨，等 . 1960. 原色動物大圖鑑，IV. 東京 : 北隆館 .

Calder D R. 2013. Some shallow-water hydroids (Cnidaria: Hydrozoa) from the central east coast
　　of Florida, USA. Zootaxa, 3648: 1-72.

Huang Z G, Zheng C X, Lin S, et al. 1993. Fouling Organisms at Daya Bay Nuclear Power
　　Station, China. *In*: Morton B. The Marine Biology of the South China Sea. Hong Kong: Hong
　　Kong University Press: 121-130.

Li Y, Liu R Y. 2012. *Aulactinia sinensis*, a new species of sea anemone (Cnidaria:
　　Anthozoa: Actiniaria) from Yellow Sea. Zootaxa, 3476 : 62-68.

Song X, Gravili C, Ruthensteiner B, et al. 2018. Incongruent cladistics reveal a new hydrozoan
　　genus (Cnidaria: Sertularellidae) endemic to the eastern and western coasts of the North
　　Pacific Ocean. Invertebrate Systematics, 32(5): 1083-1101.

Song X, Xiao Z, Gravili C, et al. 2016. Worldwide revision of the genus *Fraseroscyphus* Boero
　　and Bouillon, 1993 (Cnidaria: Hydrozoa): an integrative approach to establish new generic
　　diagnoses. Zootaxa, 4168: 1-37.

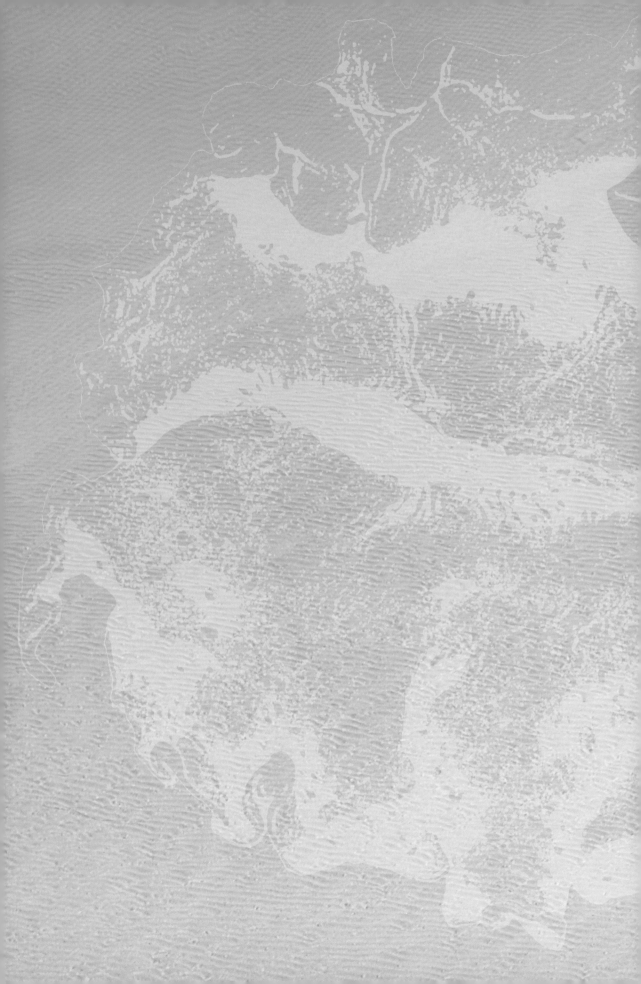

扁形动物门
Platyhelminthes

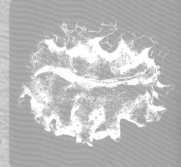

北方背涡虫
Notocomplana septentrionalis (Kato, 1937)

标本采集地：山东烟台、青岛。

形态特征：身体扁平，长椭圆形，前端宽圆，后端略尖。体长约 20mm，体宽约 5mm。触手位于身体前部约 1/5 处，活体时较为明显。脑区具两簇较小的脑眼和两簇较大的触手眼。口位于腹面中央，咽具较浅的侧褶。雄生殖孔位于雌生殖孔之前，均位于口后。体色多乳白、淡黄或灰，背面常具褐色斑点。

生态习性：栖息于潮间带石下、污损生物间。

地理分布：黄海；日本。

参考文献：Oya and Kajihara，2017。

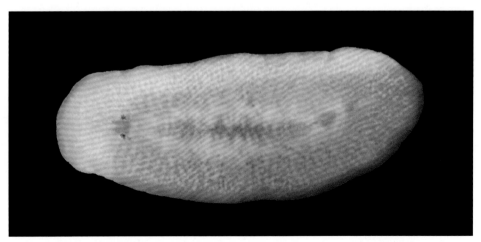

图 24 北方背涡虫 *Notocomplana septentrionalis* (Kato, 1937)（孙世春供图）

外伪角涡虫
Pseudoceros exoptatus Kato, 1938

标本采集地：山东日照。

形态特征：身体卵圆形，边缘呈波浪状。体长可达 60 ~ 80mm，体宽约 40mm。体前端具一对明显的触叶。肠分枝复杂，口位于腹面靠后端。雌、雄生殖孔均位于口后。触叶上生有很多眼点，脑眼呈马蹄形排列。体色黄褐或灰褐，具白色斑点散布于体表。体中央明显隆起，颜色较深。

生态习性：栖息于潮间带中、低潮区的岩礁或沙滩上。

地理分布：黄海，东海，南海；日本。

参考文献：曹善茂等，2017。

图 25　外伪角涡虫
Pseudoceros exoptatus
Kato, 1938

扁形动物门参考文献

曹善茂，印明昊，姜玉声．等．2017. 大连近海无脊椎动物．沈阳：辽宁科学技术出版社．

Oya Y, Kajihara H. 2017. Description of a new *Notocomplana* species (Platyhelminthes: Acotylea), new combination and new records of Polycladida from the northeastern Sea of Japan, with a comparison of two different barcoding markers. Zootaxa, 4282(3): 526-542.

纽形动物门
Nemertea

细首科 Cephalotrichidae McIntosh, 1874

细首属 *Cephalothrix* Örsted, 1843

古纽纲 Palaeonemertea

香港细首纽虫
Cephalothrix hongkongiensis Sundberg, Gibson & Olsson, 2003

标本采集地： 山东长岛、青岛，浙江大陈岛，福建厦门，广东深圳，香港。

形态特征： 虫体细长线状，头端至脑部较其后部略细，尾端渐细。伸展状态体长可达 110mm 以上，最大体宽约 1mm。虫体呈浅黄色或浅褐色，肠区颜色常因食物而变化，头端呈橘红色或黄褐色加深，有的个体体表可见数目不等的浅色环纹。吻孔位于虫体前端。口位于脑后腹面，距头端距离约为体宽的 3 倍。无头沟，无眼点。

生态习性： 栖息于潮间带石下、粗砂中，也见于大型海藻丛中。

地理分布： 黄海，东海，南海；韩国，澳大利亚。

参考文献： Gibson，1990；孙世春，1995；Chen et al.，2010。

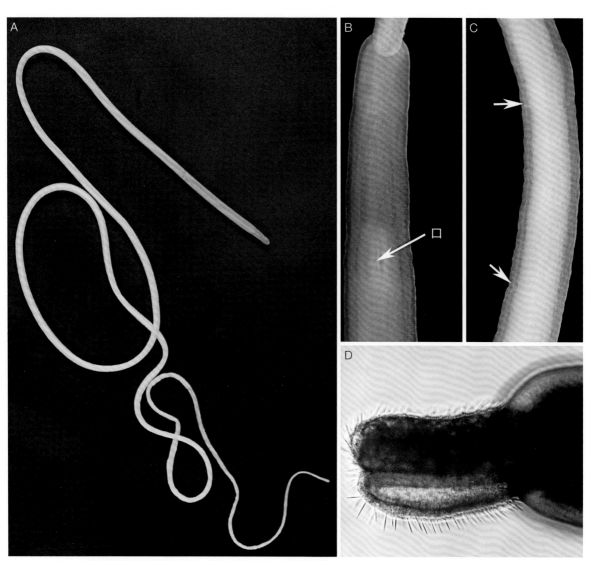

图 26　香港细首纽虫 *Cephalothrix hongkongiensis* Sundberg, Gibson & Olsson, 2003（孙世春供图）
A. 整体外形；B. 头部腹面观（吻部分翻出）；C. 体中部（箭头指示浅色环纹）；D. 头部（吻部分翻出）

斑管栖纽虫
Tubulanus punctatus (Takakura, 1898)

标本采集地：山东青岛。

形态特征：虫体细长，体长达 150 ~ 300mm，宽 1 ~ 4mm。头叶呈圆盘状，比躯干部略宽。颈部的腹面有头沟。躯干部背侧呈紫色、黄绿色或淡黄色，腹面色稍淡。头叶前半部具一白色环纹，头端腹侧有一对黑色线。从躯干部前端到后端有许多几乎等距离排列的白色环纹。第 1 环纹位于头沟稍后方，在背侧呈"V"形。环纹有单环纹和双环纹两种，一般交互排列。第 4 环纹的两侧各有一个圆形凹陷，是侧感器。背腹和两侧沿正中线有 4 条白色纵行虚线。吻孔开口于头端腹面。口位于颈部腹面和第 1 环纹之间，是一纵裂孔。

生态习性：栖息于低潮线附近石下、污损生物间。

地理分布：黄海；日本，俄罗斯。

参考文献：尹左芬等，1986。

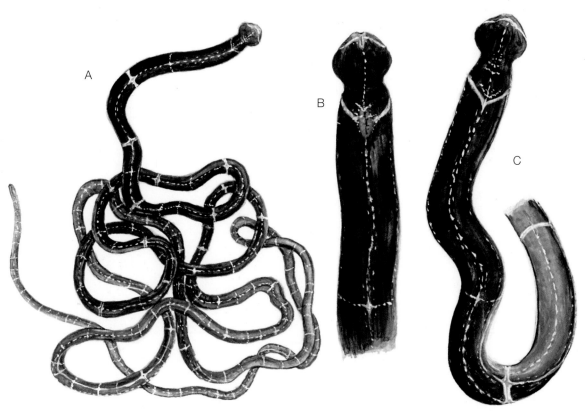

图 27　斑管栖纽虫 *Tubulanus punctatus* (Takakura, 1898)（宫琦绘）
A. 整体；B. 头端腹面观；C. 头端背面观

帽幼纲 Pilidiophora

白额库氏纽虫
Kulikovia alborostrata (Takakura, 1898)

标本采集地： 山东青岛、烟台。

形态特征： 虫体略扁平，前部较粗而宽，后部逐渐变细，最大体长可达 70cm，宽
2～7mm。虫体呈暗紫色、深褐色、灰褐色或肉色，背侧色深，腹侧
色较浅。头部蛇首状，近长方形。前端具白色横纹。头具一对纵沟，位
于头部两侧，纵沟内壁呈朱红色。头部背侧后方透视可见暗红色的脑神
经节。头和躯干部之间有明显的颈部。口呈纵裂状，位于头部腹面脑的
后方。吻孔开口于头端。

生态习性： 栖息于砾石海岸潮间带的石块下，海带、裙带菜等大型海藻固着器内，
牡蛎、贻贝间等。

地理分布： 山东青岛，烟台沿海；日本，俄罗斯。

参考文献： 尹左芬等，1986；孙世春，2008；Chernyshev et al.，2018。

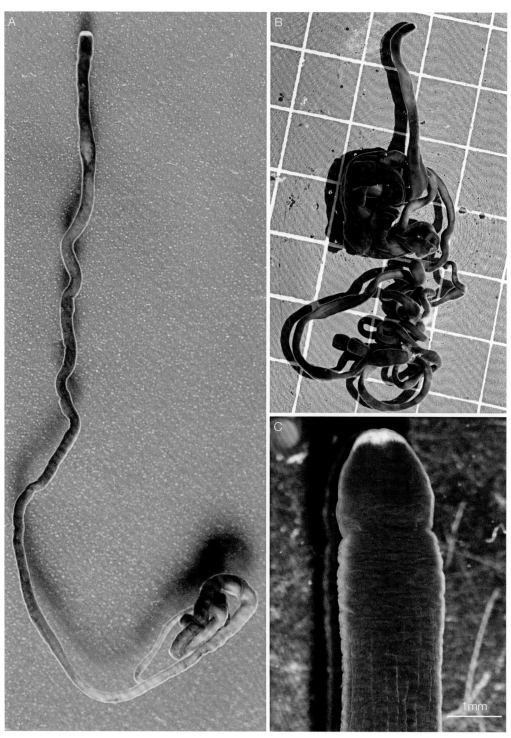

图 28　白额库氏纽虫 *Kulikovia alborostrata* (Takakura, 1898)（孙世春供图）

A、B. 活体外形；C. 头部背面

纵沟属 *Lineus* Sowerby, 1806

血色纵沟纽虫
Lineus sanguineus (Rathke, 1799)

标本采集地： 辽宁旅顺、大长山岛，山东长岛、青岛、灵山岛，浙江泗礁山，福建
平潭，广东硇洲岛。

形态特征： 虫体细长，所见最大个体伸展时体长达 30cm，宽约 1mm。体色多变，
背面常呈棕红色、暗红色、暗褐色、黄褐色，有的个体略显绿色，腹面
色较浅。一般前部体色较深，向后变浅，年幼个体体色较浅。体表常可
见若干淡色环纹，间距不等，数目与个体大小正相关。头部具一浅色的
区域，呈红色，是脑神经节所在部位。头部两侧的水平头裂长而明显。
眼点位于头部两侧边缘，每侧 1～6 个，作直线排列成单行。口位于
两侧脑后腹面中央，呈椭圆形。吻孔位于头端中央。无尾须。

生态习性： 常栖息于潮间带泥沙底的石块下，海藻固着器上，牡蛎、贻贝等固着生
物群中。再生能力极强，自然状态下常通过自切断裂方式进行无性生殖。

地理分布： 辽宁，山东，浙江，福建，广东沿海；在日本，北美洲太平洋、大西洋
沿岸，欧洲，南美洲太平洋、大西洋沿岸，新西兰等有记录，但未曾在
赤道附近报道。

参考文献： 尹左芬等，1986；孙世春，2008；Kang et al.，2015。

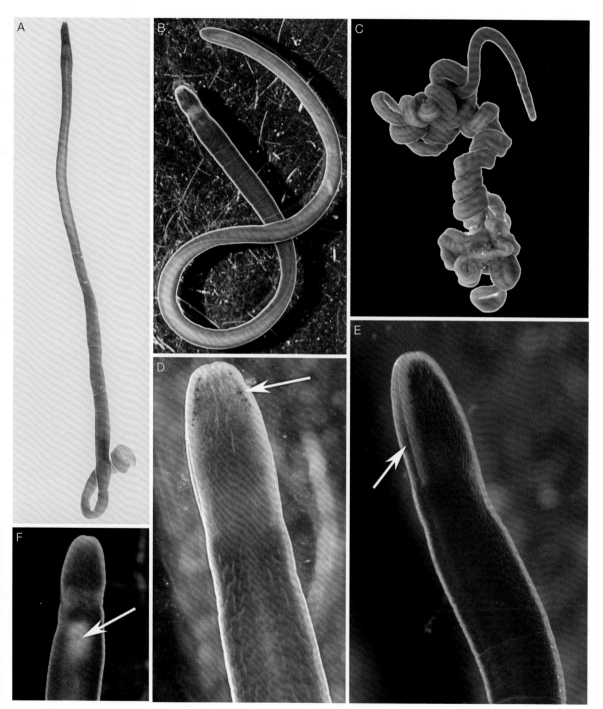

图 29　血色纵沟纽虫 *Lineus sanguineus* (Rathke, 1799)（A～C 引自 Kang et al., 2015；D～F 孙世春供图）
A～C. 整体外形，示体色变化；D. 头部背面观，箭头指向眼点；E. 头部背侧面观，箭头所指为水平头裂；F. 头部腹面观，箭头所指为口

针纽纲 Hoplonemertea

斑日本纽虫
Nipponnemertes punctatula (Coe, 1905)

标本采集地：山东烟台、青岛。

形态特征：虫体粗胖，背腹扁平，体长 50～100mm，宽 3～5mm。身体前部常较狭窄，后部较宽。体色个体间变化大，多呈土黄色或浅褐色，背面有不规则的深褐色斑点。头部半圆形，背面具褐色菱形斑纹，周缘和颈部两侧呈浅黄色。眼点很多，在头部两侧分成两群。两对头沟大而明显，第 1 对头沟在腹面向前延伸，几乎汇合于吻孔后方，第 2 对头沟在背面向后汇合成"V"形。吻孔开口于头端腹面。针座较短，多呈梨形。副针囊一对。

生态习性：生活在潮间带、潮下带，栖息于石块下、石缝或海藻间。具游泳能力。

地理分布：黄海；日本，俄罗斯，美国加利福尼亚。

参考文献：尹左芬等，1986；孙世春，2008；曹善茂等，2017。

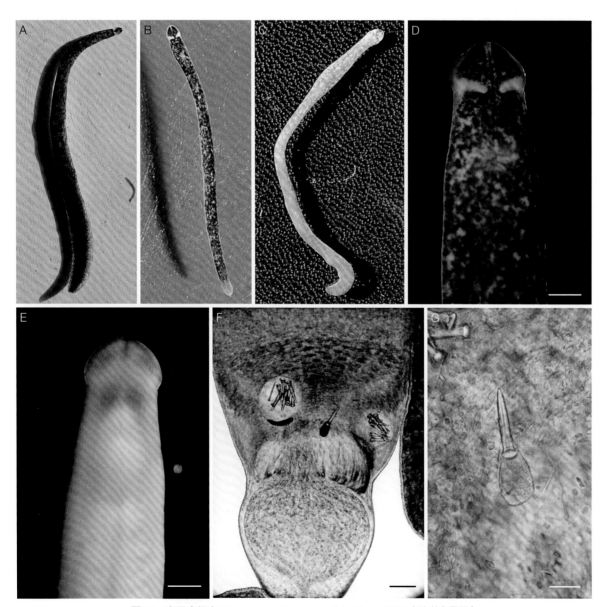

图 30　斑日本纽虫 *Nipponnemertes punctatula* (Coe, 1905)（孙世春供图）

A ～ D. 虫体背面观，示体色及斑纹变化；E. 头端腹面观；F、G. 吻针及针座

比例尺：D、E = 500μm，F = 200μm，G = 50μm

细卷曲纽虫
Emplectonema gracile (Johnston, 1837)

标本采集地： 辽宁大连，山东烟台、青岛。

形态特征： 虫体呈带状，体长 20 ～ 30cm，宽约 1mm。背面黄绿色或青灰色，腹面灰黄色。头部卵圆形，周缘呈黄白色。头沟 2 对，后头沟在脑神经节后方背面汇合成 "V" 形。头部背面两侧各具 2 组眼，第 1 组位于前头沟前缘，第 2 组位于脑神经节附近。眼的大小及排列不整齐。吻、口同孔，位于头端腹面。吻细长，黄白色。吻针基座细长棒状，有的略弯曲，后端常加宽。主针稍弯曲，长度明显短于基座。副针囊 2 个，内含副针 4 ～ 5 个。

生态习性： 栖息于潮间带石缝间和砾石间、石块下及牡蛎、贻贝等污损生物间。

地理分布： 辽宁，山东沿海；北半球广泛分布，智利。

参考文献： 尹左芬等，1986；孙世春，2008；曹善茂等，2017。

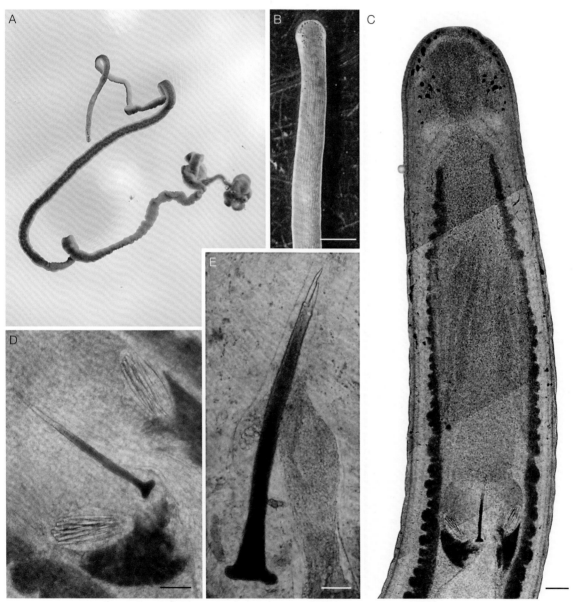

图 31　细卷曲纽虫 *Emplectonema gracile* (Johnston, 1837)（孙世春供图）
A. 活体外形；B. 头部背面观；C. 前部压片；D、E. 吻针及针座
比例尺：B = 1μm；C = 200μm；D = 100μm；E = 50μm

奇异拟纽虫
Paranemertes peregrina Coe, 1901

标本采集地： 辽宁大连，山东长岛。

形态特征： 身体扁平，头部稍圆，后端尖，大个体体长可达 200mm 以上，宽 1～3mm。身体背面深褐色，腹面颜色较淡，呈浅褐色。头中部左右两侧常具一浅色区域。头沟两对，第 1 对在背面不联合，第 2 对在背面汇合成尖向后方的"V"形。眼点很多，左右两侧各分为两组。

生态习性： 栖息于潮间带石缝间、石下及牡蛎、贻贝或海藻丛中。

地理分布： 渤海，黄海；北太平洋各地，如日本、俄罗斯、科曼多尔群岛（白令海）、阿留申群岛、北美太平洋沿海。

参考文献： Hao et al.，2015。

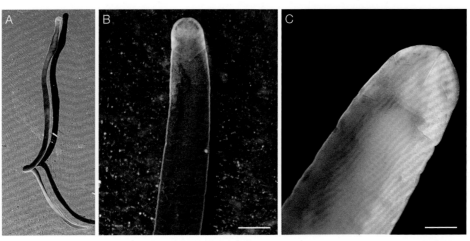

图 32　奇异拟纽虫 *Paranemertes peregrina* Coe, 1901（A 引自 Hao et al., 2015; B、C 孙世春供图）
A. 活体外形；B. 头部背面观；C. 头部腹面观
比例尺：B = 1mm；C = 0.5mm

黑额近四眼纽虫
Quasitetrastemma nigrifrons (Coe, 1904)

标本采集地： 山东青岛、烟台。

形态特征： 虫体较细长，圆柱状，头尾两端均钝圆，背腹略扁平，体长可达 50mm 以上，宽约 1mm。体色花纹多变，头部背面常具一褐色斑，呈三角形、梯形等。头后背面常具两条平行的纵行棕褐色带纹，在前端互相汇合或不汇合，或呈不连续状，或在虫体中部以后渐变为零散分布的棕褐色斑点，有的个体整个头后背面呈深褐色或栗皮色。眼点两对，分别位于头斑前、后部侧面。第 2 对眼点后面可见一对横头沟自腹面伸向背后方。侧血管在活体明显可见，呈红色，其中有大量红色血细胞。针座中后部稍缢。副针囊 2 个。

生态习性： 栖息于潮间带牡蛎、砾石、海藻间，海带、扇贝养殖筏架上。

地理分布： 黄海；日本，俄罗斯，北美洲和中美洲太平洋沿岸。

参考文献： 尹左芬等，1986。

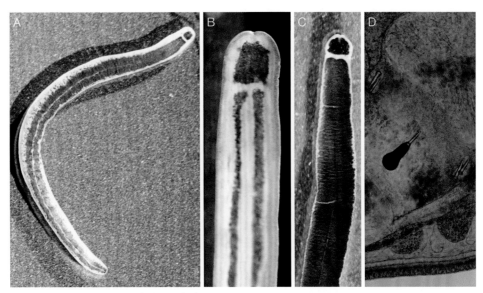

图 33　黑额近四眼纽虫 Quasitetrastemma nigrifrons (Coe, 1904)
A～C. 背面观，示花纹变化；D. 吻针及针座

长座耳盲纽虫

Ototyphlonemertes dolichobasis Kajihara, 2007

标本采集地： 山东青岛。

形态特征： 虫体细长，乳白色，体表具零散分布的褐色斑点。体长 12 ～ 19mm，宽 0.4 ～ 0.5mm。头部较躯干部略细，前端中央凹陷。全体未见触毛。吻腔短，向后伸至体长约 1/6 处。吻前室长 470 ～ 710μm；吻隔长 570 ～ 600μm；吻中室长 940 ～ 1100μm；吻后室长 760 ～ 850μm。针座甚长，呈棒状，近后端最粗，长 230 ～ 248μm，宽 10 ～ 11μm，长宽比 20.8 ～ 22.7。主针矛头状，分为两股，长 54 ～ 55μm。主针长与针座长比值为 0.22 ～ 0.24。副针囊 2 个，每个副针囊内见 1 或 2 个副针。左右脑神经节后部各具一平衡囊，近圆形，直径 20 ～ 29μm，每个平衡囊内具一多颗粒型平衡石，直径 12 ～ 17μm，由 13 ～ 14 个小颗粒组成。无眼，无脑感器。卵巢分布于肠区，在肠道两侧各有一列。

生态习性： 栖息于潮间带粗沙中，间隙生活。

地理分布： 黄海；日本。

参考文献： 孙世春和许苹，2018。

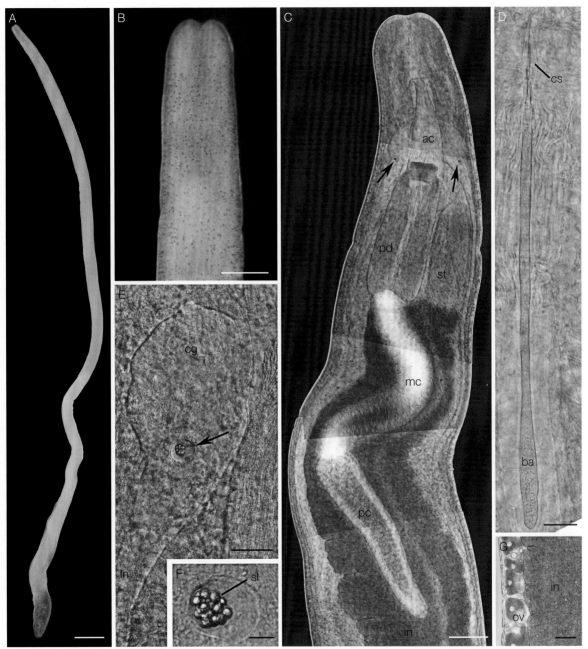

图 34　长座耳盲纽虫 *Ototyphlonemertes dolichobasis* Kajihara, 2007（引自孙世春和许苹，2018）
A. 整体外形；B. 头部放大；C. 虫体前部（背面观，压片，箭头指向平衡囊）；D. 主针及针座；E. 脑区（压片，箭头所指为平衡囊）；
F. 平衡囊；G. 肠区（压片）

比例尺：A = 1mm；B、C = 200μm；D = 20μm；E = 50μm；F = 10μm；G = 100μm

ac. 吻前室；ba. 针座；cg. 脑神经节；cs. 主针；in. 肠；ln. 侧神经；mc. 吻中室；ov. 卵巢；pc. 吻后室；pd. 吻隔；sl. 平衡石；st. 胃

马氏耳盲纽虫
Ototyphlonemertes martynovi Chernyshev, 1993

标本采集地： 山东青岛。

形态特征： 体小，体长 4.4～7.1mm，宽 0.3～0.4mm，自前至后体宽基本一致。身体前部约 1/3（头部及前肠区）白色、半透明，后部（肠区）约 2/3 橘红色。体表具大量微小的白色斑点。一对头沟（后头沟）特别明显，位于脑后，在背面联合成"V"形，在腹面联合成倒"V"形。头部触毛数量及分布（触毛公式）为：A=0；B=2～4；C=（4～6）+0；D=（2～3）+（1～3）；E=0。尾端可见表皮加厚，具吸附盘，两侧各具 1～5 个尾触毛。吻腔向后延伸至约 1/2 体长处。吻前室和吻后室长度相近；吻隔和吻中室很小。吻前室长 900～1560μm；吻隔长 80～170μm；吻中室长 90～190μm；吻后室长 1020～1570μm。针座圆柱状，后部约 1/3 处稍缢缩，后端圆，长 34～40μm，宽 10～14μm，针座长为针座宽的 2.86～3.90 倍。吻针光滑，主针长 37～39μm。主针长与针座长比值为 0.95～1.07。副针囊 2 个，各具 2～4 个副针，其朝向或前或后。左、右脑神经节后部各具一平衡囊，近圆形，直径 37～42μm；每个平衡囊内具一双颗粒型平衡石，每个颗粒直径 7～11μm。具脑感器，位于脑前缘两侧。

生态习性： 栖息于潮间带粗沙中。间隙生活。

地理分布： 山东青岛沿海；日本，俄罗斯。

参考文献： 孙世春和许苹，2018。

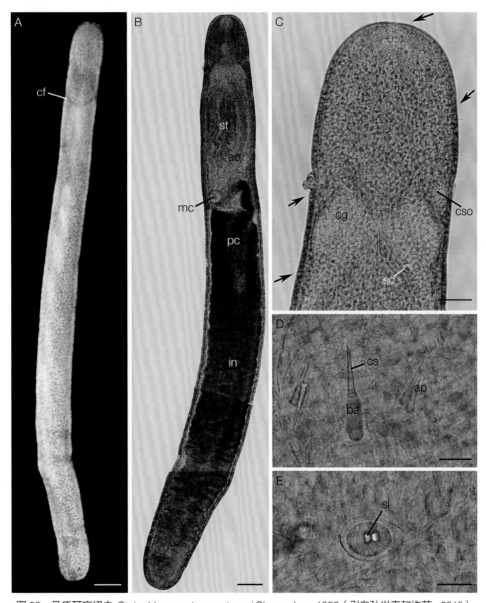

图35 马氏耳盲纽虫 *Ototyphlonemertes martynovi* Chernyshev, 1993（引自孙世春和许苹，2018）

A. 整体外形；B. 整体压片；C. 头部（箭头示头触毛分布）；D. 吻针区（压片）；E. 平衡囊

比例尺：A、B = 200μm；C = 100μm；D、E = 25μm

ac. 吻前室；ap. 副针囊及副针；ba. 针座；cf. 头沟；cg. 脑神经节；cs. 主针；cso. 脑感器；in. 肠；mc. 吻中室；pc. 吻后室；sc. 平衡囊；sl. 平衡石；st. 胃

纽形动物门参考文献

曹善茂，印明昊，姜玉声，等．2017. 大连近海无脊椎动物．沈阳：辽宁科学技术出版社．

孙世春．1995. 台湾海峡纽形动物初报．海洋科学，(5): 45-48.

孙世春．2008. 纽形动物门 Phylum Nemertea Schultze, 1961 // 刘瑞玉．中国海洋生物名录．北京：科学出版社：388-392.

孙世春，许苹．2018. 中国沿海首次发现耳盲属（有针纲 单针目 耳盲科）间隙纽虫．动物学杂志，53(2): 249-254.

尹左芬，史继华，李诺．1986. 山东沿海纽形动物的初步调查．海洋通报，5: 67-71.

Chen H-X, Strand M, Norenburg J L, et al. 2010. Statistical parsimony networks and species assemblages in cephalotrichid nemerteans (Nemertea). PLoS ONE, 5(9): e12885.

Chernyshev A V, Polyakova N E, Turanov S V, et al. 2018. Taxonomy and phylogeny of *Lineus torquatus* and allies (Nemertea, Lineidae) with descriptions of a new genus and a new cryptic species. Systematics and Biodiversity, 16(1): 55-68.

Gibson R. 1990. The macrobenthic nemertean fauna of Hong Kong. *In*: Morton B. Proceedings of the Second International Marine Biological Workshop: the Marine Flora and Fauna of Hong Kong and Southern China. Vol. 1. Hong Kong: Hong Kong University Press: 33-212.

Hao Y, Kajihara H, Chernyshev A V, et al. 2015. DNA taxonomy of *Paranemertes* (Nemertea: Hoplonemertea) with spirally fluted stylets. Zoological Science, 32(6): 571-578.

Kang X-X, Fernández-Álvarez F Á, Alfaya J E F, et al. 2015. Species diversity of *Ramphogordius sanguineus* / *Lineus ruber* like nemerteans (Nemertea: Heteronemertea) and geographic distribution of *R. sanguineus*. Zoological Science, 32(6): 579-589.

线虫动物门
Nematoda

嘴刺纲 Enoplea

太平湾嘴刺线虫
Enoplus taipingensis Zhang & Zhou, 2012

标本采集地： 山东青岛太平角岩石潮间带。

形态特征： 体长 5.5 ～ 6.4mm，德曼比（*a*）分别为 37.8±5.7（雄性）和 36.2±1.2（雌性）；角皮厚而光滑；头部具 3 个发达的唇，唇具 6 个明显的唇乳突；10 根头刚毛，6 根较长（24 ～ 28μm），4 根较短（16 ～ 20μm）；侧颈刚毛 3 根 1 组，位于头鞘后方 35 ～ 40μm，长 1.5 ～ 2.5μm，排成尖端向前的三角形；另有颈刚毛和体刚毛长 3.0 ～ 4.5μm，沿亚背和亚腹侧散布于全身；头鞘长 52 ～ 60μm；颚齿长 35μm，约为头直径的 47%；化感器开口于侧头刚毛和头鞘的后缘之间，长 6μm，宽 5μm；排泄孔距体前端 330 ～ 375μm；色素点弥散，形状各异，距体前端 62 ～ 76μm，无晶体样结构；尾圆锥 - 圆柱形，长 251 ～ 328μm（2.1 ～ 3.2 倍肛门相应直径），圆锥部和圆柱部之间有一指向腹面的隆起。雄性具 1 对等长弯曲的交接刺，弧长 192 ～ 238μm（1.6 ～ 2.1 倍肛门相应直径），近端膨大，远端尖细，具 7 ～ 9 个半圆形的板；2 对粗短的尾刚毛位于肛门口的后唇上，长 27 ～ 34μm；引带长 62 ～ 82μm，具龙骨突；肛前附器喇叭状，长 71 ～ 83μm，远端具 3 个突起（图 37-2F），位于肛门前方 268 ～ 302μm。雌性较雄性的尾更长；具前后 2 个相对而反折的卵巢；阴孔与体前端距离占体长 54% ～ 56%。

生态习性： 附生于岩石潮间带海藻表面。青岛和大连鼠尾藻上的优势种。

地理分布： 渤海，黄海。

参考文献： Zhang and Zhou，2012。

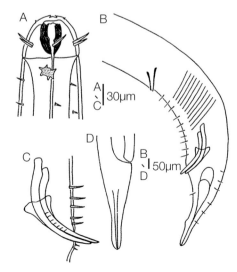

图 36-1　太平湾嘴刺线虫 *Enoplus taipingensis* Zhang & Zhou, 2012（引自 Zhang and Zhou, 2012）
A. 雄性头部侧面观，示头刚毛和具颚齿的口腔；B. 雄性体后部侧面观，示交接刺、肛前附器及尾腺；C. 交接刺、引带和亚腹刚毛；D. 雌性尾部侧面观

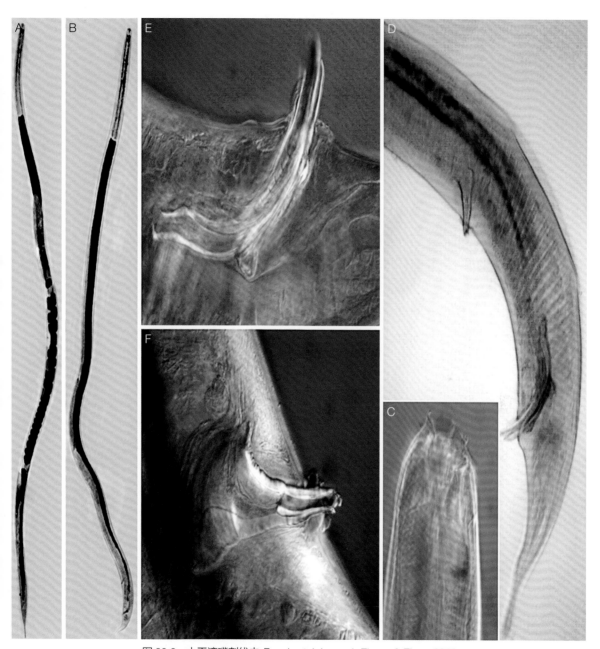

图 36-2　太平湾嘴刺线虫 *Enoplus taipingensis* Zhang & Zhou, 2012

（A、B 孙世春供图；C～F 引自 Zhang and Zhou, 2012）

A. 雌性整体观；B. 雄性整体观；C. 头部；D. 雄性尾部侧面观；E. 交接刺；F. 肛前附器

青岛嘴咽线虫
Enoplolaimus qingdaoensis Zhang, Huang & Zhou

标本采集地：山东青岛第一海水浴场、仰口海水浴场。

形态特征：雄性体长 1.6～2.6mm，最大体宽 44～82μm（*a*=28～31）；角皮具细环纹；唇的内表面无横纹；6 根唇刚毛长 12～15μm，6 根长和 4 根短头刚毛：2 根最长的侧头刚毛长为 2.4 倍头直径，4 根较长的亚中头刚毛长度是最长者的 1/2，4 根较短的亚中头刚毛为较长头刚毛的 2/3；颈刚毛接近头鞘的边缘，长度与短头刚毛相当；口腔具 3 个中空颚齿和 3 个咽齿；神经环处于食道长度前 25% 位置；尾圆锥 - 圆柱形，末端稍膨大，长 4.8～5.3 倍肛门相应直径，无尾刚毛，有吐丝器。雄性交接刺短，弯曲，弧长 41～50μm；引带有一指向尾部的龙骨突，远端细窄，长 16μm；肛前附器管状，长 10μm，位于肛门前方 2.7～2.8 倍肛门相应直径处。

生态习性：栖息于潮间带表层（0～2cm）砂质沉积物中。

地理分布：黄海；波罗的海，地中海，北海，北大西洋。

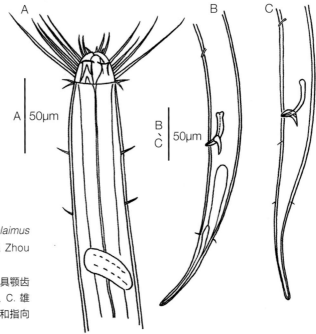

图 37-1　青岛嘴咽线虫 *Enoplolaimus qingdaoensis* Zhang, Huang & Zhou（引自 Zhang et al., in press）A. 雄性体前部侧面观，示头刚毛、具颚齿和齿的口腔及食道上的神经环；B、C. 雄性体后部侧面观，示交接刺、引带和指向尾部的龙骨突、管状肛前附器

图 37-2　青岛嘴咽线虫 *Enoplolaimus qingdaoensis* Zhang, Huang & Zhou（周红供图）

A. 雄性体前部侧面观；B. 雄性头部，示口腔中空颚齿；C、D、F. 雄性尾部侧面观，示交接器和管状肛前附器（F 箭头处）；

E. 雄性体前部侧面观

比例尺：A、C～F = 50μm；B = 10μm

长刺玛氏线虫
Micoletzkyia longispicula Huang & Cheng, 2011

标本采集地： 黄海南部潮下带。

形态特征： 身体长纺锤形，向两端逐渐变窄，长 6.1mm，最大体宽 128μm（a=48）；角皮光滑；头与体部分离，小球形，具较弱的头鞘；6 个唇，每个具小的唇乳突；10 根头刚毛排成一圈，长约 15μm；口腔小而简单，无齿；化感器袋状，开口椭圆形，宽 10μm（0.7 倍相应体宽）；排泄孔距体前端 130μm；尾圆锥 - 圆柱形，长 428μm（6.5 倍相应体宽），具相对长的丝状部；3 个尾腺局限于尾区，无末端刚毛。雄性交接刺长而直，长 461μm（7 倍肛门相应直径），近端梨形，远端尖；引带长 51μm，无龙骨突；管状的肛前附器长 37μm，近端头状，位于肛门前方 153μm（2.5 倍肛门相应直径）处。

生态习性： 栖息于潮下带泥质沉积物中，水深 40m。

地理分布： 黄海。

参考文献： Huang and Cheng，2012。

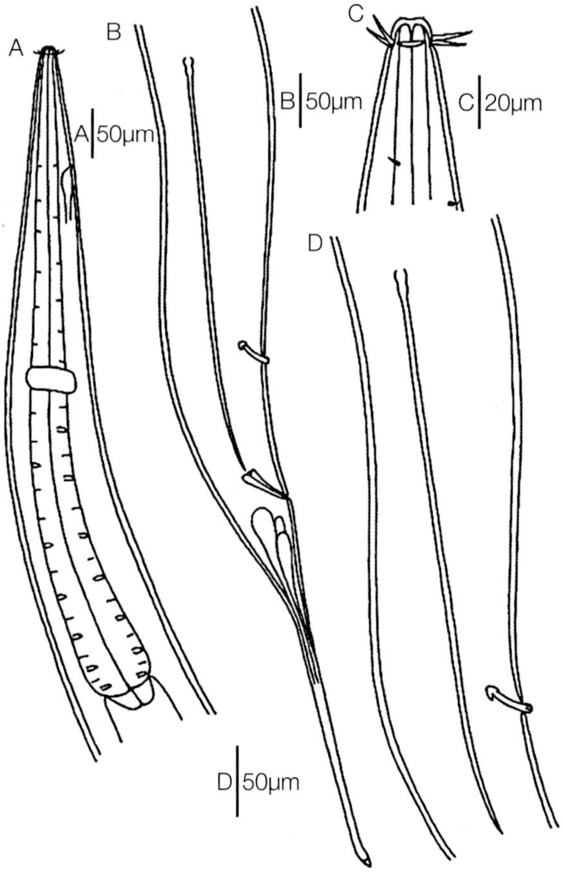

图 38-1　长刺玛氏线虫 *Micoletzkyia longispicula* Huang & Cheng, 2011（引自 Huang and Cheng, 2012）A. 雄性食道区侧面观；B. 雄性尾部侧面观，示交接刺、引带、肛前附器及尾腺；C. 雄性头部侧面观，示头刚毛、口腔和化感器；D. 雄性体后部侧面观，示交接刺和肛前附器

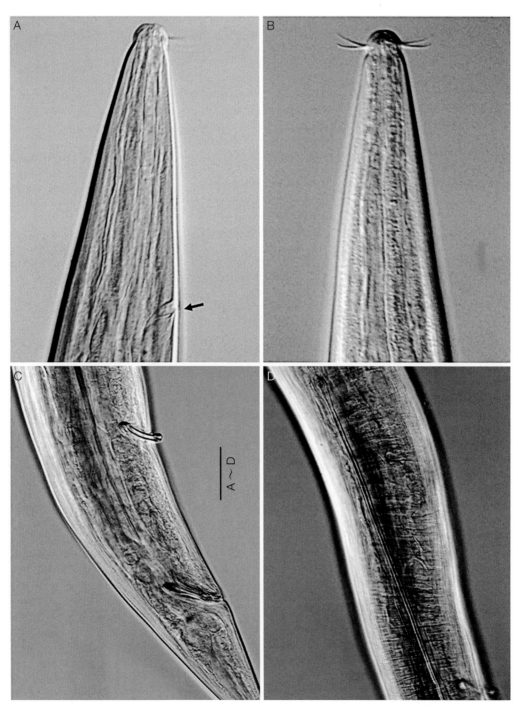

图 38-2　长刺玛氏线虫 *Micoletzkyia longispicula* Huang & Cheng, 2011（引自 Huang and Cheng, 2012）

A、B. 雄性体前部侧面观，示头刚毛、口腔和排泄孔（A 箭头处）；C. 雄性尾部侧面观，示交接刺、
引带和肛前附器；D. 雄性体后部侧面观，示肛前附器

比例尺：A ～ D = 50μm

普拉特光皮线虫
Phanoderma platti Zhang, Huang & Zhou

标本采集地： 山东青岛太平角岩石潮间带。

形态特征： 体长 2.4 ～ 4.3mm，最大体宽 62 ～ 106μm（*a*=36 ～ 47）；角皮光滑，有稀疏的体刚毛；头小，体宽在眼点和头刚毛之间迅速减小，头直径 19 ～ 24μm，是食道基部宽度的 0.3 ～ 0.4 倍；唇或头部 6 个唇乳突；10 根头刚毛，每个亚中位各 1 对，长 0.25 倍头直径，侧面的头刚毛长 0.2 倍头直径；化感器位于侧头刚毛之后；眼点距体前端 3.0 倍头直径；尾短，锥形，长 57 ～ 88μm，1.1 ～ 1.5 倍肛门相应直径。雄性交接刺长 103 ～ 115μm，18 ～ 2.2 倍肛门相应直径；1 个鞘状引带套住交接刺的远端，长约为交接刺长度的 1/3；1 个管状角质化的肛前附器。雌性有 1 对前后反折的卵巢，阴孔与体前端距离为体长的 60% ～ 69%。

生态习性： 附生于岩石潮间带海藻表面。

地理分布： 渤海，黄海。

参考文献： Platt and Warwick，1983；Zhang et al.，in press。

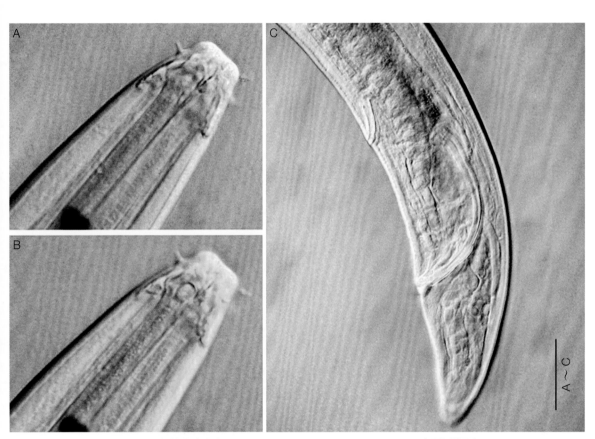

图 39　普拉特光皮线虫 Phanoderma platti Zhang, Huang & Zhou （周红供图）

A、B. 雄性体前部侧面观，示头部和化感器；C. 雄性尾部侧面观，示交接器和肛前附器

比例尺：A ～ C = 50μm

丝尾头感线虫
Cephalanticoma filicaudata Huang & Zhang, 2007

标本采集地： 黄海南部冷水团附近站位。

形态特征： 个体大而细长，长 5.7 ～ 6.4mm；头圆，具头鞘；口腔小，轻微加厚，在食道前部有 3 个齿；食道圆柱形，基部无食道球；10 根头刚毛排成一圈，长 16 ～ 26μm；侧面两排颈刚毛，每排 2 根，最前面的一根距体前端 52 ～ 72μm；排泄孔开口于颈刚毛之后；尾长 512 ～ 668μm，圆柱 - 圆锥形，末端迅速变细，呈细丝状。雄性交接刺弧长 120 ～ 130μm，有一宽的腹翼；引带细长，长 31 ～ 37μm，不具龙骨突；管状肛前附器长 17 ～ 19μm，位于肛门前方 90 ～ 102μm 处。

生态习性： 栖息于潮下带泥质或泥砂质沉积物中，水深 63 ～ 80m。

地理分布： 黄海。

参考文献： Huang and Zhang，2007a。

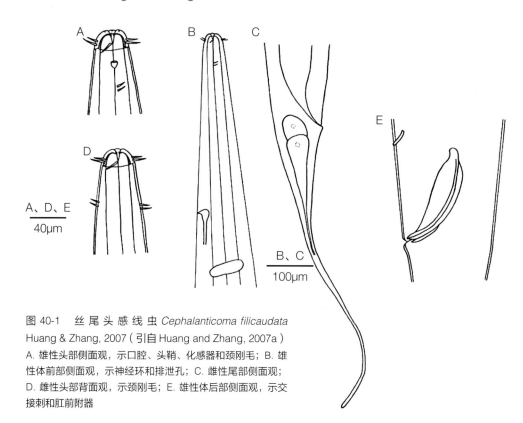

图 40-1 丝尾头感线虫 *Cephalanticoma filicaudata* Huang & Zhang, 2007（引自 Huang and Zhang, 2007a）A. 雄性头部侧面观，示口腔、头鞘、化感器和颈刚毛；B. 雄性体前部侧面观，示神经环和排泄孔；C. 雌性尾部侧面观；D. 雌性头部背面观，示颈刚毛；E. 雄性体后部侧面观，示交接刺和肛前附器

A、D、E
40μm

B、C
100μm

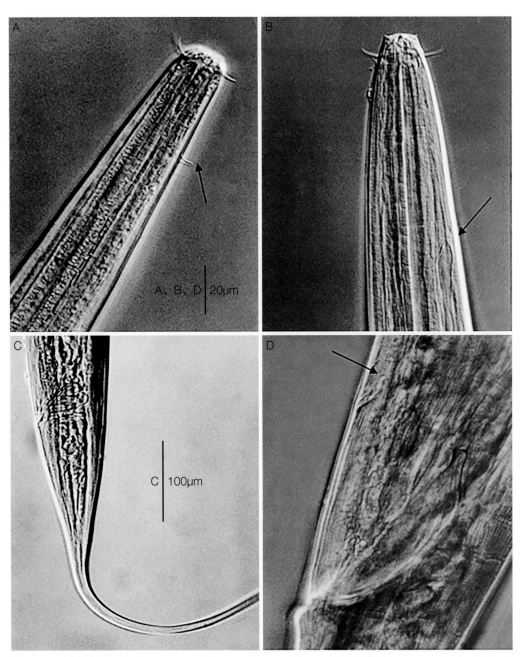

图 40-2　丝尾头感线虫 *Cephalanticoma filicaudata* Huang & Zhang, 2007（引自 Huang and Zhang, 2007a）

A. 雄性体前部侧面观，示头鞘、头刚毛和颈刚毛（箭头处）；B. 雄性体前部侧面观，示排泄孔（箭头处）；

C. 雌性尾部侧面观，示肛门和尾部形态；D. 雄性体后部侧面观，示交接器和肛前附器（箭头处）

中华柯尼丽线虫
Conilia sinensis Chen & Guo, 2015

标本采集地： 山东日照砂质滩，福建漳州东山岛砂质滩。

形态特征： 体长 1.9～2.4mm，最大体宽 33～48μm（*a*=43～71）；角皮光滑，但常黏附杆状细菌；头端钝，唇区发达并隆起，其外壁上有数个褶皱（图 42-2C）；6 个唇感器乳突状，6 根较长与 4 根粗短而钝的头刚毛围成一圈；化感器未见；口腔包括杯状的前部和强烈角质化的管状部，长度分别为 5～12μm 和 29～31μm；3 个实心爪状弯齿嵌在口腔前部和管状部的连接处，口腔杯状前部的前缘还有 1 排小的角皮齿；尾圆锥 - 圆柱形，长 4.5～5.7 倍肛门相应直径，向腹面显著弯曲；尾的中间亚腹侧有一小的隆起，肛门前方具 3 个长的尾腺。雄性具 1 个长交接刺，弧长 87～100μm（3.5～4.2 倍肛门相应直径），上有横纹或斜纹；引带侧片 1 对，长 25～28μm，具加厚的前腹肋和后背肋，肋向背部弯曲，并形成强壮的钩样结构及圆形的可变近端突出；引带呈稍弯曲的细带状（图 42-2K），长 18～22μm；具 1 个向腹面隆起的肛前附器。雌性比雄性更粗胖；头部与身体轮廓连续；尾更直，上无刚毛或隆起；1 对前后同等大小的卵巢，反折；阴孔距体前端的距离为体长的 54%～57%。

生态习性： 栖息于潮间带表层砂质沉积物中。

地理分布： 黄海，东海。

参考文献： Chen and Guo，2015。

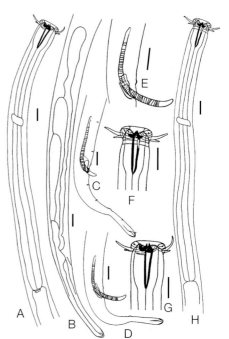

图 41-1　中华柯尼丽线虫 *Conilia sinensis* Chen & Guo，2015（引自 Chen and Guo, 2015）

A. 雌性体前部侧面观；B. 雌性尾部侧面观；C、D. 雄性尾部侧面观，示交接器；E. 雄性肛区侧面观，示交接刺、引带和肛前附器；F. 雄性头部侧面观，示头刚毛、口腔和齿；G. 雌性头部侧面观，示头刚毛、口腔和齿；H. 雄性体前部侧面观

比例尺：20μm

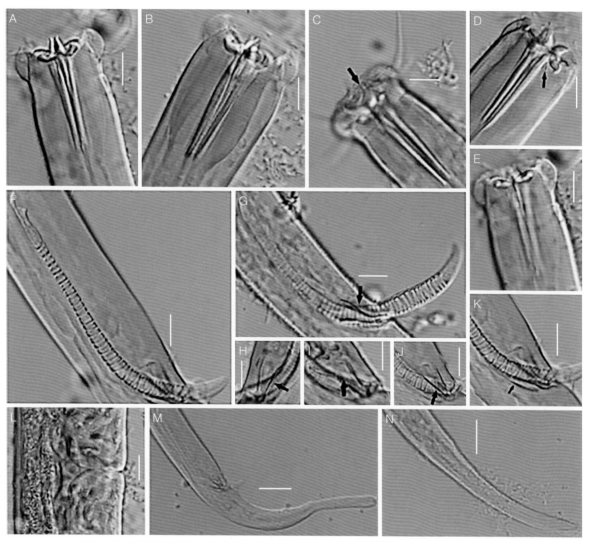

图 41-2　中华柯尼丽线虫 *Conilia sinensis* Chen & Guo, 2015（引自 Chen and Guo, 2015）

A. 雄性头部侧面观，示口腔和齿；B. 雌性头部侧面观，示口腔和黏附的细菌；C. 雄性头部侧面观，示唇部褶皱、头刚毛和条带；D. 幼体头部侧面观，示替换齿；E. 雄性头部侧面观，示小的角皮齿；F、G. 雄性肛区侧面观，示交接刺；H～J. 雄性肛区侧面观，示引带侧片；K. 雄性肛区侧面观，示引带；L. 雌性体中部侧面观，示阴孔；M. 雄性尾部侧面观；N. 雌性尾部侧面观

比例尺：A～L = 10μm；M、N = 25μm

长化感器吸咽线虫
Halalaimus longamphidus Huang & Zhang, 2005

标本采集地： 黄海南部潮下带。

形态特征： 体长 2.2 ～ 3.4mm，体前端变细；食道区很长，占体长的 20% ～ 30%；头刚毛排成两圈（6+4）；无口腔，化感器长而窄，长 70 ～ 81μm；尾细长，长 250 ～ 350μm，前半部锥形，后半部丝状，末端分两叉，叉长 13 ～ 16μm。雄性交接刺弧长 29 ～ 46μm，具较弱的腹翼；引带长 14 ～ 15μm，无龙骨突。

生态习性： 栖息于潮下带泥质沉积物中，水深 50 ～ 85m。

地理分布： 渤海，黄海。

参考文献： Huang and Zhang，2005a。

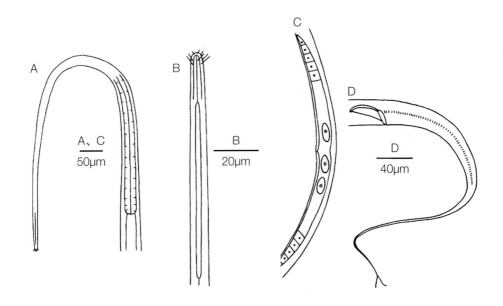

图 42-1　长化感器吸咽线虫 *Halalaimus longamphidus* Huang & Zhang, 2005

（引自 Huang and Zhang, 2005a）

A. 雄性体前部侧面观；B. 雄性头部侧面观；C. 雌性体中部侧面观，示卵巢、卵和阴孔；D. 雄性尾部侧面观

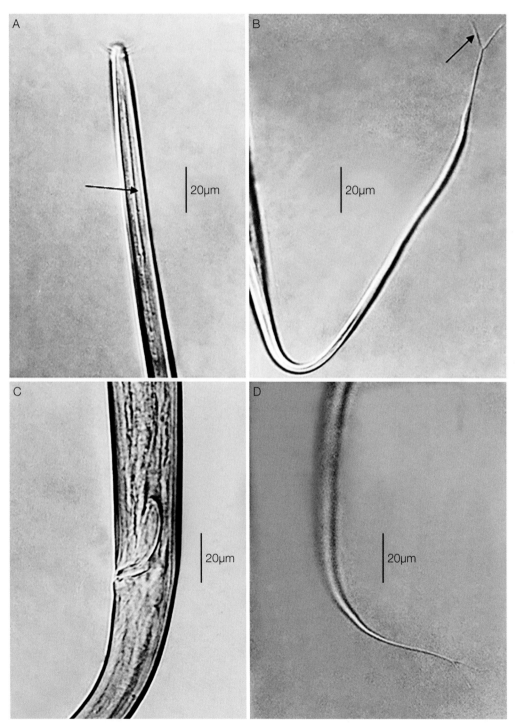

图 42-2　长化感器吸咽线虫 *Halalaimus longamphidus* Huang & Zhang, 2005（引自 Huang and Zhang, 2005a）
A. 雌性头部侧面观，示裂缝状化感器（箭头处）；B. 雌性尾部侧面观，示叉状尾（箭头处）；
C. 雄性体后部侧面观，示交接刺；D. 雄性尾部侧面观，示叉状尾（箭头处）

秀丽尖口线虫
Oxystomina elegans Platonova, 1971

标本采集地： 黄海南部潮下带。

形态特征： 体长 1.4 ～ 2.0mm，最大体宽 17 ～ 29μm（*a*=47 ～ 106）；角皮光滑；头刚毛和颈刚毛不易观察，距体前端距离为 2.8 倍头直径；无口腔；化感器卵圆形（雄性的更小，雌性的更圆），长 12μm，距体前端 21μm；食道具一小的后食道球；腹腺小，卵圆形；排泄孔距体前端 77μm；尾棍棒状，长 7 ～ 8 倍肛门相应直径。雄性交接刺弧长 36 ～ 38μm，近端靠尖的腹面稍微隆起，远端逐渐变细；引带和肛前刚毛均不存在。

生态习性： 栖息于潮下带泥质沉积物中，水深 64 ～ 85m。

地理分布： 黄海，渤海。

参考文献： Huang and Zhang，2006d。

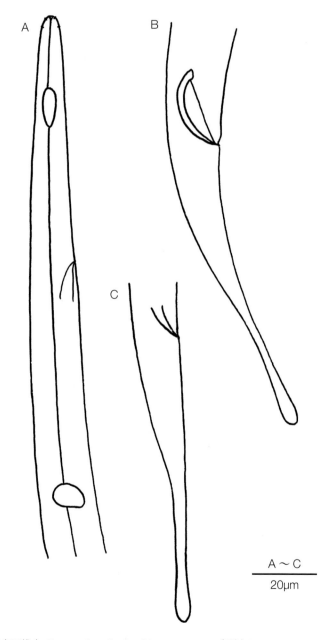

图 43 秀丽尖口线虫 *Oxystomina elegans* Platonova, 1971（引自 Huang and Zhang, 2006d）
A. 雄性体前部侧面观，示化感器、排泄孔和神经环；B. 雄性尾部侧面观，示交接刺；C. 雌性尾部侧面观

长尖口线虫
Oxystomina elongata (Bütschli, 1874)

标本采集地： 黄海南部潮下带。

形态特征： 体长 1.9 ～ 2.2mm，最大体宽 36 ～ 45μm（a=43 ～ 57）；角皮光滑；6 根头刚毛，长 2.5μm，4 根同样长度的颈刚毛，与体前端距离为 2.8 倍头直径；无口腔；化感器卵圆形（雄性的更小，雌性的更圆），长 18μm，距体前端 30μm；食道具一小的后食道球；腹腺小，卵圆形；排泄孔位于食道的前 1/3 处；尾棍棒状，长 5 倍肛门相应直径。雄性交接刺弧长 30 ～ 39μm，近端靠尖的腹面稍微隆起；引带小而弯，包裹着交接刺的尖；肛门前方有一长一短 2 根刚毛。

生态习性： 栖息于潮下带泥质沉积物中，水深 72 ～ 77m。

地理分布： 黄海。

参考文献： Huang and Zhang，2006d。

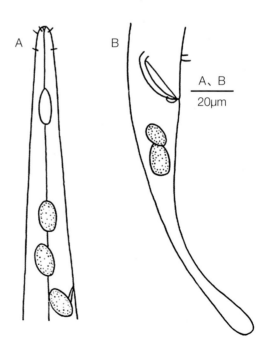

图 44-1　长尖口线虫 *Oxystomina elongata*（Bütschli, 1874）（引自 Huang and Zhang, 2006d）
A. 雄性体前部侧面观，示化感器、腺细胞和排泄孔；B. 雄性尾部侧面观，示交接刺、引带、肛前刚毛和棍棒状尾

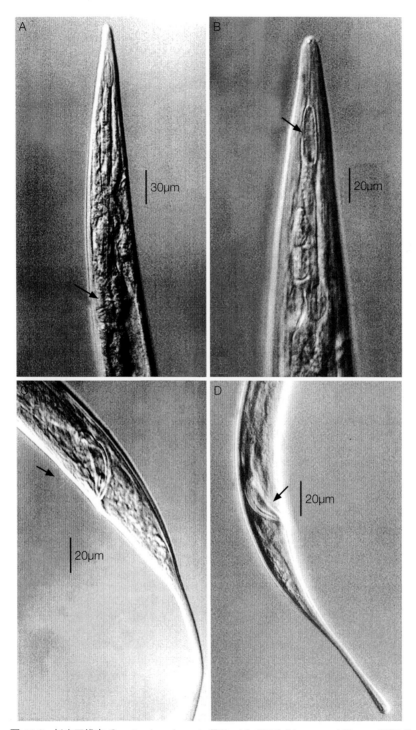

图 44-2　长尖口线虫 Oxystomina elongata (Bütschli, 1874) (Huang and Zhang, 2006d)
A. 雄性体前部侧面观，示食道球（箭头处）；B. 雄性体前端侧面观，示化感器（箭头处）；
C. 雄性尾部侧面观，示交接刺和 2 根肛前刚毛（箭头处）；D. 雄性尾部侧面观，示交接刺（箭头处）

中华韦氏线虫
Wieseria sinica Huang, Sun & Huang, 2018

标本采集地：山东青岛胶州湾潮下带。

形态特征：体细长，近圆柱形，两端变窄，长 2.4mm，最大体宽 20μm（ a=120）；角皮光滑；内圈 6 根唇刚毛较长（6.5μm），但短于 2 倍头直径，并与外圈 6 根较长（4μm）的头刚毛靠近，4 根较短的头刚毛长 3.5μm，距体前端 8μm，这些头刚毛均朝向后方；椭圆形的化感器双环，6μm 长，4μm 宽，距体前端 9μm；口腔小，裂缝状；食道柱状，末端具食道球。雄性交接刺弓形，弧长为 1.4 倍肛门相应直径，具有角质化的翼，近端钝，远端尖；引带从侧面看似环状；腹面中央具 1 根肛前刚毛，位于肛门开口前方 4μm 处；尾棒状，末端膨大，长为 7.3 倍肛门相应直径，不具尾刚毛和末端刚毛。

生态习性：栖息于潮下带次表层（2～8cm）粉砂质沉积物中，水深 5.5m。

地理分布：黄海。

参考文献：Huang et al., 2018a。

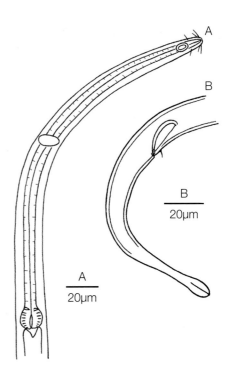

图 45-1　中华韦氏线虫 *Wieseria sinica* Huang, Sun & Huang, 2018（引自 Huang et al., 2018a）
A. 雄性体前部侧面观；B. 雄性尾部侧面观，示交接刺、引带和肛前刚毛

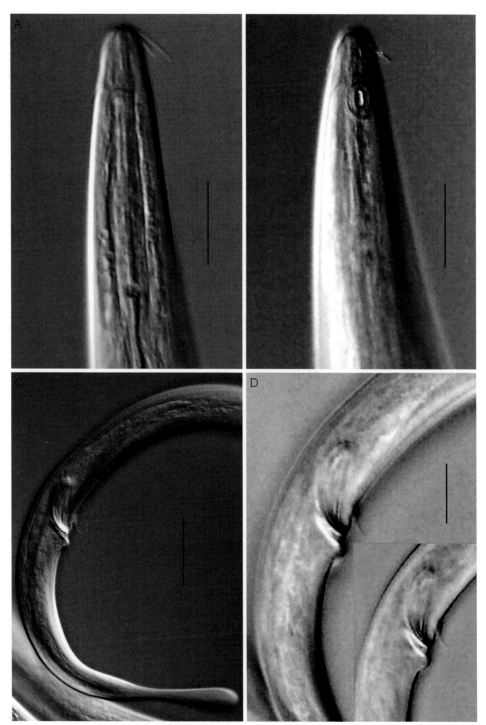

图 45-2　中华韦氏线虫 *Wieseria sinica* Huang, Sun & Huang, 2018（引自 Huang et al., 2018a）
A. 雄性头部侧面观，示唇刚毛和头刚毛；B. 雄性头部侧面观，示化感器；C. 雄性尾部侧面观，示棒状尾；
D. 雄性肛区侧面观，示交接刺、引带和肛前刚毛
比例尺：A、B、D = 10μm；C = 20μm

细韦氏线虫

Wieseria tenuisa Huang, Sun & Huang, 2018

标本采集地: 山东青岛胶州湾潮下带。

形态特征: 体细长,两端变窄,长 1.9mm,最大体宽 14μm(*a*=134);角皮光滑;内圈 6 根唇刚毛,长度超过 2 倍头直径,并与外圈 6 根较长(6.5~7μm)的头刚毛靠近,4 根较短的头刚毛长 4μm,距体前端 6μm,这些头刚毛均朝向前方;椭圆形的化感器双环,5μm 长,3.5μm 宽,距体前端 8μm;无口腔;食道柱状,末端具食道球。雄性交接刺稍直,长为 1.3 倍肛门相应直径,具有角质化的翼,近端具钩;引带棒状,长 4μm,无龙骨突;腹中央具 1 根肛前刚毛,位于肛门开口前方 3μm 处;尾棒状,末端膨大,长为 8 倍肛门相应直径,不具末端刚毛。

生态习性: 栖息于潮下带表层粉砂质沉积物中,水深 23m。

地理分布: 黄海。

参考文献: Huang et al.,2018a。

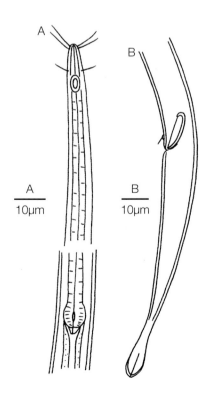

图 46-1 细韦氏线虫 *Wieseria tenuisa* Huang, Sun & Huang, 2018(引自 Huang et al., 2018a)
A. 雄性体前部和食道基部侧面观;B. 雄性尾部侧面观,示交接刺、引带和肛前刚毛

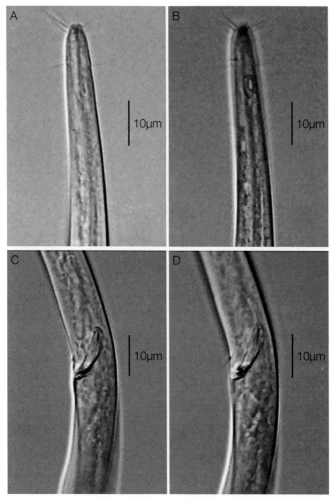

图 46-2　细韦氏线虫 *Wieseria tenuisa* Huang, Sun & Huang, 2018（引自 Huang et al., 2018a）
A. 雄性体前部侧面观，示唇刚毛和头刚毛；B. 雄性体前部侧面观，示唇刚毛和化感器；
C. 雄性肛区侧面观，示交接刺和引带；D. 雄性肛区侧面观，示交接刺、引带和肛前刚毛

尖口线虫科分属检索表

1.化感器椭圆形、双环...韦氏线虫属 *Wieseria*

（中华韦氏线虫 *W. sinica*，细韦氏线虫 *W. tenuisa*）

- 化感器单环或狭缝状...2

2.化感器纵狭缝状.........................吸咽线虫属 *Halalaimus*（长化感器吸咽线虫 *H. longamphidus*）

- 化感器卵圆形..尖口线虫属 *Oxystomina*

（秀丽尖口线虫 *O. elegans*，长尖口线虫 *O. elongata*）

多爪阿德米拉线虫
Admirandus multicavus Belogurov & Belogurova, 1979

同物异名： 中国近瘤线虫 *Adoncholaimus chinensis* Huang & Zhang, 2009

标本采集地： 江苏连云港、山东日照潮间带。

形态特征： 体长 2.5～2.8mm，最大体宽 60～68μm；6 个圆形唇上具 6 个圆形的小唇乳突；10 个圆形的小头乳突；口腔大，具 3 个齿，右亚腹齿大于其余两个等大的齿；口腔在小齿尖的位置由一沟分为两部分；化感器袋状；尾长约为 2.8 倍肛门相应直径，前半部锥形，后半部柱形。雄性交接刺细长，弧长 97μm，近端钝圆，远端尖细；引带细长，弯曲与交接刺平行，有一与交接刺脱离的龙骨突；两排 7～8 根肛周刚毛，3～4μm 长，分别位于身体的亚腹两侧；尾上有几根短刚毛和 3 根末端刚毛。雌性卵巢成对，反折；阴孔与体前端的距离约占体长的 48%。

生态习性： 栖息于潮间带泥砂质沉积物中。

地理分布： 黄海；日本海。

参考文献： Huang and Zhang, 2009；Mordukhovich et al.，2015。

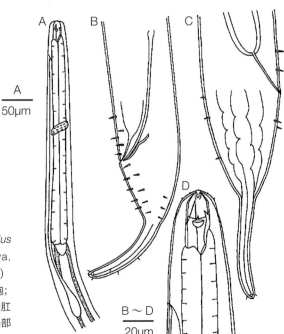

图 47-1 多爪阿德米拉线虫 *Admirandus multicavus* Belogurov & Belogurova, 1979（引自 Huang and Zhang, 2009）
A. 雄性体前部侧面观，示食道和排泄细胞；
B. 雄性尾部侧面观，示交接刺、引带和肛周刚毛；C. 雌性尾部侧面观；D. 雄性头部侧面观，示口腔、齿、化感器和排泄孔

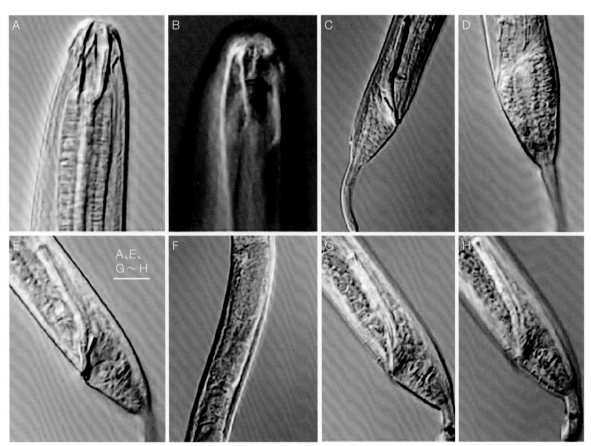

图 47-2　多爪阿德米拉线虫 *Admirandus multicavus* Belogurov & Belogurova, 1979（引自 Huang and Zhang, 2009）

A. 雄性头部侧面观，示口腔和排泄孔；B. 雄性体前部侧面观，示化感器；C. 雄性尾部侧面观，示交接刺和引带；D. 雌性尾部侧面观；E. 雄性尾部侧面观，示引带和龙骨突；F. 雌性体中部侧面观，示阴孔、卵巢和卵；G. 雄性尾部侧面观，示交接刺和肛周刚毛；H. 雄性尾部侧面观，示肛周刚毛

比例尺：30μm

丝状弯咽线虫
Curvolaimus filiformis Zhang & Huang, 2005

标本采集地： 黄海南部潮下带。

形态特征： 体细长，前端尖；6 个显著的唇，每个唇上具很小的唇刚毛；10 根头刚毛排成一环；口腔长锥形，轻微加厚，具有 2 个明显的齿；大的化感器呈袋状；尾细长，圆锥 - 圆柱形，在尾长 1/4 处突然变窄，远端呈圆柱状，圆柱部长度为圆锥部的 3 倍。雄性体长 2.6 ～ 3.4mm，最大体宽 41 ～ 56μm；交接刺短而细，远端尖并轻微角质化；不具引带；两根极短的腹刚毛位于肛门后。雌性体长 3.5 ～ 3.7mm，最大体宽 52 ～ 60μm。

生态习性： 栖息于潮下带泥质沉积物中，水深 50 ～ 80m。

地理分布： 黄海。

参考文献： Zhang and Huang, 2005a。

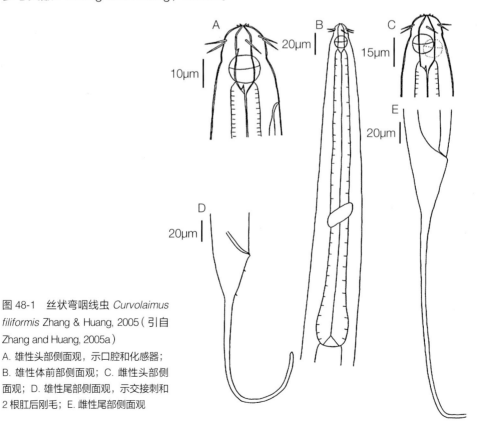

图 48-1　丝状弯咽线虫 *Curvolaimus filiformis* Zhang & Huang, 2005（引自 Zhang and Huang, 2005a）
A. 雄性头部侧面观，示口腔和化感器；
B. 雄性体前部侧面观；C. 雌性头部侧面观；D. 雄性尾部侧面观，示交接刺和 2 根肛后刚毛；E. 雌性尾部侧面观

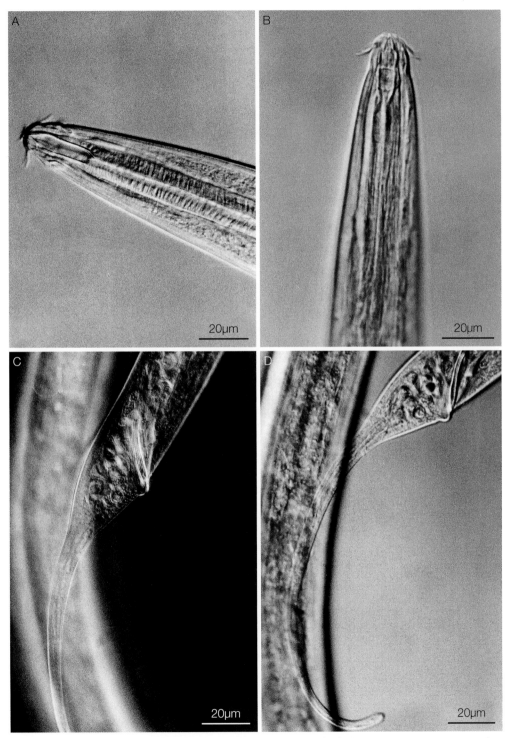

图 48-2　丝状弯咽线虫 *Curvolaimus filiformis* Zhang & Huang, 2005（引自 Zhang and Huang, 2005a）

A、B. 雄性头部侧面观，示口腔和化感器；C、D. 雄性尾部侧面观，示交接刺和丝状尾

多毛瘤线虫
Oncholaimus multisetosus Huang & Zhang, 2006

标本采集地： 黄海南部潮下带。

形态特征： 体长 2.9 ～ 3.6mm，最大体宽 62 ～ 85μm；角皮光滑；6 个圆形唇上具 6 个圆形的小唇乳突；10 根头刚毛排成一环，4 根较长，6 根较短；口腔具 3 个齿，左亚腹齿大于右亚腹齿和背齿；化感器呈袋状，开口椭圆形；8 排短的颈刚毛位于神经环之前；尾细长，圆锥 - 圆柱形，长为 3.5 倍肛门相应直径。雄性尾在圆锥 - 圆柱部连接处突然收缩，柱状部占整个尾长的 2/3，末端膨大呈圆形；交接刺等长，结构简单，略微弯曲，长 40 ～ 46μm，无引带；两圈肛周刚毛，背圈约 12 对，腹圈约 15 对。雌性尾部前 1/3 为锥状，并逐渐过渡到柱状，无尾刚毛，只有 3 根端刚毛，卵巢 1 个，向前伸展；阴孔与体前端的距离约占整体长度的 71%；无德曼系统。

生态习性： 栖息于潮下带泥质沉积物中，水深 50m。

地理分布： 黄海。

参考文献： Huang and Zhang，2006a。

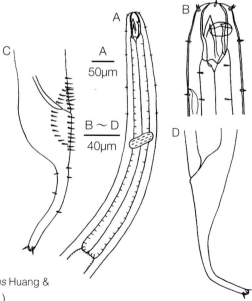

图 49-1　多毛瘤线虫 *Oncholaimus multisetosus* Huang & Zhang, 2006（引自 Huang and Zhang, 2006a）
A. 雄性体前部侧面观；B. 雌性头部侧面观；C. 雄性尾部侧面观；D. 雌性尾部侧面观

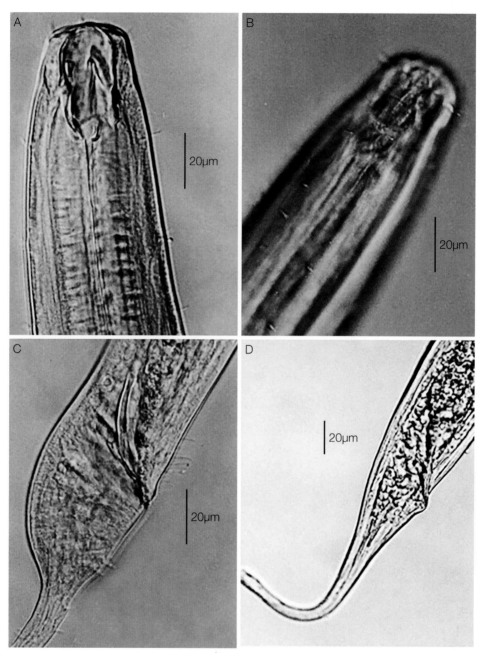

图 49-2　多毛瘤线虫 *Oncholaimus multisetosus* Huang & Zhang, 2006（引自 Huang and Zhang, 2006a）
A. 雄性头部侧面观，示口腔和 3 个齿；B. 雌性头部侧面观，示化感器和体刚毛；C. 雄性尾部侧面观，示交接
刺和肛周刚毛；D. 雌性尾部侧面观

中华瘤线虫
Oncholaimus sinensis Zhang & Platt, 1983

标本采集地： 山东青岛第一海水浴场、栈桥东侧。

形态特征： 体长 2.0 ～ 2.2mm，最大体宽 40 ～ 42μm（*a*=50 ～ 52）；角皮光滑；6 个唇乳突；10 根等长的头刚毛排成一环，长 5 ～ 6.5μm（25% ～ 33% 头直径）；化感器呈袋状，宽 7μm（29% 相应体直径），位于背齿的前面；口腔深 24 ～ 26μm，具 3 个齿，左亚腹齿大，右亚腹齿和背齿较小；排泄孔距体前端 80 ～ 93μm；尾圆锥 - 圆柱形，尖端稍膨大，长 3.5 ～ 4 倍肛门相应直径。雄性具 1 对相对的精巢；1 对交接刺等长，长 26 ～ 27μm（1.2 倍肛门相应直径），近端头状，远端尖，但在腹侧有一些条纹；无引带；尾腹面具 1 个肛前乳突；1 个肛后乳突，位于距肛门大约 60% 尾长处，乳突上有 2 对长 3μm 的刚毛；尾上除了亚背侧刚毛外，还有大约 11 对长 4.5 ～ 7μm 的肛周刚毛。雌性个体大于雄性，体长 2.8mm，最大体宽 68μm；2 个相对并反折的卵巢。

生态习性： 栖息于潮间带表层砂质沉积物中。

地理分布： 黄海。

参考文献： Zhang and Platt, 1983；Zhang et al., in press。

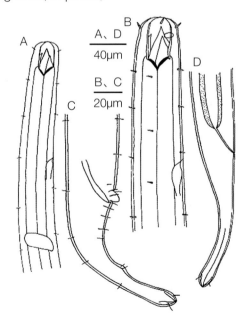

图50-1 中华瘤线虫 *Oncholaimus sinensis* Zhang & Platt, 1983（引自 Zhang et al., in press）
A. 雄性体前部侧面观；B. 雌性体前端侧面观，示头刚毛、口腔齿、化感器和排泄孔；C. 雄性尾部侧面观，示交接刺、肛前和肛后乳突及肛周刚毛；D. 雌性尾部侧面观

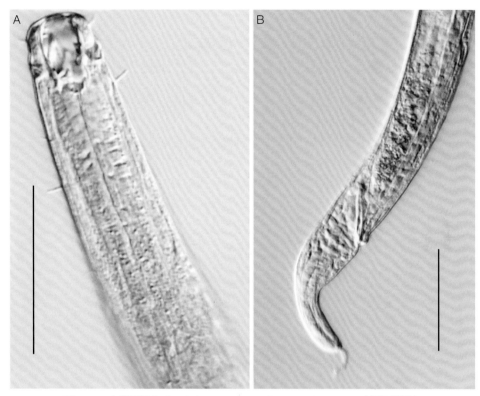

图 50-2 中华瘤线虫 *Oncholaimus sinensis* Zhang & Platt, 1983（周红供图）
A. 雄性体前部背面观，示头刚毛、化感器、口腔和 3 个齿；B. 雄性尾部侧面观，示交接刺和肛前乳突
比例尺：50μm

瘤线虫科分属检索表

1. 口腔仅具 2 齿 .... 弯咽线虫属 *Curvolaimus*（丝状弯咽线虫 *C. filiformis*）

 - 口腔具 3 齿 2

2. 右亚腹齿大于其余两个等大的齿 ....

 .... 阿德米拉线虫属 *Admirandus*（多爪阿德米拉线虫 *A. multicavus*）

 - 口腔具 3 齿，左亚腹齿大于其余两个齿，不具肛前刺 ....

 ....瘤线虫属 *Oncholaimus*（多毛瘤线虫 *O. multisetosus*，中华瘤线虫 *O. sinensis*）

布氏无管球线虫
Abelbolla boucheri Huang & Zhang, 2004

标本采集地： 黄海南部潮下带。

形态特征： 体长 2.2mm，最大体宽 47 ～ 50μm；体前端变细，为食道基部体宽的 23% ～ 28%；口腔具 3 齿，右亚腹齿大于左亚腹齿和背齿；角质环将口腔分割成两小室，环光滑，上无小齿；食道向后逐渐扩展但最终并不形成数个独立的食道球。雄性交接刺弯曲，远端尖，不呈钩状，弧长 56 ～ 62μm；引带具有小的背侧龙骨突，长约 14μm；2 个肛前附器较发达，且彼此之间的距离相对于其与肛门的距离更近。雌性具 1 对等长卵巢，反折；阴孔与体前端的距离约占整体长度的 54%。

生态习性： 栖息于潮下带泥质沉积物中，水深 68 ～ 89m。

地理分布： 黄海。

参考文献： Huang and Zhang，2004。

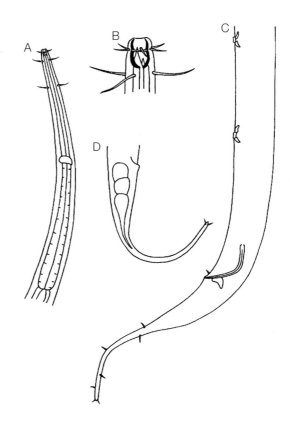

图 51-1 布氏无管球线虫 *Abelbolla boucheri* Huang & Zhang, 2004（引自 Huang and Zhang, 2004）
A. 雄性头部侧面观；B. 雄性体前部侧面观；C. 雄性体后部侧面观；D. 雌性尾部侧面观

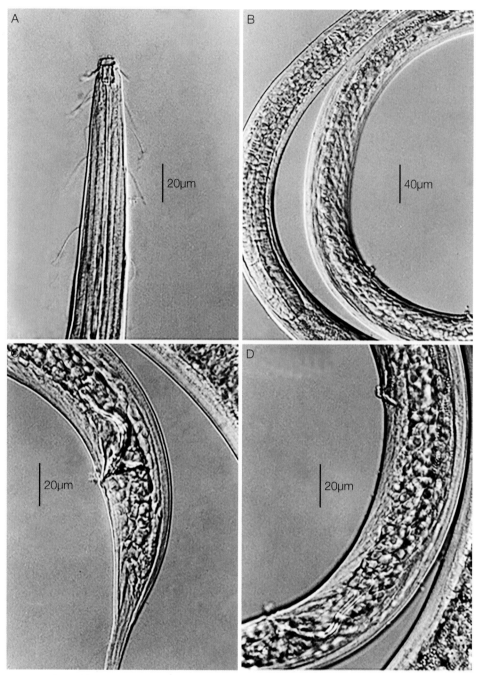

图 51-2　布氏无管球线虫 *Abelbolla boucheri* Huang & Zhang, 2004（引自 Huang and Zhang, 2004）

A. 雄性体前部侧面观，示口腔和齿；B. 食道部和体后部侧面观，示食道球和交接辅器；C. 雄性尾部侧面观，示交接刺、引带和龙骨突；D. 雄性体后部侧面观，示交接刺和肛前附器

黄海无管球线虫

Abelbolla huanghaiensis Huang & Zhang, 2004

标本采集地: 黄海南部潮下带。

形态特征: 体长 2.2 ~ 2.6mm,最大体宽 44 ~ 65μm;体前端变细,为食道基部体宽的 18% ~ 25%;口腔具 3 齿,右亚腹齿大于左亚腹齿和背齿;口由 6 个小乳突环绕,10 根头刚毛排成一环,位于距体前端约 23μm 处,另有 6 根排成一环的颈刚毛;角质环将口腔分割成两小室,环光滑,上无小齿;食道向后逐渐扩展但最终并不形成数个独立的食道球。雄性交接刺弯曲,弧长 61 ~ 89μm,近端头状,远端钩状;引带具有 1 对背侧龙骨突,长 26 ~ 33μm;2 个肛前附器比较发达,且彼此之间的距离相对于其与肛门的距离更近。雌性具 1 对等长卵巢,反折;阴孔与体前端的距离占整体长度的 54% ~ 58%。

生态习性: 栖息于潮下带泥质沉积物中,水深 59 ~ 70m。

地理分布: 黄海。

参考文献: Huang and Zhang,2004。

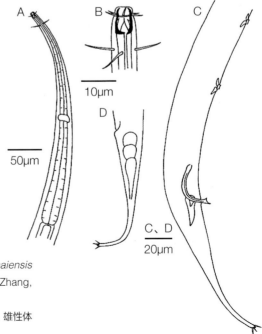

图 52-1　黄海无管球线虫 *Abelbolla huanghaiensis* Huang & Zhang, 2004(引自 Huang and Zhang, 2004)
A. 雄性体前部侧面观;B. 雄性头部侧面观;C. 雄性体后部侧面观;D. 雌性尾部侧面观

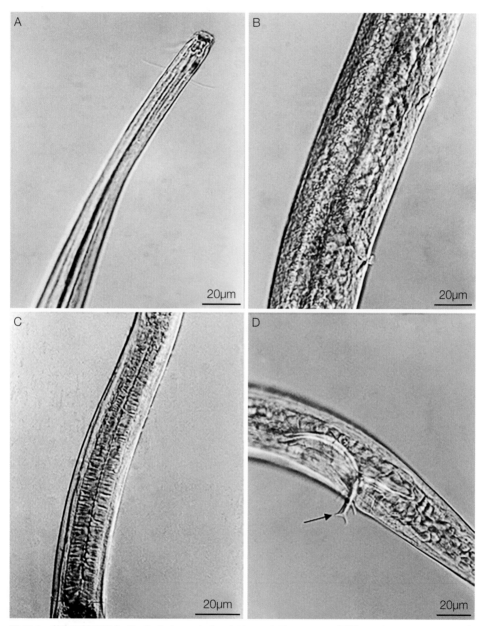

图 52-2　黄海无管球线虫 *Abelbolla huanghaiensis* Huang & Zhang, 2004（引自 Huang and Zhang, 2004）
　　　A. 雄性体前部侧面观，示口腔和齿；B. 肛前附器；C. 食道区无食道球；D. 交接刺远端钩状（箭头处）

大无管球线虫
Abelbolla major Jiang, Wang & Huang, 2015

标本采集地： 山东日照刘家湾砂质滩。

形态特征： 体长 2.4mm；体柱状，两端稍细，体前端为食道基部体宽的 36%；角质环将口腔分割成两小室，环光滑，上无小齿；口腔具 3 齿，右亚腹齿大于左亚腹齿和背齿；6 根外唇刚毛与 4 根头刚毛围成一圈，稀疏的颈刚毛分布在食道区；食道向后逐渐扩展但最终并不形成数个独立的食道球；尾短，圆锥 - 圆柱形，长 90μm，末端略膨胀；一排 4 根腹刚毛位于尾的锥部。雄性交接刺弯曲，近端宽，向远端逐渐变细，弧长 50μm；引带具有三角形指向背侧的龙骨突；2 个具翼的肛前附器十分发达。

生态习性： 栖息于潮间带表层（0 ～ 2cm）砂质沉积物中。

地理分布： 黄海。

参考文献： Jiang et al.，2015。

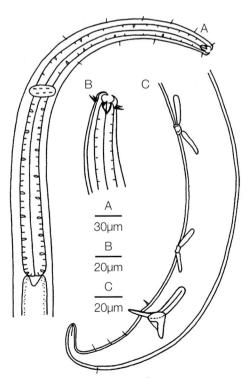

图 53-1　大无管球线虫 *Abelbolla major* Jiang, Wang & Huang, 2015（引自 Jiang et al., 2015）
A. 雄性体前部侧面观，示食道；B. 雄性头部侧面观，示口腔和齿；C. 雄性尾部侧面观，示交接刺、引带和 2 个具翼的肛前附器

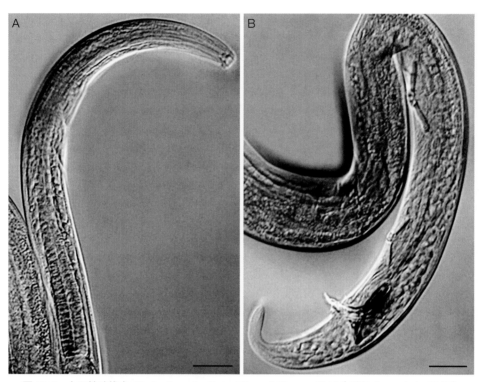

图 53-2　大无管球线虫 *Abelbolla major* Jiang, Wang & Huang, 2015（引自 Jiang et al., 2015）
A. 雄性体前部侧面观，示口腔和食道；B 雄性尾部侧面观，示交接刺、引带和 2 个具翼的肛前附器
比例尺：A = 30 μm；B = 20 μm

沃氏无管球线虫

Abelbolla warwicki Huang & Zhang, 2004

标本采集地：黄海南部潮下带。

形态特征：体长 2.3 ～ 3.6mm，最大体宽 52 ～ 119μm；体前端变细，为食道基部体宽的 26% ～ 28%；口腔具 3 齿，右亚腹齿大于左亚腹齿和背齿；口由 6 个小乳突环绕，10 根头刚毛排成一环；角质环将口腔分割成两小室，环光滑，上无小齿；食道向后逐渐扩展但最终并不形成数个独立的食道球。雄性交接刺弯曲，弧长 56 ～ 130μm；引带具有 1 对指向背后方的短小龙骨突，长 12 ～ 23μm；肛前附器退化，呈袋状，无翼。

生态习性：栖息于潮下带泥质沉积物中，水深 63 ～ 89m。

地理分布：黄海。

参考文献：Huang and Zhang，2004。

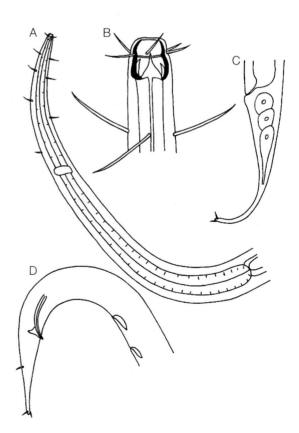

图 54-1　沃氏无管球线虫 *Abelbolla warwicki* Huang & Zhang, 2004（引自 Huang and Zhang, 2004）
A. 雄性体前部侧面观，示食道；B. 雄性头部侧面观，示口腔、齿及头刚毛和颈刚毛；C. 幼体尾部侧面观；D. 雄性体后部侧面观，示交接刺、引带和 2 个袋状的肛前附器

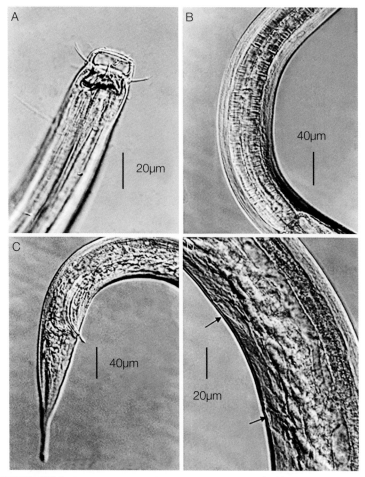

图 54-2　沃氏无管球线虫 *Abelbolla warwicki* Huang & Zhang，2004（引自 Huang and Zhang，2004）
A. 雄性头部和颈区侧面观，示口腔、齿及头刚毛和颈刚毛；B. 食道区无食道球；C. 雄性尾部侧面观；
D. 2 个袋状的肛前附器（箭头处）

无管球线虫属分种检索表

1.肛前附器退化成袋状，不具翼 ⋯⋯⋯⋯⋯⋯⋯⋯⋯⋯⋯⋯⋯⋯⋯⋯沃氏无管球线虫 *A. warwicki*

- 肛前附器具翼⋯⋯⋯⋯⋯⋯⋯⋯⋯⋯⋯⋯⋯⋯⋯⋯⋯⋯⋯⋯⋯⋯⋯⋯⋯⋯⋯⋯⋯⋯⋯ 2

2.肛前附器十分发达（1.1 ~ 1.5 倍肛门相应直径），尾较短（2.6 倍肛门相应直径）⋯⋯⋯⋯⋯⋯
⋯⋯⋯⋯⋯⋯⋯⋯⋯⋯⋯⋯⋯⋯⋯⋯⋯⋯⋯⋯⋯⋯⋯⋯⋯⋯⋯⋯ 大无管球线虫 *A. major*

- 肛前附器不十分发达（0.5 ~ 0.6 倍肛门相应直径），尾较长（5.6 ~ 8.5 倍肛门相应直径）⋯⋯ 3

3.交接刺远端尖，不呈钩状，引带龙骨突较小，长约 14μm ⋯⋯⋯⋯⋯⋯布氏无管球线虫 *A. boucheri*

- 交接刺远端钩状，引带龙骨突较大，长 26 ~ 33μm ⋯⋯⋯⋯⋯⋯⋯黄海无管球线虫 *A. huanghaiensis*

黄海管球线虫
Belbolla huanghaiensis Huang & Zhang, 2005

标本采集地： 黄海南部潮下带。

形态特征： 体长 2.5 ～ 3.7mm，最大体宽 57 ～ 96μm；体前端变细；口腔具 3 齿，右亚腹齿大于左亚腹齿和背齿；角质环将口腔分割成两小室，环光滑，上无小齿；口由 6 个小乳突环绕，10 根头刚毛排成一环；颈刚毛很多，前 10 根颈刚毛排成一环，其余的不规则排列；食道向后逐渐扩展并最终形成 9 个食道球。雄性交接刺弯曲，弧长 106 ～ 137μm，弦长 70 ～ 81μm；引带具有 1 对指向背后方的长龙骨突，长 45 ～ 60μm；两个具翼的肛前附器非常发达；尾圆锥 - 圆柱形，末端稍微膨大，具 4 根端刚毛。雌性个体大于雄性，卵巢成对，等长，反折；阴孔与体前端的距离占整体长度的 48% ～ 59%；尾具 2 根端刚毛。

生态习性： 栖息于潮下带泥质沉积物中，水深 59 ～ 77m。

地理分布： 黄海。

参考文献： Huang and Zhang，2005b。

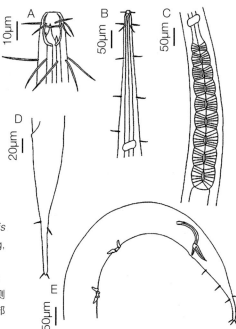

图 55-1 黄海管球线虫 *Belbolla huanghaiensis* Huang & Zhang, 2005（引自 Huang and Zhang, 2005b）

A. 雄性头部侧面观，示口腔、齿及头刚毛和颈刚毛；B. 雄性头部和颈部侧面观，示食道；C. 雄性食道区侧面观，示食道球；D. 雌性尾部侧面观；E. 雄性体后部侧面观，示交接刺、引带和 2 个具翼的肛前附器

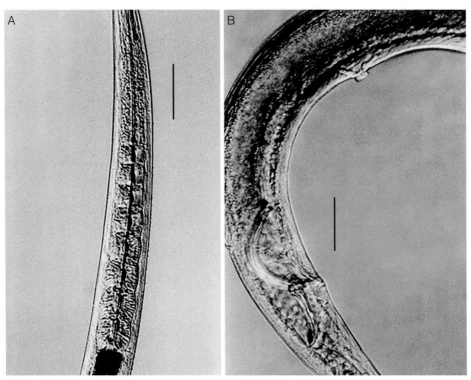

图 55-2 黄海管球线虫 *Belbolla huanghaiensis* Huang & Zhang, 2005（引自 Huang and Zhang, 2005b）
A. 雄性食道区侧面观，示食道球；B. 雄性部侧面观，示交接刺、引带和具翼的肛前附器
比例尺：50μm

狭头管球线虫
Belbolla stenocephalum Huang & Zhang, 2005

标本采集地：黄海南部潮下带。

形态特征：体长 2.4 ~ 2.7mm，最大体宽 66 ~ 73μm；体前部极端变细；口腔具
1 个大的右亚腹齿和 1 个较小的左亚腹齿及 1 个背齿，并由一光滑的角
质环分割成两小室；口由 6 个小乳突环绕，10 根头刚毛排成一环；颈
刚毛很多，前 10 根颈刚毛排成一环，其余的不规则排列；食道向后逐
渐扩展并最终形成 8 个食道球。雄性交接刺弯曲，弧长 80 ~ 100μm，
弦长 64 ~ 82μm，远端弯曲膨大；引带具有 1 对指向背后方的长龙骨突，
长 34 ~ 36μm；两个具翼的肛前附器非常发达；尾长 172 ~ 210μm，
圆锥 - 圆柱形，末端具 2 根端刚毛。雌性个体大于雄性，卵巢成对，
等长，反折；阴孔与体前端的距离占整体长度的 48% ~ 50%。

生态习性：栖息于潮下带泥质沉积物中，水深 29 ~ 41m。

地理分布：黄海，东海。

参考文献：Huang and Zhang，2005b。

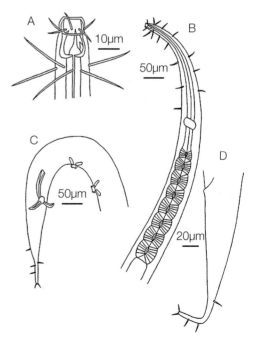

图 56-1　狭头管球线虫 *Belbolla stenocephalum*
Huang & Zhang, 2005（引自 Huang and Zhang,
2005b）
A. 雄性头部侧面观，示口腔、齿及头刚毛和颈刚毛；
B. 雄性体前部侧面观，示食道和食道球；C. 雄性体后
部侧面观，示交接刺、引带和 2 个具翼的肛前附器；
D. 雌性尾部侧面观

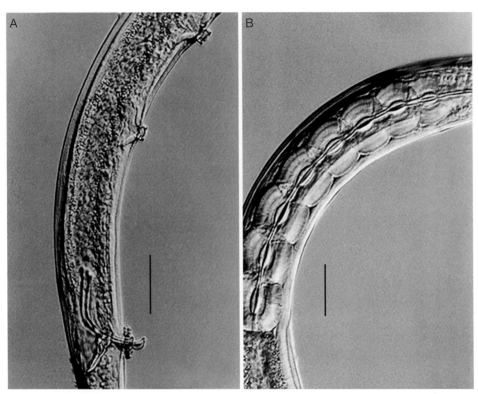

图 56-2　狭头管球线虫 *Belbolla stenocephalum* Huang & Zhang, 2005（引自 Huang and Zhang, 2005b）

A. 雄性体后部侧面观，示交接刺、引带和具翼的肛前附器；B. 雄性食道区侧面观，示食道球

比例尺：50μm

沃氏管球线虫
Belbolla warwicki Huang & Zhang, 2005

标本采集地：黄海南部潮下带。

形态特征：体长 1.2 ～ 1.7mm，最大体宽 35 ～ 37μm；体前部极端变细；口腔具 1
个较大的右亚腹齿和 1 个较小的左亚腹齿及 1 个背齿，并由一光滑的角
质环分割成两小室；口由 6 个小乳突环绕，10 根头刚毛排成一环；颈
刚毛很多，前 10 根颈刚毛排成一环，其余的不规则排列；食道向后逐
渐扩展并最终形成 7 个食道球。雄性交接刺弯曲，弧长 33 ～ 37μm，
弦长 30 ～ 31μm；引带具有 1 对短的背侧龙骨突，长 7.5 ～ 8.0μm；
肛前附器退化，呈长袋状，无翼；尾具 3 根端刚毛。雌性具 1 对卵巢，
等长，反折；阴孔与体前端的距离约占整体长度的 59%；尾不具端刚毛。

生态习性：栖息于潮下带泥质沉积物中，水深 29 ～ 41m。

地理分布：黄海。

参考文献：Huang and Zhang，2005b。

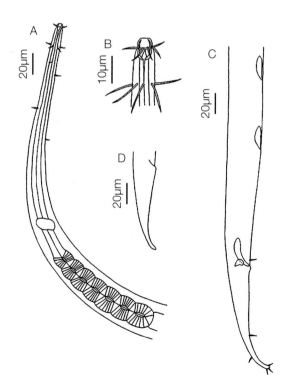

图 57-1　沃氏管球线虫 *Belbolla warwicki*
Huang & Zhang, 2005（引自 Huang and
Zhang, 2005b）

A. 雄性体前部侧面观，示食道和食道球；B.
雄性头部侧面观，示口腔、齿及头刚毛和颈刚
毛；C. 雄性体后部侧面观，示交接刺、引带和
2 个长袋状的肛前附器；D. 雌性尾部侧面观

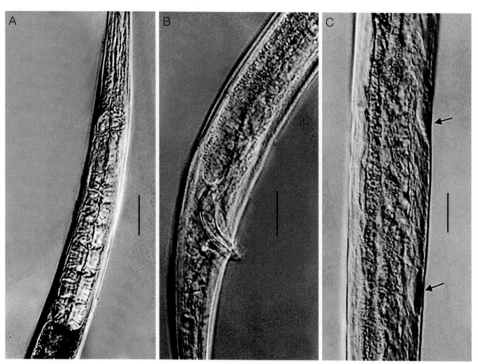

图 57-2　沃氏管球线虫 *Belbolla warwicki* Huang & Zhang, 2005（引自 Huang and Zhang, 2005b）
A. 雄性颈部及食道区侧面观，示食道球；B. 雄性尾部侧面观，示交接刺；C. 雄性尾部侧面观，示 2 个长袋状
的交接附器（箭头处）
比例尺：20μm

管球线虫属分种检索表

1.肛前附器退化成长袋状，不具翼..沃氏管球线虫 *B. warwicki*

- 肛前附器具翼...2

2.9 个食道球...黄海管球线虫 *B. huanghaiensis*

- 8 个食道球..狭头管球线虫 *B. stenocephalum*

眼状阔口线虫
Eurystomina ophthalmophora (Steiner, 1921)

标本采集地： 山东青岛太平角，辽宁大连（藻类表面）。

形态特征： 雄性体长 3.1～3.8mm，最大体宽 45～50μm；头直径 20μm；6 根较长
（9μm）与 4 根较短（5μm）的头刚毛围成一圈；口腔大，具 3 个齿
（1 个背齿和 2 个亚腹齿，右亚腹齿较大），深 17～18μm，被 3 排
小齿分割成两室；化感器开口横卵圆形；排泄孔与化感器处于同一水平；
眼点距体前端 40μm；颈区具有腺样结构。雄性交接刺长 62～66μm，
弓形，近端头状，远端尖；引带具有背后指向的龙骨突，长 30μm；
2 个具翼的肛前附器，离肛门分别为 75μm 和 155μm；2 对粗的肛前刚
毛；尾锥形，顶端钝圆，长 3.0～3.3 倍肛门相应直径，具几根粗短的
尾刚毛和 3 个尾腺。

生态习性： 附生于岩石潮间带及潮下带大型海藻表面。

地理分布： 渤海，黄海；日本北部。

参考文献： Zhang et al.，in press。

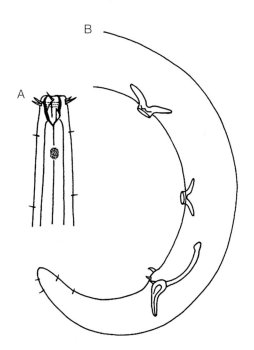

图 58-1 眼状阔口线虫 *Eurystomina
ophthalmophora*（Steiner, 1921）（引
自 Zhang et al., in press）
A. 雄性体前部侧面观，示口腔、齿、头
刚毛和眼点；B. 雄性体后部侧面观，示
交接刺、引带、2 个具翼的肛前附器和肛
前刚毛

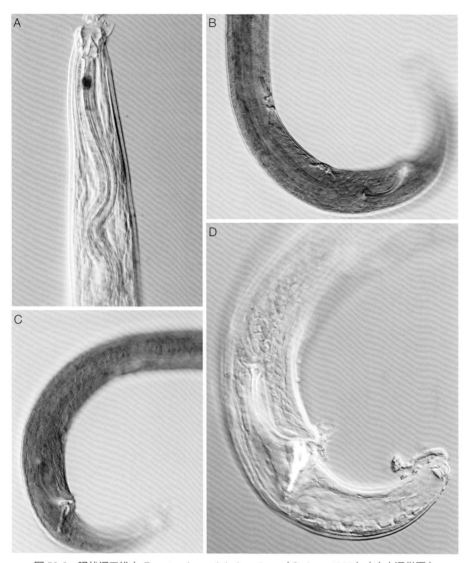

图 58-2　眼状阔口线虫 *Eurystomina ophthalmophora*（Steiner, 1921）（史本泽供图）

A. 雄性体前部侧面观，示螺旋形化感器、口腔和齿、眼点、头刚毛及颈刚毛；B、C. 雄性体后部侧面观，示交接刺、
引带和交接附器；D. 雄性尾部侧面观，示交接刺和引带龙骨突及锥状尾

矛线虫科分属检索表

1.口腔大，具 1～5 横排小齿........阔口线虫属 *Eurystomina*（眼状阔口线虫 *E. ophthalmophora*）

- 口腔通常被角质环分割成两小室，环光滑，上无小齿...2

2.食道向后逐渐扩展但最终并不形成数个独立的食道球 ....无管球线虫属 *Abelbolla*

- 食道向后逐渐扩展并最终形成 7～10 个食道球..管球线虫属 *Belbolla*

黄海深咽线虫

Bathylaimus huanghaiensis Huang & Zhang, 2009

标本采集地： 山东青岛（黄岛）、日照砂质滩。

形态特征： 雄性体长 2.2～2.4mm，最大体宽 31～36μm（*a*=54～73）；角皮光滑；唇感器刚毛状，6 根长的分 3 节头刚毛，长 16～19μm，4 根短的分 2 节头刚毛，长 6～7μm；口腔较同属其他种小，分成两个部分：前部宽，四边形，强烈角质化并具 1 个三角形背齿；后部小，轻微角质化，无齿。化感器亚螺旋形，1.2 圈，直径为 0.28 倍相应体宽，位于口腔基部之后；尾锥形，长为 3.5 倍相应体宽，上有稀疏的短刚毛，3 个尾腺。雄性交接刺细，稍直，长约 30μm；引带肾形，26μm 长，带有加厚的腹肋及窄的翼，无龙骨突。雌性身体更宽，最大体宽 43μm，1 前 1 后 2 个卵巢反折，阴孔与体前端的距离约占体长的 55%，尾上无刚毛。

生态习性： 栖息于潮间带砂质沉积物中。

地理分布： 黄海。

参考文献： Huang and Zhang，2009。

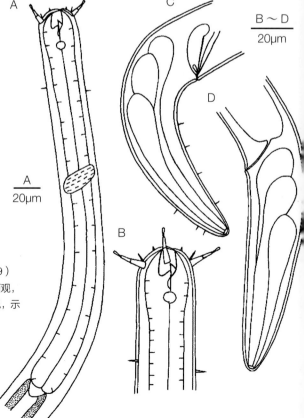

图 59-1　黄海深咽线虫 *Bathylaimus huanghaiensis*
Huang & Zhang, 2009（引自 Huang and Zhang, 2009）
A. 雄性体前部侧面观，示食道和神经环；B. 雄性头部侧面观，示 3 节头刚毛、口腔、背齿和化感器；C. 雄性尾部侧面观，示交接刺、引带和尾刚毛；D. 雌性尾部侧面观，示 3 个尾腺

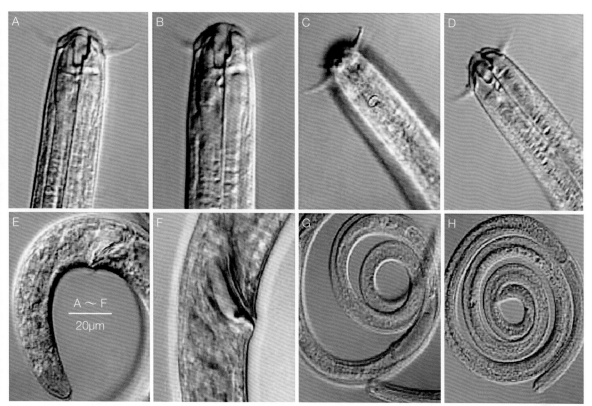

图 59-2 黄海深咽线虫 *Bathylaimus huanghaiensis* Huang & Zhang, 2009（引自 Huang and Zhang, 2009）

A. 雄性头部侧面观，示 3 节头刚毛；B. 雌性头部侧面观，示分成两部分的口腔；C. 雄性头部侧面观，示亚螺旋形化感器；
D. 雄性头部侧面观，示口腔和明显的背齿；E. 雄性尾部侧面观，示交接刺和引带；F. 雄性体后部侧面观，示交接刺和引带；
G. 雌性整体侧面观，示卵和卵巢；H. 雄性整体侧面观

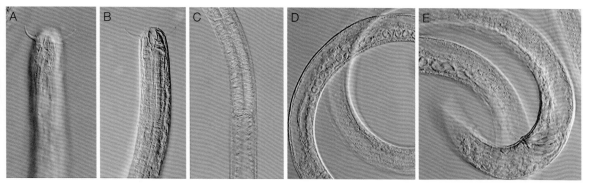

图 59-3 黄海深咽线虫 *Bathylaimus huanghaiensis* Huang & Zhang, 2009（史本泽供图）

A、B. 雄性体前部侧面观，示亚螺旋形化感器、口腔和齿、分节的头刚毛及唇刚毛；C. 雄性食道区侧面观；
D. 雄性体中部侧面观，示精巢和圆形精细胞；E. 雄性体后部侧面观，示交接刺、肾形的引带及钝圆的锥状尾

色矛纲 Chromadorea

娜娜类色矛线虫

Chromadorita nana Lorenzen, 1973

标本采集地： 山东青岛第一海水浴场。

形态特征： 体长 0.5 ～ 1.5mm；角皮均匀，稍长的具尖角的横排点分布全身；无侧分化，但有时侧点较中间点更大；6 根短的和 4 根长的头刚毛（长 8μm，0.7 倍头直径）；全身具明显的亚侧体刚毛；化感器卵圆形，位于头刚毛之间；口腔具一强壮的中空背齿，亚腹齿和小齿不存在；具明显的后食道球；尾锥形，长 3.6 ～ 4.0 倍肛门相应直径，尾尖弯向左侧并再次向背侧弯曲。雄性交接刺长 22 ～ 23μm；引带包括不成对的中央片、成对的侧突和简单的背突；无肛前附器。

生态习性： 栖息于潮间带表层砂质沉积物中。

地理分布： 渤海，黄海；德国基尔湾，英国，北海，北大西洋。

参考文献： Platt and Warwick，1988；Zhang et al.，in press。

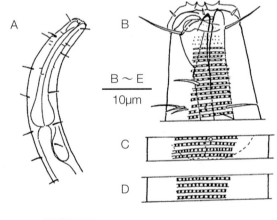

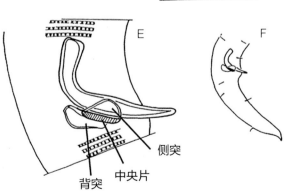

图 60-1　娜娜类色矛线虫 *Chromadorita nana* Lorenzen, 1973（引自 Platt and Warwick, 1988）

A. 雄性体前部侧面观；B. 雄性头部侧面观；C. 食道基部侧面角皮图案；D. 体中部侧面角皮图案；E. 雄性肛区侧面观；F. 雄性尾部侧面观

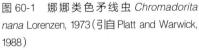

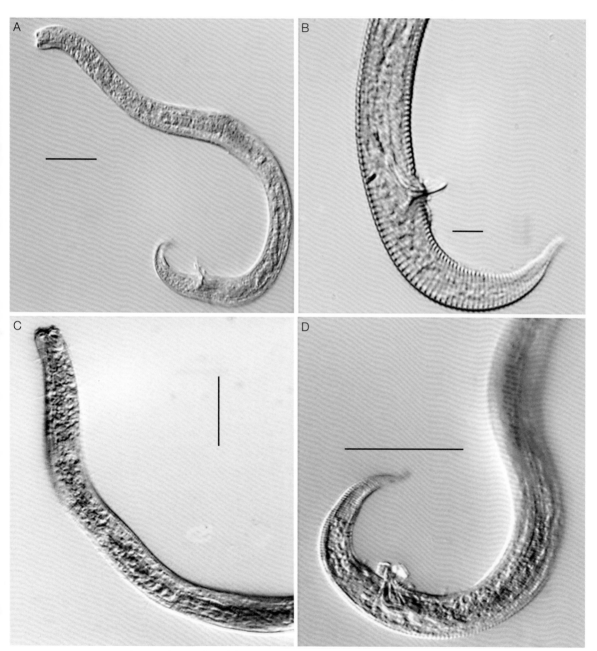

图 60-2　娜娜类色矛线虫 *Chromadorita nana* Lorenzen, 1973（周红供图）
A. 雄性整体；B. 雄性尾部，交接刺部分伸出；C. 雄性体前部；D. 雄性尾部，交接刺未伸出
比例尺：A、C、D = 50μm；B = 10μm

大双色矛线虫
Dichromadora major Huang & Zhang, 2010

标本采集地： 山东青岛（黄岛）砂质滩。

形态特征： 个体较大，体长 1.2 ～ 1.3mm，最大体宽 36 ～ 38μm；角皮同质，具横排装饰点；侧分化为 2 纵排圆形点，由体前端一直延伸至尾部，侧分化的纵排点通过横条彼此连接；体刚毛稀疏，呈 4 纵排分布；4 根头刚毛，化感器月牙形，位于头刚毛的基部；口腔具 1 个明显的中空背齿和 2 个小的腹齿；食道柱状，具 1 个梨形的后食道球。雄性交接刺细长，长 46μm；引带长 31μm，中部向侧面膨大；9 个杯形的小肛前附器，位于离肛门 30 ～ 190μm 处；尾锥形，末端尖，具 3 个尾腺。雌性具前后 2 个卵巢，反折；阴孔与体前端的距离约占整体长度的 51%。

生态习性： 栖息于潮间带表层砂质沉积物中。

地理分布： 黄海。

参考文献： Huang and Zhang，2010a。

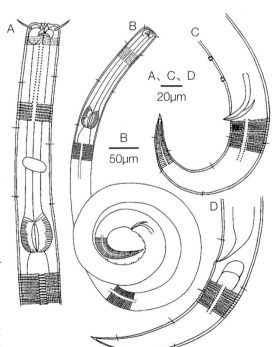

图 61-1　大双色矛线虫 *Dichromadora major*
Huang & Zhang, 2010（引自 Huang and Zhang,
2010a）
A. 雌性体前部侧面观，示头刚毛、背齿、化感器、
前后食道球和侧分化；B. 雄性整体侧面观；C. 雄性
尾部侧面观，示交接刺、引带和肛前附器；D. 雌性
尾部侧面观，示尾腺

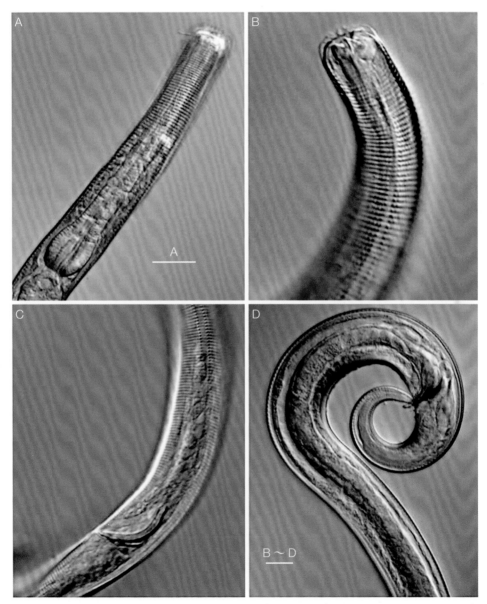

图 61-2　大双色矛线虫 *Dichromadora major* Huang & Zhang, 2010（引自 Huang and Zhang, 2010a）
A. 雄性体前端侧面观，示头刚毛和后食道球；B. 雌性体前端侧面观，示背齿；C. 雄性尾部侧面观，示交接刺
和引带；D. 雄性尾部侧面观，示 9 个肛前附器
比例尺：A = 50μm；B ～ D = 20 μm

多毛双色矛线虫

Dichromadora multisetosa Huang & Zhang, 2010

标本采集地： 山东青岛泥质滩。

形态特征： 体长约 0.5mm，最大体宽 26 ～ 28μm；角皮匀质，具横排装饰点；侧分化为 2 纵排圆形点，由体前端延伸至体后端；4 排长的体刚毛（长 19μm）沿整个身体的亚腹侧分布；4 根头刚毛，口腔具 1 个大的中空背齿，其他两个齿不明显；食道具 1 个圆形的后食道球。雄性交接刺细长约 36μm；引带具有指向背后的宽龙骨突，长约 12μm；无肛前附器。雌性具前后 2 个卵巢，反折；阴孔与体前端的距离约占整体长度的 50%。

生态习性： 栖息于潮间带表层泥质沉积物中。

地理分布： 黄海。

参考文献： Huang and Zhang，2010a。

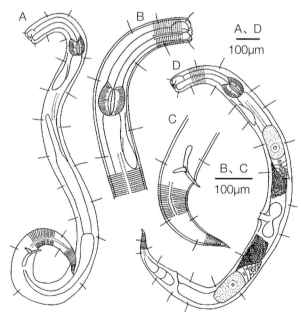

图 62-1 多毛双色矛线虫 *Dichromadora multisetosa* Huang & Zhang, 2010

（引自 Huang and Zhang, 2010a）

A. 雄性整体侧面观；B. 雌性体前部侧面观，示口腔、齿、食道球、侧分化和腹腺细胞；C. 雄性尾部侧面观，
示交接刺和引带龙骨突；D. 雌性整体侧面观，示阴孔和卵巢

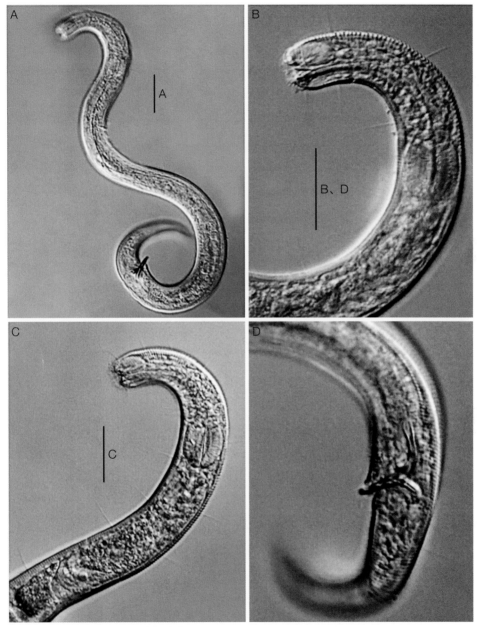

图 62-2　多毛双色矛线虫 *Dichromadora multisetosa* Huang & Zhang, 2010

（引自 Huang and Zhang, 2010a ）

A. 雄性整体侧面观；B. 雌性体前部侧面观，示中空背齿和后食道球；C. 雌性体前部侧面观，示体刚毛和卵巢；

D. 雄性尾部侧面观，示交接刺和引带龙骨突

比例尺：100μm

中华双色矛线虫

Dichromadora sinica Huang & Zhang, 2010

标本采集地：山东青岛泥质滩。

形态特征：体细长，体长 0.8 ～ 0.9mm，最大体宽 24μm；角皮匀质，具有横排的环形装饰点，前 1 或 2 排装饰点较小；侧分化为 4 纵排点，由体前端延伸至体后，内侧的 2 纵排点较大；体刚毛稀疏而短；4 根细长的头刚毛，口腔具中空背齿；食道末端具发达的双食道球。雄性交接刺长 29μm，向远端逐渐变细，在远端形成一钩；引带细而简单，长约 18μm；4 个锥形的肛前附器，后面 3 个距离较近（3μm），与前面的 1 个相距较远（20μm）；1 对大的亚腹侧双节肛后乳突；尾圆锥 - 圆柱形，末端有一明显的吐丝器，3 个尾腺。雌性具前后 2 个卵巢，反折；阴孔与体前端的距离约占整体长度的 47%。

生态习性：栖息于潮间带表层泥质沉积物中。

地理分布：黄海。

参考文献：Huang and Zhang，2010a。

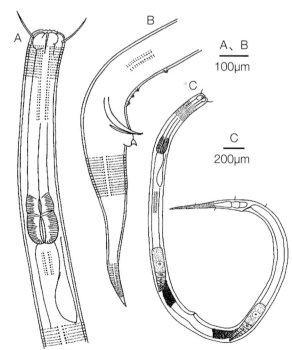

图 63-1　中华双色矛线虫 *Dichromadora sinica* Huang & Zhang, 2010（引自 Huang and Zhang, 2010a）

A. 雄性体前部侧面观，示口腔、齿、头刚毛、侧分化、双食道球和腹腺细胞；B. 雄性尾部侧面观，示交接刺、引带和 4 个肛前附器；C. 雌性整体侧面观，示阴孔和卵巢

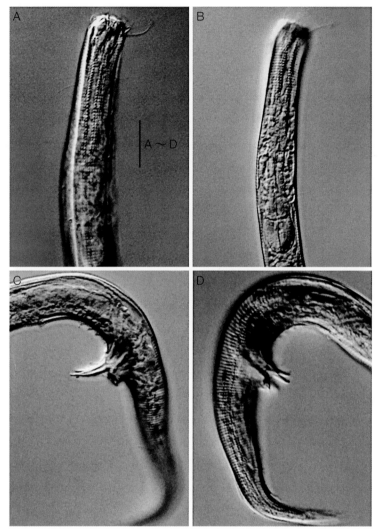

图 63-2　中华双色矛线虫 *Dichromadora sinica* Huang & Zhang, 2010（引自 Huang and Zhang, 2010a）
A. 雄性体前端侧面观，示口腔、头刚毛和侧装饰点；B. 雄性体前端侧面观，示双食道球；C. 雄性尾部侧面观，示交接
刺、引带和肛前附器；D. 雄性尾部侧面观，示交接刺和双节肛后乳突
比例尺：100μm

双色矛线虫属分种检索表

1. 双后食道球，侧分化为 4 纵排点..中华双色矛线虫 *D. sinica*

- 单后食道球，侧分化为 2 纵排点... 2

2. 个体较大，体刚毛稀疏..大双色矛线虫 *D. major*

- 个体较小，4 排长的体刚毛..多毛双色矛线虫 *D. multisetosa*

腹突弯齿线虫
Hypodontolaimus ventrapophyses Huang & Gao, 2016

标本采集地：福建漳州东山岛康美镇砂质滩。

形态特征：体长 0.6～0.7mm，最大体宽 21～28μm（*a*=23～30）；角皮匀质，具有横排的环形装饰点；侧分化为 2 纵排较大的点，但彼此间没有细棒连接；体刚毛长 7～12μm，呈 4 纵排排列；内唇刚毛不明显，6 根较短的外唇刚毛和 4 根较长的头刚毛围成一圈；口腔具 1 个大的"S"形中空背齿和 1 个发达的背肌肉球；食道末端具发达的椭圆形食道球。雄性交接刺细长，弯曲，长 1.6～1.8 倍肛门相应直径；引带长度为 1.0 倍肛门相应直径，腹侧具一板状龙骨突，指向体前方；无肛前附器；尾长圆锥形，末端有一明显的吐丝器。雌性不具体刚毛；具前后 2 个卵巢，反折；阴孔位于身体中点处。

生态习性：栖息于潮间带表层粉砂质沉积物中。

地理分布：黄海，东海。

参考文献：Huang and Gao，2016。

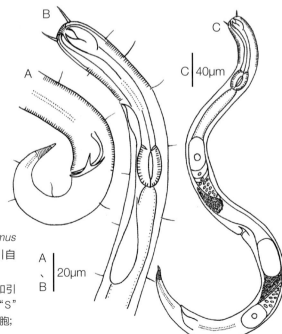

图 64-1 腹突弯齿线虫 *Hypodontolaimus ventrapophyses* Huang & Gao, 2016（引自 Huang and Gao, 2016）
A. 雄性体后部侧面观，示侧分化、交接刺和引带龙骨突；B. 雄性体前部侧面观，示口腔和"S"形中空背齿、头刚毛、食道和食道球及腹腺细胞；C. 雌性整体侧面观，示阴孔和卵巢

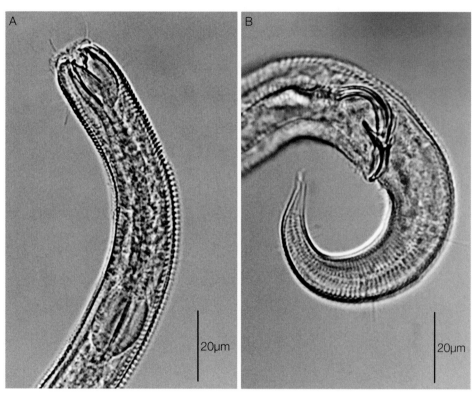

图 64-2　腹突弯齿线虫 *Hypodontolaimus ventrapophyses* Huang & Gao, 2016

（引自 Huang and Gao, 2016）

A. 雌性体前部侧面观，示口腔、头刚毛和食道球；B. 雄性尾部侧面观，示交接刺和引带龙骨突

纤细拟前色矛线虫
Prochromadorella gracilis Huang & Wang, 2011

标本采集地： 山东日照至黄岛砂质滩。

形态特征： 体细长，体长 1.2 ～ 1.6mm，最大体宽 20 ～ 25μm；角皮异质，仅在食道前半部具侧分化，颈部具有 3 ～ 6 排大的圆形点，随后装饰点变小、拉长而均匀；化感器横裂状，位于头刚毛的前面；4 根头刚毛；短而稀疏的体刚毛沿体前部和体后部分布；口腔小，锥形，具 1 个背齿和 2 个亚腹齿，往往突出口腔之外；食道柱状，后端稍膨大。雄性交接刺弧长为 1.3 倍肛门相应直径；引带长 14μm，简单，与交接刺后部平行；5 个杯形的肛前附器，位于肛门前方 18 ～ 80μm 处，彼此间距 15μm；尾圆锥 - 圆柱形，具明显的尖端，长 7.4 倍肛门相应直径。雌性尾长于雄性，具前后 2 个卵巢，反折；阴孔与体前端的距离约占整体长度的 46%。

生态习性： 栖息于潮间带表层砂质沉积物中。

地理分布： 黄海。

参考文献： Huang and Wang，2011。

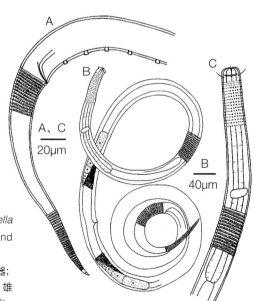

图 65-1　纤细拟前色矛线虫 *Prochromadorella gracilis* Huang & Wang, 2011（引自 Huang and Wang, 2011）
A. 雄性体后部侧面观，示交接刺、引带和肛前附器；
B. 雌性整体侧面观，示阴孔、卵巢和储精囊；C. 雄性体前部侧面观，示齿、头刚毛、化感器和侧分化

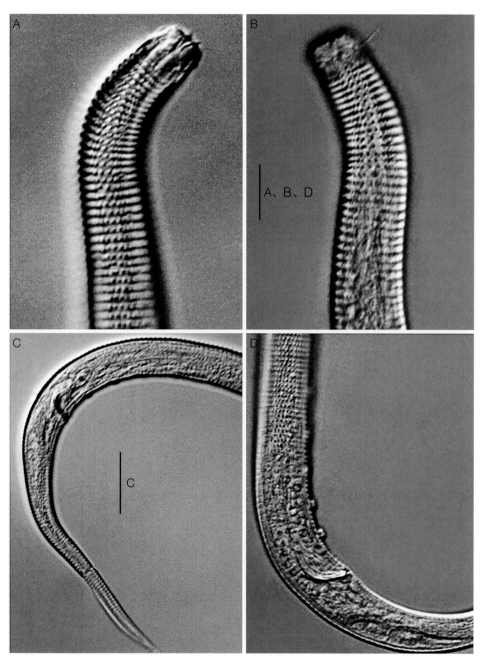

图 65-2 纤细拟前色矛线虫 *Prochromadorella gracilis* Huang & Wang, 2011（引自 Huang and Wang, 2011）

A. 雄性体前端侧面观，示口和侧分化；B. 雌性体前端侧面观，示头刚毛和侧分化；C. 雄性尾部侧面观，示交接刺和肛前附器；D. 雄性体后部侧面观，示交接刺、引带和肛前附器

比例尺：A、B、D = 20μm；C = 40μm

眼点折咽线虫
Ptycholaimellus ocellatus Huang & Wang, 2011

标本采集地：山东青岛、江苏连云港泥质滩。

形态特征：体长 0.8 ～ 1.0mm，最大体宽 29 ～ 37μm（*a*=24 ～ 28）；头部通过 1 个窄的收缩"领"与身体其他部分分离，腹腺经由 1 根与大的壶腹连接的细管开口于领；角皮同质，具有环形装饰点；侧分化为两纵排大而长的点，彼此相距 3μm，由体前部延伸至尾端；明显的眼点位于身体前端的亚腹侧，直径 3μm，距体前端 17 ～ 19μm；4 根短的头刚毛；口腔具 1 个大的"S"形中空背齿和 1 个大的口腔球；食道柱状，具发达的双食道球。雄性交接刺弧长 33 ～ 39μm（1.6 倍肛门相应直径）；引带简单杆状，长约为交接刺的一半（16 ～ 20μm），与交接刺远端平行；肛前附器不存在；尾锥形，长 4.3 倍肛门相应直径，末端有一明显的黏液管突。雌性个体较雄性更大，具前后 2 个卵巢，反折；阴孔位于身体中点处。

生态习性：栖息于潮间带表层泥质沉积物中。

地理分布：黄海。

参考文献：Huang and Wang，2011。

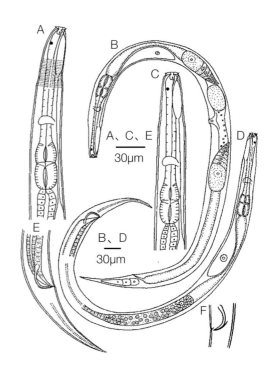

图 66-1　眼点折咽线虫 *Ptycholaimellus ocellatus* Huang & Wang, 2011（引自 Huang and Wang, 2011）

A. 雌性体前部侧面观，示口腔、眼点和双食道球；B. 雌性整体侧面观，示阴孔和卵巢；C. 雄性体前部侧面观，示侧分化和眼点；D. 雄性整体侧面观；E. 雄性尾部侧面观，示交接刺和引带；F. 雄性肛区侧面观，示交接刺和引带

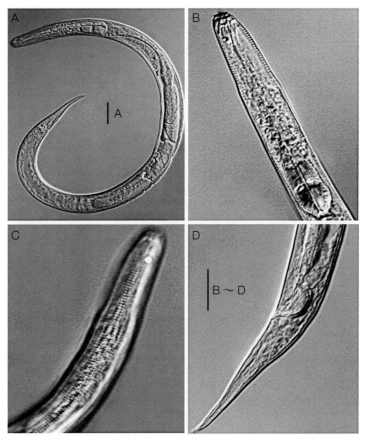

图 66-2　眼点折咽线虫 *Ptycholaimellus ocellatus* Huang & Wang, 2011（引自 Huang and Wang, 2011）
A. 雌性整体侧面观，示阴孔和卵巢；B. 雌性体前端侧面观，示口腔、眼点和双食道球；C. 雄性体前部侧面表面观，示侧装饰点和眼点；D. 雄性尾部侧面观，示交接刺和引带
比例尺：30μm

色矛线虫科分属检索表

1. 口腔具 3 个实心齿 ....拟前色矛线虫属 *Prochromadorella*（纤细拟前色矛线虫 *P. gracilis*）

 - 口腔具中空背齿 2

2. 中空背齿不大，不呈 "S" 形 3

 - 中空背齿大，呈 "S" 形 4

3. 角皮均匀无侧分化 ....类色矛线虫属 *Chromadorita*（娜娜类色矛线虫 *C. nana*）

 - 角皮均匀，但具两纵排点的侧分化 ....双色矛线虫属 *Dichromadora*

4. 单后食道球 ....弯齿线虫属 *Hypodontolaimus*（腹突弯齿线虫 *H. ventrapophyses*）

 - 双后食道球 ....折咽线虫属 *Ptycholaimellus*（眼点折咽线虫 *P. ocellatus*）

三齿棘齿线虫

Acanthonchus (*Seuratiella*) *tridentatus* Kito, 1976

标本采集地： 辽宁大连湾，山东青岛太平湾（藻类表面）。

形态特征： 体长 0.8 ~ 1.4mm，最大体宽 33 ~ 48μm（*a*=24 ~ 28）；体细长，向腹面弯曲，前端钝，向后端逐渐变窄；角皮有横排小装饰点，具前后侧分化、短的体刚毛及角皮孔；头截形，唇乳突不明显；头刚毛为 6+4 型，颈刚毛短；口腔浅，深 6μm，由角质杆支撑；背齿弱；化感器螺旋形，3 ~ 3.3 圈，直径 0.2 ~ 0.3 倍相应体宽；眼点（位于背侧）距体前端约 1.5 倍头直径；尾锥形，尖端稍钝，具吐丝器，长 2.4 ~ 3.2 倍肛门相应直径，3 个尾腺。雄性具 1 对相对的精巢；交接刺稍弯曲，中部膨大，远端窄，长 1.0 ~ 1.4 倍肛门相应直径；引带角质化，长度为交接刺的 0.8 ~ 0.9 倍，远端部宽，结构复杂，具 1 圈或 2 排小尖齿及 3 个典型的大齿；6 个管状肛前附器，最前面的 1 个比后面的明显更大，角质化程度更高，尤其是最后面 2 个极小，长仅 3μm，位于肛门前方；2 根粗的肛后刚毛，长 6 ~ 8μm。雌性尾较雄性更长，具 1 对前后反折的卵巢；阴孔大致位于身体中部。

生态习性： 附生于岩石潮间带或潮下带大型海藻表面。

地理分布： 渤海，黄海；日本海。

参考文献： Kito，1976。

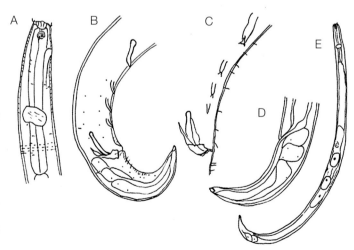

图 67-1　三齿棘齿线虫 *Acanthonchus*
（*Seuratiella*）*tridentatus* Kito, 1976
（引自 Kito, 1976）

A. 雄性体前部侧面观，示化感器、食道、排泄孔和神经环；B. 雄性体后部侧面观，示交接刺、引带和肛前附器；C. 雄性肛区侧面观，示交接刺、引带和肛前附器；D. 雌性尾部侧面观，示尾腺；E. 雌性整体侧面观，示阴孔和卵巢

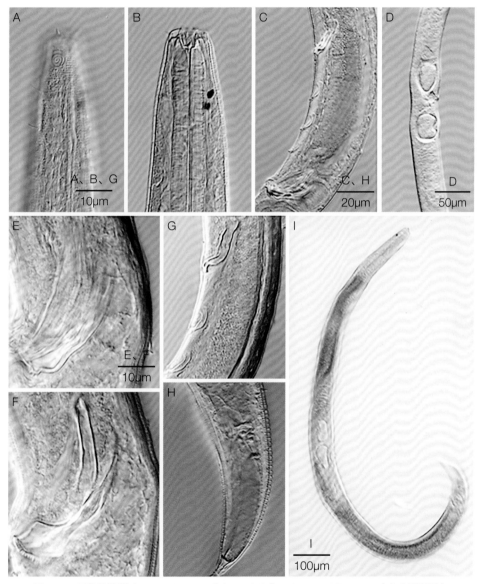

图 67-2　三齿棘齿线虫 Acanthonchus（Seuratiella）tridentatus Kito, 1976（史本泽供图）

A、B. 雄性体前部侧面观，示螺旋化感器、口腔和齿、眼点、头刚毛及颈刚毛；C. 雄性肛区侧面观，示交接刺、
引带和肛前附器；D. 雌性体中部侧面观，示 2 个反折的卵巢和阴孔；E、F. 雄性肛区侧面观，示引带结
构：远端膨大，具一排小齿，后边缘具 3 个较大齿；G. 雄性肛区侧面观，示肛前附器结构：最前端附器最大，
角质化；H. 雄性尾部侧面观，示锥状尾；I. 雌性整体观

纤细玛丽林恩线虫
Marylynnia gracila Huang & Xu, 2013

标本采集地： 山东日照泥质滩。

形态特征： 体长 1.4 ～ 1.5mm，最大体宽 31 ～ 37μm（*a*=41 ～ 49）；角皮具有环形装饰点，食道最前部侧点较大；侧分化为 8 排单环形的皮下孔，由化感器位置延伸至尾的锥形部基部，侧装饰点修饰未见（装饰点之间的环形连接）；背侧和腹侧各有 2 纵排 7 ～ 9 根颈刚毛，位于距体前端 35μm 处；5 个螺旋形化感器，直径 10μm；6 根内唇刚毛，6 根较长的外唇刚毛和 4 根短的头刚毛围成一圈；口腔具 1 个明显的大背齿和 2 个小的亚腹齿；食道柱状，无食道球。尾长，前半部圆锥形，后半部丝状，尖端稍微膨大，末端具吐丝器。雄性交接刺长 1.2 倍肛门相应直径；引带强烈角质化，远端延展为 2 个弯曲的齿；6 个小的杯形肛前附器，位于肛门前方 8 ～ 85μm 处。雌性双宫，前后 2 个卵巢反折；阴孔与体前端的距离约占整体长度的 48%。

生态习性： 栖息于潮间带表层泥质沉积物中。

地理分布： 黄海。

参考文献： Huang and Xu，2013a。

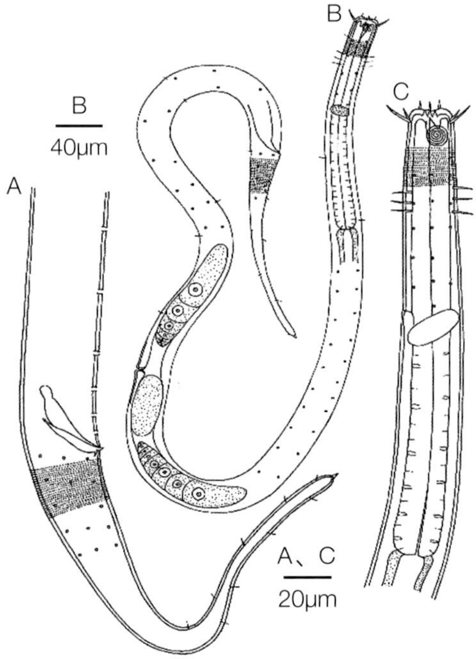

图 68-1 纤细玛丽林恩线虫 *Marylynnia gracila* Huang & Xu, 2013（引自 Huang and Xu, 2013a）
A. 雄性体后部侧面观，示交接刺、引带和肛前附器；B. 雌性整体侧面观，示阴孔、卵巢和卵；C. 雄性体前部侧面观，示口腔、化感器和颈刚毛

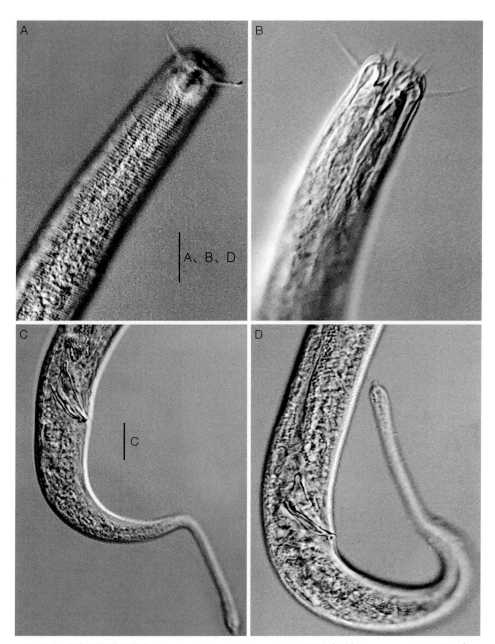

图 68-2　纤细玛丽林恩线虫 *Marylynnia gracila* Huang & Xu, 2013（引自 Huang and Xu, 2013a）
A. 雄性体前端侧面观，示头刚毛和化感器；B. 雌性体前端侧面观，示唇刚毛、头刚毛和口腔；
C、D. 雄性尾部侧面观，示交接刺和引带
比例尺：20μm

异尾拟棘齿线虫
Paracanthonchus heterocaudatus Huang & Xu, 2013

标本采集地： 山东烟台砂质滩。

形态特征： 体长 1.4～1.6mm，最大体宽 29～33μm（*a*=47～56）；角皮具有
环形装饰点，尾部侧点较大且排列不规则；角皮孔不存在；体刚毛在
颈区最长，分别在侧腹和侧背排成 2 纵排；头部略收缩，感觉器官在
该属的典型排列为：内圈 6 个小的唇乳突，外圈 6 根较长的唇刚毛和
4 根较短的头刚毛；化感器螺旋形，4～6 圈；口腔具 1 个明显的背齿
和 2 个小的亚腹齿；食道柱状，无食道球。尾圆锥 - 圆柱形，圆柱部短，
尖端膨大，尾端具吐丝器，尾的前部具有 2 排亚腹刚毛，每排 5 根。
雄性交接刺长 1.3 倍肛门相应直径，引带长 26μm，弓形，角质化，远
端形成 2 个弯曲的齿；6 个管状肛前附器，后面 2 个小而距离较远，前
面 4 个大而彼此靠近。雌性尾较雄性更长，具有更长的圆柱部，尾刚
毛和侧分化不存在；前后 2 个卵巢，反折；阴孔位于身体中点处。

生态习性： 栖息于潮间带表层砂质沉积物中。

地理分布： 黄海。

参考文献： Huang and Xu，2013a。

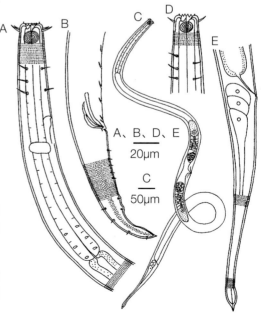

图 69-1　异尾拟棘齿线虫 *Paracanthonchus heterocaudatus* Huang & Xu, 2013（引自 Huang and Xu, 2013a）

A. 雄性体前部侧面观，示口腔、化感器和颈刚毛；
B. 雄性体后部侧面观，示交接刺、引带、肛前附器和尾刚毛；C. 雌性整体侧面观，示阴孔和卵巢；D. 雌性头部侧面观；E. 雌性尾部侧面观

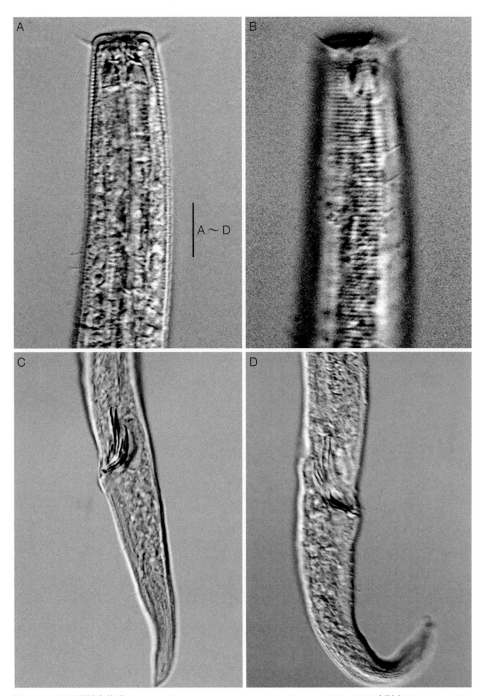

图 69-2　异尾拟棘齿线虫 *Paracanthonchus heterocaudatus* Huang & Xu, 2013（引自 Huang and Xu, 2013a）

A. 雄性体前端侧面观，示头刚毛、口腔和背齿；B. 雄性体前端侧面观，示头刚毛、化感器和颈刚毛；C. 雄性尾部侧面观，示交接刺和引带；D. 雄性尾部侧面观，示肛前附器和尾刚毛

比例尺：20μm

黄海拟杯咽线虫
Paracyatholaimus huanghaiensis Huang & Xu, 2013

标本采集地: 山东威海乳山砂质滩。

形态特征: 体长 1.6 ～ 2.1mm，最大体宽 51 ～ 65μm（*a*=30 ～ 34）；角皮具有环形装饰点，无明显的侧分化，皮下孔排列成 8 纵排，体刚毛短，呈 4 排分布于亚侧位置；内圈 6 个小的唇乳突，外圈 6 根较长的唇刚毛和 4 根较短的头刚毛；化感器螺旋形，3.5 ～ 4 圈；口腔具 1 个大的角质化背齿和 2 个小的亚腹齿；食道柱状，无食道球。尾较短，圆锥 - 圆柱形，3 个尾腺，末端吐丝管发达，尾上有数纵排刚毛。雄性交接刺细长，弯曲；引带柄状，向背侧扩展成板，远端有锯齿；3 个乳突状肛前附器，乳突突出体表形成锥形结构，具有角质化的窄管。雌性具前后 2 个卵巢，反折；阴孔位于身体中间偏后位置。

生态习性: 栖息于潮间带表层砂质沉积物中。

地理分布: 黄海。

参考文献: Huang and Xu，2013b。

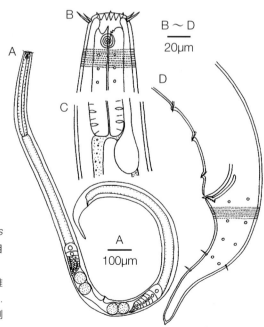

图 70-1 黄海拟杯咽线虫 *Paracyatholaimus huanghaiensis* Huang & Xu, 2013（引自 Huang and Xu, 2013b）
A. 雌性整体侧面观，示阴孔、卵巢和卵；B. 雄性头部侧面观，示口腔、化感器和头刚毛；C. 雄性食道区侧面观，示腹腺；D. 雄性体后部侧面观，示交接刺、引带和肛前附器

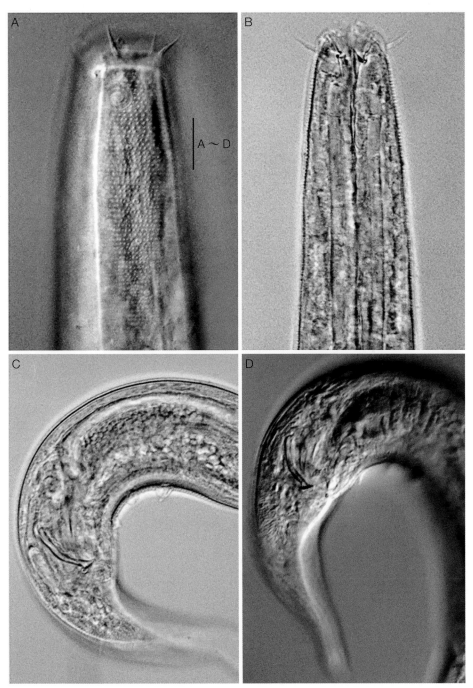

图 70-2 黄海拟杯咽线虫 *Paracyatholaimus huanghaiensis* Huang & Xu, 2013（引自 Huang and Xu, 2013b）

A. 雄性体前端侧面观，示头刚毛、化感器和角皮装饰点；B. 雄性体前端侧面观，示口腔和背齿；C. 雄性尾部侧面观，示交接刺和引带；D. 雄性尾部侧面观，示肛前附器

比例尺：20μm

青岛拟杯咽线虫
Paracyatholaimus qingdaoensis Huang & Xu, 2013

标本采集地： 山东青岛红岛泥质滩。

形态特征： 体长 1.4 ～ 1.8mm，最大体宽 63 ～ 88μm（*a*=20 ～ 24）；角皮具有环形装饰点，无明显侧分化，皮下孔排列成 8 纵排；6 个内唇乳突不明显，6 根外唇刚毛和 4 根头刚毛围成一圈，前者稍长于后者；化感器 3.5 ～ 4 圈；口腔具 1 个明显的背齿和 2 个小的亚腹齿；食道柱状，无食道球。尾粗，圆锥形，中等长度，末端具明显的管状吐丝器，尾上有几纵排刚毛。雄性交接刺反"S"形，远端尖；引带板状，与交接刺平行，末端具有 2 个齿；10 个粗刚毛状肛前附器，呈 5+5 排列，前 5 个位于 1 个瘤状突起上（图 72-2D 箭头处）。雌性具前后 2 个卵巢，反折；阴孔位于身体中间偏后处。

生态习性： 栖息于潮间带表层泥质沉积物中。

地理分布： 黄海。

参考文献： Huang and Xu，2013b。

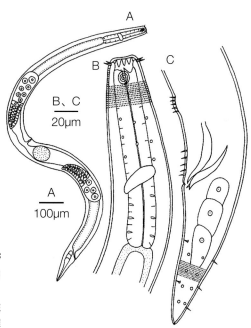

图 71-1 青岛拟杯咽线虫 *Paracyatholaimus qingdaoensis* Huang & Xu, 2013（引自 Huang and Xu, 2013b）
A. 雌性整体侧面观，示阴孔、卵巢和卵；B. 雄性体前部侧面观，示口腔、化感器和头刚毛；C. 雄性体后部侧面观，示交接刺、引带和肛前附器

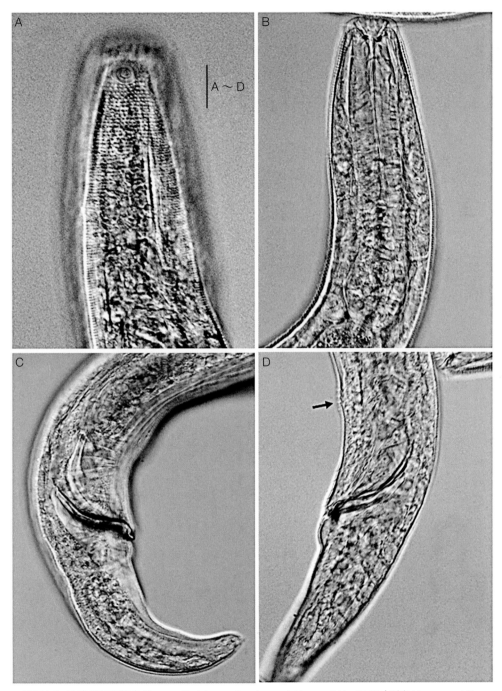

图 71-2　青岛拟杯咽线虫 *Paracyatholaimus qingdaoensis* Huang & Xu, 2013（引自 Huang and Xu, 2013b）

A. 雄性体前端侧面观，示化感器和角皮装饰点；B. 雄性体前端侧面观，示头刚毛、口腔和背齿；C. 雄性尾部侧面观，示交接刺和引带；D. 雄性尾部侧面观，示肛前附器和引带（箭头处）

比例尺：20μm

丝尾拟玛丽林恩线虫
Paramarylynnia filicaudata Huang & Sun, 2011

标本采集地： 黄海南部潮下带。

形态特征： 体长 2.1 ～ 2.3mm，最大体宽 66 ～ 82μm（*a*=28 ～ 33）；角皮具有大小相近的环形装饰点，但食道区的点更加明显；6 纵排圆形的角皮孔，但在颈区变少；无侧分化，但在食道区和肛区有几簇侧装饰点；4 纵排颈刚毛，每排 2 ～ 3 根，位于亚侧面；化感器 5 圈，宽 13 ～ 17μm；6 根外唇刚毛和 4 根头刚毛几乎等长，围成一圈；口腔具 1 个明显的背齿和 2 个小的亚腹齿；食道柱状，基部稍宽；尾长，长 420 ～ 460μm（8.4 ～ 9.0 倍肛门相应直径），后 2/3 为丝状，末端具吐丝器，圆锥部有 3 个尾腺，无刚毛。雄性交接刺长 42μm，船形，中部膨大；引带弯曲，无龙骨突；肛前附器不明显。雌性尾较雄性长，具前后 2 个反折卵巢；阴孔与体前端的距离约占整体长度的 40%。

生态习性： 栖息于潮下带泥质沉积物中，水深 80m。

地理分布： 黄海。

参考文献： Huang and Sun，2011。

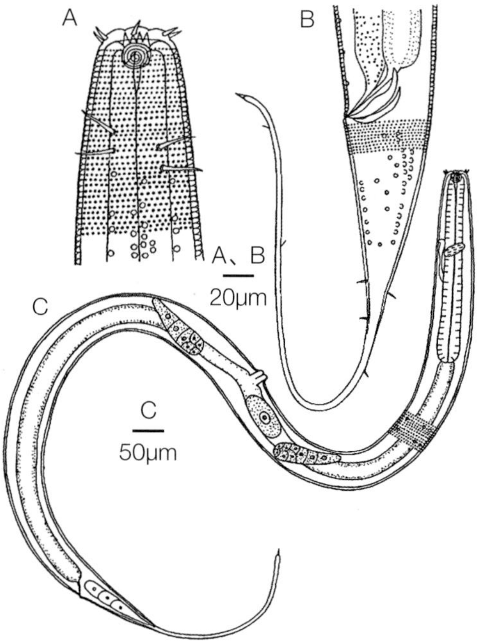

图 72-1　丝尾拟玛丽林恩线虫 *Paramarylynnia filicaudata* Huang & Sun, 2011（引自 Huang and Sun, 2011）

A. 雄性体前部侧面观，示口腔、化感器和颈刚毛；
B. 雄性体后部侧面观，示交接刺、引带和肛前附器；
C. 雌性整体侧面观，示阴孔、卵巢和卵

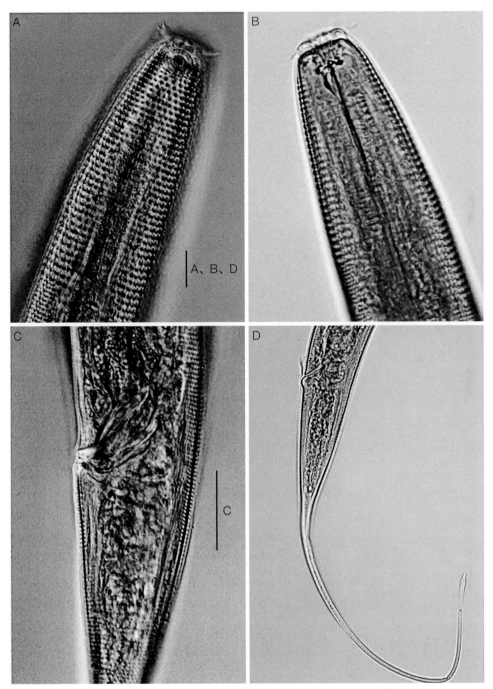

图 72-2　丝尾拟玛丽林恩线虫 *Paramarylynnia filicaudata* Huang & Sun, 2011（引自 Huang and Sun, 2011）

A. 雄性体前端侧面表面观，示头刚毛、化感器和角皮装饰点；B. 雌性头部侧面观，示口腔、背齿和亚腹齿；
C. 雄性体后部侧面观，示交接器；D. 雌性尾部侧面观，示丝状尾

比例尺：20μm

尖颈拟玛丽林恩线虫
Paramarylynnia stenocervica Huang & Sun, 2011

标本采集地： 黄海南部潮下带。

形态特征： 体长 1.1～1.3mm，最大体宽 44～56μm（a=23～28）；身体纺锤形，由食道前 1/3 位置向体前端突然变窄；角皮异质，具有环形排列的装饰点，侧点较大，身体前面较窄部分装饰点较大且稀疏；化感器横椭圆形，5 圈，宽 10～11μm；6 根短的外唇刚毛和 4 根头刚毛围成一圈；口腔具 1 个明显的背齿和 2 个小的亚腹齿；食道柱状，基部稍宽，无食道球；尾圆锥 - 圆柱形，长 6.0 倍肛门相应直径，末端具吐丝器。雄性交接刺长 41μm，弓形；引带长 31μm，船形，中部膨大，两端逐渐变细；5 个管状肛前附器。雌性个体较雄性长，具前后 2 个反折卵巢；阴孔与体前端的距离约占整体长度的 49%。

生态习性： 栖息于潮下带泥质沉积物中，水深 20～30m。

地理分布： 渤海，黄海。

参考文献： Huang and Sun，2011。

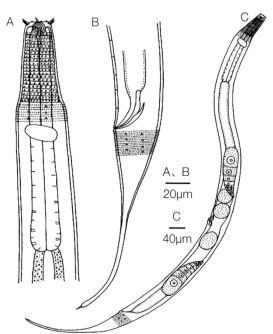

图 73-1　尖颈拟玛丽林恩线虫 *Paramarylynnia stenocervica* Huang & Sun, 2011（引自 Huang and Sun, 2011）

A. 雄性体前部侧面观，示口腔、化感器和变窄的体前端；B. 雄性体后部侧面观，示交接刺、引带和肛前附器；C. 雌性整体侧面观，示阴孔、卵巢和卵

A、B
20μm

C
40μm

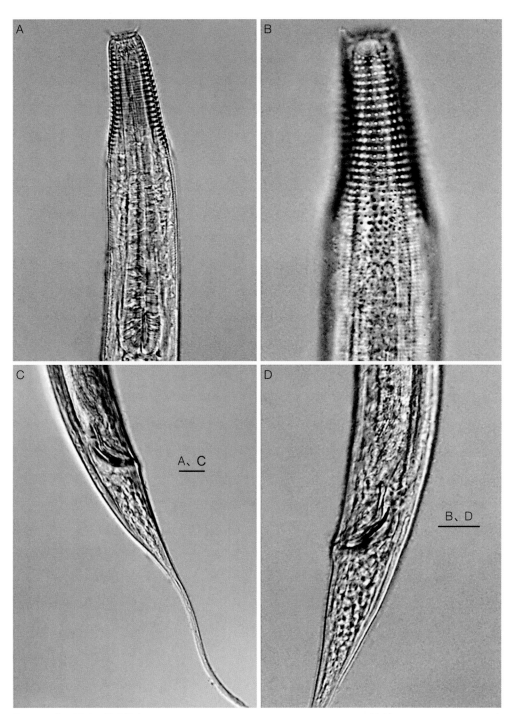

图 73-2　尖颈拟玛丽林恩线虫 *Paramarylynnia stenocervica* Huang & Sun, 2011（引自 Huang and Sun, 2011）
A. 雄性头部侧面观，示头刚毛、口腔、背齿和食道；B. 雌性头部侧面观，示头刚毛、化感器和角皮装饰点；
C. 雄性尾部侧面观，示交接刺、引带和尾；D. 雄性体后部侧面观，示交接刺、引带和肛前附器
比例尺：20μm

亚腹毛拟玛丽林恩线虫
Paramarylynnia subventrosetata Huang & Zhang, 2007

标本采集地： 黄海南部潮下带。

形态特征： 体长 1.5～1.9mm，最大体宽 51～64μm（*a*=30～34）；口腔具 1 个明显的背齿和 2 个小的亚腹齿；6 根短的和 4 根长的头刚毛围成一圈；角皮异质，具有环形排列的装饰点；6 纵排圆形的角皮孔，但颈部较少；4 纵排颈刚毛，每排 4～6 根，分布于亚侧区；化感器 6 圈，宽 14～16μm；食道柱状，无食道球；尾圆锥 - 圆柱形，长 5.1～6.2 倍肛门相应直径，圆锥部亚腹侧有 2 排刚毛，每排 11～12 根，分为前后 2 组（前组 5 根，后组 6～7 根）；具 3 个尾腺，末端具吐丝器。雄性交接刺弦长 53～58μm；引带弧长 46～54μm，加宽，远端无齿；无肛前附器。雌性尾的圆柱部长于雄性，无尾刚毛；前后 2 个反折卵巢；阴孔与体前端的距离占整体长度的 42%～45%。

生态习性： 栖息于潮下带泥质沉积物中，水深 41m。

地理分布： 渤海，黄海。

参考文献： Huang and Zhang，2007b。

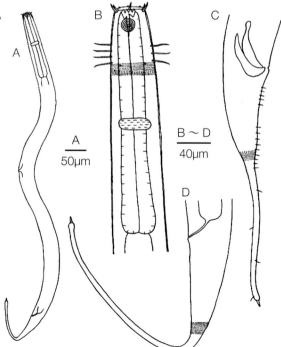

图74-1 亚腹毛拟玛丽林恩线虫 *Paramarylynnia subventrosetata* Huang & Zhang, 2007（引自 Huang and Zhang, 2007b）
A. 雌性整体侧面观，示阴孔；B. 雄性体前部侧面观，示口腔、化感器和颈刚毛；C. 雄性尾部侧面观，示交接刺、引带和亚腹侧尾刚毛；D. 雌性尾部侧面观

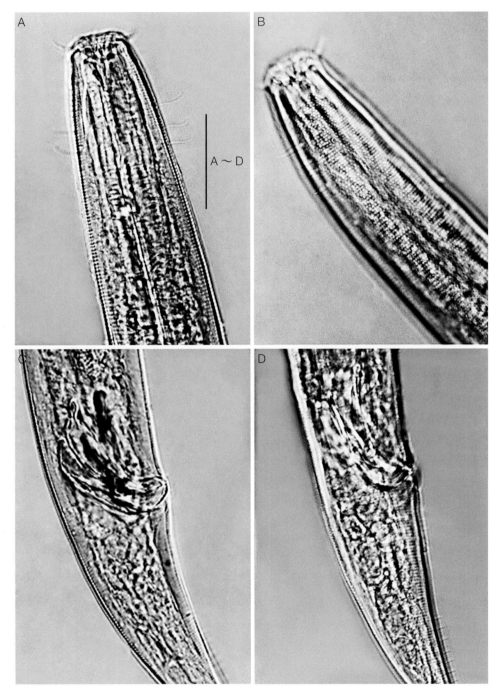

图 74-2　亚腹毛拟玛丽林恩线虫 *Paramarylynnia subventrosetata* Huang & Zhang, 2007（引自 Huang and Zhang, 2007b）

A. 雌性头部侧面观，示背齿和化感器；B. 雄性头部侧面观，示颈刚毛和角皮装饰点；C. 雄性体后部侧面观，示交接刺和引带；D. 雄性体后部侧面观，示亚腹侧尾刚毛

比例尺：40μm

多附器绒毛线虫
Pomponema multisupplementa Huang & Zhang, 2014

标本采集地: 山东青岛红岛泥质滩。

形态特征: 体纺锤形,体长 1.4mm,最大体宽 76 ～ 82μm(*a*=17 ～ 21);角皮具有环形排列的装饰点,侧分化明显:侧点较大,自化感器的位置至食道中部排列成不规则纵排,之后排列成规则的 3 纵排至尾的圆锥部,自化感器的位置至尾的圆锥部还具 4 排角皮孔;6 根唇刚毛长 2μm,6 根较长的头刚毛长 8μm,4 根较短的头刚毛未见(较短不清或缺失);不显著的螺旋形化感器,宽 11μm;口腔前缘具 12 个角质化的皱褶,后部具 1 个尖的大背齿和 2 个小的亚腹齿;食道柱状,后端膨大为椭圆形食道球;尾圆锥 - 圆柱形,长 2.6 倍肛门相应直径,圆锥部中腹侧有 4 ～ 5 根尾刚毛,末端具吐丝器。雄性交接刺长 1.3 倍肛门相应直径;引带中部具侧翼,末端具钩,但无龙骨突;72 ～ 76 个角质化的管状肛前附器。雌性具 4 根头刚毛,其头感器排列式为 6+10;具前后 2 个卵巢,反折;阴孔位于体中部偏后位置。

生态习性: 栖息于潮间带表层泥质沉积物中。

地理分布: 黄海。

参考文献: Huang and Zhang,2014。

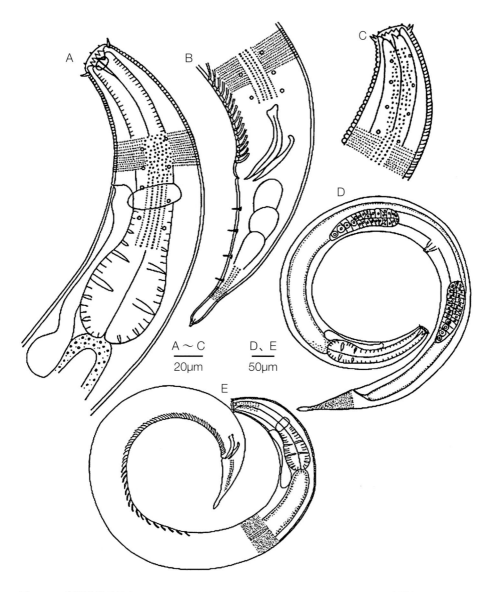

图 75-1 多附器绒毛线虫 *Pomponema multisupplementa* Huang & Zhang, 2014（引自 Huang and Zhang, 2014）

A. 雄性体前部侧面观，示口腔、化感器、食道球、腹腺细胞和侧分化；B. 雄性尾部侧面观，示交接刺、引带、肛前附器和尾刚毛；C. 雌性头部侧面观，示头刚毛和口腔；D. 雌性整体侧面观，示阴孔和卵巢；E. 雄性整体侧面观，示肛前附器

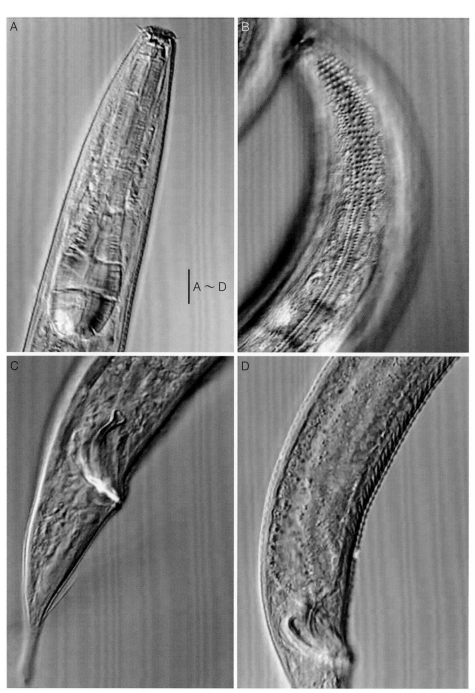

图 75-2　多附器绒毛线虫 *Pomponema multisupplementa* Huang & Zhang, 2014（引自 Huang & Zhang, 2014）

A. 雄性食道区侧面观，示背齿和后食道球；B. 雌性体前部表面观，示侧分化装饰点和化感器；C. 雄性尾部侧面观，示交接刺；D. 雄性体后部侧面观，示引带和肛前附器

比例尺：20μm

杯咽线虫科分属检索表

1. 不具侧分化纵排点，肛前附器若存在不超过 10 个 ……………………………………………… 2

\- 具侧分化 4 纵排点，肛前附器数量多超过 10 个 ………………………………………………………
………………………… 绒毛线虫属 *Pomponema*（多附器绒毛线虫 *P. multisupplementa*）

2.6 个管状肛前附器 ……………………………………………………………………………………… 3

\- 肛前附器非管状或不明显或不存在 ……………………………………………………………………… 4

3. 肛前附器最前面的 1 个比后面的明显更大 ………………………………………………………………
……………………… 棘齿线虫属 *Acanthonchus*［三齿棘齿线虫 *A.（Seuratiella）tridentatus*］

\- 肛前附器最前面的 1 个不比后面的明显更大 ……………………………………………………………
……………………… 拟棘齿线虫属 *Paracanthonchus*（异尾拟棘齿线虫 *P. heterocaudatus*）

4. 肛前附器杯状 ………………………… 玛丽林恩线虫属 *Marylynnia*（纤细玛丽林恩线虫 *M. gracila*）

\- 肛前附器缺乏或非杯状 ……………………………………………………………………………………… 5

5. 肛前附器毛状或乳突状 ………………………………………… 拟杯咽线虫属 *Paracyatholaimus*
（黄海拟杯咽线虫 *P. huanghaiensis*，青岛拟杯咽线虫 *P. qingdaoensis*）

\- 肛前附器缺乏或不明显 …………………………………………… 拟玛丽林恩线虫属 *Paramarylynnia*

拟玛丽林恩线虫属分种检索表

1. 体前端突然变窄 …………………………………………… 尖颈拟玛丽林恩线虫 *P. stenocervica*

\- 体前端未突然变窄 ……………………………………………………………………………………… 2

2. 尾长 5～6 倍肛门相应直径，圆锥部亚腹侧有 2 排刚毛 …………………………………………………
……………………………………………………… 亚腹毛拟玛丽林恩线虫 *P. subventrosetata*

\- 尾长 8～9 倍肛门相应直径，圆锥部无刚毛 ………………………… 丝尾拟玛丽林恩线虫 *P. filicaudata*

异突矛咽线虫
Dorylaimopsis heteroapophysis Huang, Sun & Huang, 2018

标本采集地： 山东青岛胶州湾潮下带。

形态特征： 体长 1.6 ～ 1.9mm，最大体宽 43 ～ 62μm（*a*=30 ～ 38）；角皮具有环形排列的装饰点；侧分化明显：较大的纵排装饰点在食道区和尾部为 3 排，身体其余部分为 2 排；唇乳突短，4 根头刚毛长 4 ～ 5.5μm；口腔柱形，具角质化的齿；化感器 2.5 ～ 3 圈。尾圆锥 - 圆柱形，末端膨大。雄性交接刺弓形，长 1.8 ～ 2 倍肛门相应直径，其头形端中间具角质化短条纹（图 77-2C 箭头处）；引带具 2 个不等长的背后指向的龙骨突，右侧的短，左侧的较长；11 ～ 12 个细管状肛前附器。

生态习性： 栖息于潮下带表层粉砂质沉积物中，水深 11m。

地理分布： 黄海。

参考文献： Huang et al., 2018b。

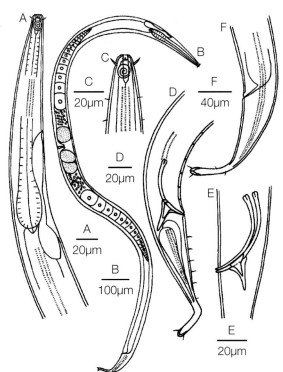

图 76-1 异突矛咽线虫 *Dorylaimopsis heteroapophysis* Huang, Sun & Huang, 2018（引自 Huang et al., 2018b）
A. 雄性体前部侧面观，示化感器、食道、腹腺细胞和侧分化；B. 雌性整体侧面观，示阴孔和卵巢；C. 雄性头部侧面观，示头刚毛、口腔和化感器；D. 雄性体后部侧面观，示交接刺、引带和肛前附器；E. 雄性肛区侧面观，示交接刺和不等长的引带龙骨突；F. 雌性尾部侧面观

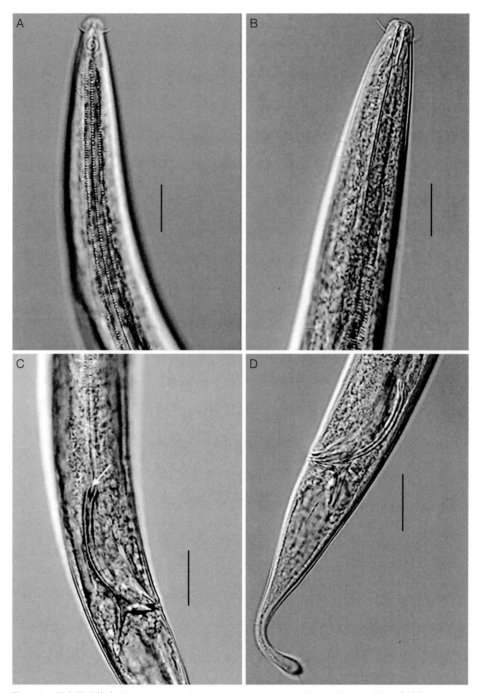

图 76-2 异突矛咽线虫 *Dorylaimopsis heteroapophysis* Huang, Sun & Huang, 2018（引自 Huang et al., 2018b）

A. 雄性体前部侧面观，示头刚毛、化感器和侧分化；B. 雄性体前部侧面观，示头刚毛和口腔；C. 雄性肛区侧面观，示交接刺和较短的引带龙骨突；D. 雄性尾部侧面观，示交接刺和较长的引带龙骨突

比例尺：20μm

中华萨巴线虫
Sabatieria sinica Zhai, Wang & Huang, 2019

标本采集地： 山东青岛胶州湾潮下带。

形态特征： 体长 2.1 ～ 2.3mm，最大体宽 49 ～ 58μm（*a*=39 ～ 44）；角皮同质，自化感器前缘至尾的圆柱部具横排的装饰点，但无侧分化粗点；3 ～ 4 对颈刚毛，短，长 3μm；唇感器未见；6 个乳突状头感器，4 根头刚毛，长 3 ～ 5μm；多螺旋形化感器 2.25 圈，直径 8 ～ 9μm（47%相应体宽），其前缘与头刚毛处于同一水平；口腔小，杯形，具轻微角质化的壁；食道具卵圆形后食道球；神经环位于食道中部，分泌 - 排泄系统明显，排泄孔开口于神经环之后；尾圆锥 - 圆柱形，长 3 ～ 4 倍肛门相应直径，圆柱部占尾长的 1/3，圆锥部腹面有 1 排尾刚毛，末端膨大，具 3 根长 6 ～ 7μm 的末端刚毛，尾腺明显。雄性具 1 对粗的交接刺，弧长 59 ～ 64μm（1.3 ～ 1.7 倍肛门相应直径），其中间有一中空区，近半部卵圆形且直，远半部尖而弯，两半部连接处有明显的收缩；引带具长而直的背后指向的龙骨突，长 28 ～ 30μm；6 ～ 7 个乳突状肛前附器。雌性无尾刚毛，化感器 2 圈；生殖系统双宫，具 2 个相对伸展的卵巢；阴孔位于体中部，其前后各有一个储精囊，里面充满卵圆形的精细胞。

生态习性： 栖息于潮下带表层泥质沉积物中，水深 6m。

地理分布： 黄海。

参考文献： Zhai et al.，2019。

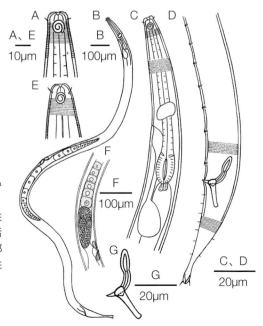

图 77-1　中华萨巴线虫 *Sabatieria sinica* Zhai, Wang & Huang, 2019（引自 Zhai et al., 2019）

A. 雄性头部侧面观；B. 雌性整体观，示生殖系统；C. 雄性体前部侧面观，示后食道球和分泌 - 排泄系统；D. 雄性体后部侧面观，示交接刺、引带龙骨突和肛前附器；E. 雌性头部侧面观；F. 雌性体中部侧面观，示储精囊和阴孔；G. 雄性交接刺及引带龙骨突侧面观

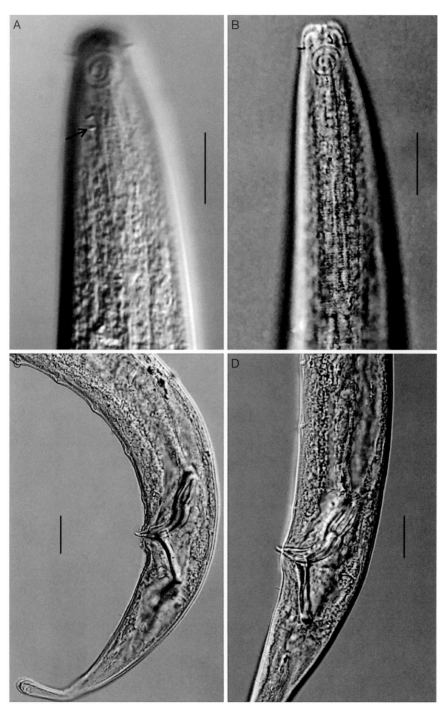

图 77-2 中华萨巴线虫 *Sabatieria sinica* Zhai, Wang & Huang, 2019（引自 Zhai et al.,2019）
A. 雄性体前部侧面观，示颈刚毛（箭头处）；B. 雄性体前部侧面观，示口腔、头刚毛和化感器；C. 雄性体后部侧面观，示交接刺、引带龙骨突和肛前附器；D. 雄性肛区侧面观，示交接刺和引带龙骨突
比例尺：20μm

尖头萨巴线虫
Sabatieria stenocephalus Huang & Zhang, 2006

标本采集地：黄海南部潮下带。

形态特征：体长 2.2 ～ 2.7mm，最大体宽 68 ～ 86μm（*a*=31 ～ 34）；体前部锥形，头直径 16μm，为食道基部体直径的 24%；角皮具有环形排列的装饰点；侧分化始于化感器之后，为不规则的大点；体刚毛短而稀疏，沿身体呈 4 纵排分布；化感器 3 个螺旋，宽为 79% 相应体直径，前缘距体前端 10μm；6 根外唇刚毛和 4 根头刚毛，长 11 ～ 12μm；口腔杯形，具角质化的壁和齿样边缘；排泄孔位于神经环之后；尾长 195 ～ 230μm（3.8 ～ 4.6 倍肛门相应直径），圆锥 - 圆柱形，末端膨大，具有 3 根 7μm 长的末端刚毛。雄性有 1 对粗的交接刺，弦长 55 ～ 58μm；引带具 1 对十分弯曲的龙骨突，长 23 ～ 29μm；15 个管状肛前附器。雌性个体较雄性大，食道更长，但头部不如雄性尖细；具前后 2 个卵巢，不反折；阴孔与体前端的距离约占整体长度的 48%。

生态习性：栖息于潮下带泥质沉积物中，水深 72 ～ 77m。

地理分布：黄海。

参考文献：Huang and Zhang，2006a。

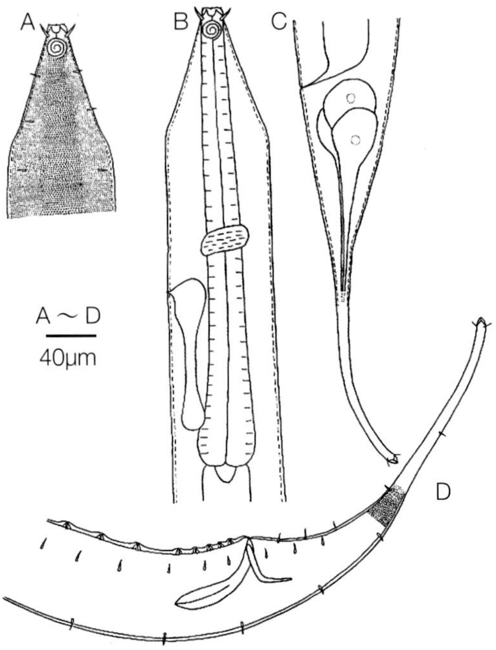

图 78-1　尖头萨巴线虫 *Sabatieria stenocephalus* Huang & Zhang, 2006（引自 Huang and Zhang, 2006a）

A. 雄性体前部侧面观，示口腔、化感器和侧分化；B. 雌性体前部侧面观，示口腔、化感器、食道、神经环和腹腺；C. 雌性尾部侧面观，示尾腺；D. 雄性体后部侧面观，示交接刺、引带龙骨突和肛前附器

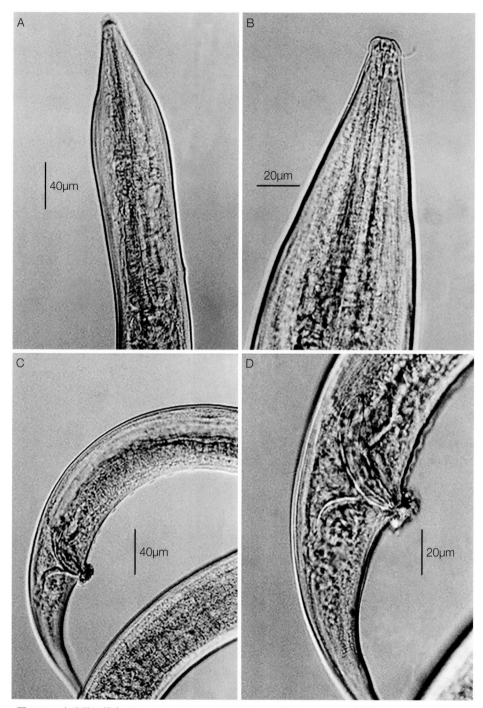

图 78-2 尖头萨巴线虫 *Sabatieria stenocephalus* Huang & Zhang, 2006（引自 Huang and Zhang, 2006a）

A. 雄性体前部侧面观，示前端尖细部分；B. 雄性头部背面观，示口腔前缘角质化的齿样结构；C. 雄性体后部侧面观，示交接器；D. 雄性体后部侧面观，示交接刺、引带龙骨突和肛前附器

库氏毛萨巴线虫
Setosabatieria coomansi Huang & Zhang, 2006

标本采集地： 黄海南部潮下带。

形态特征： 体长 1.6～2.0mm，最大体宽 44～62μm（*a*=32～37），头直径 15～21μm；角皮无环形装饰点，仅在侧区形成弱环纹；口腔杯形，由 4 根头刚毛围绕；4 纵排亚侧分布的颈刚毛，每排 6～8 根（平均 7 根），长 7～11μm；化感器 3.5 个螺旋，宽约 12μm；食道向基部逐渐膨大，但并未形成食道球；排泄孔与体前端的距离约占食道长度的 62%；尾圆锥 - 圆柱形，长 3.9～4.8 倍肛门相应直径，末端具 3 根长约 12μm 的刚毛。雄性交接刺弦长 1.1～1.4 倍肛门相应直径；引带具直的指向背后的龙骨突；15 个小乳突状肛前附器。雌性具前后 2 个伸展的卵巢；阴孔与体前端的距离约占整体长度的 48%。

生态习性： 栖息于潮下带泥质沉积物中，水深 41～68m。

地理分布： 黄海。

参考文献： Huang and Zhang，2006a。

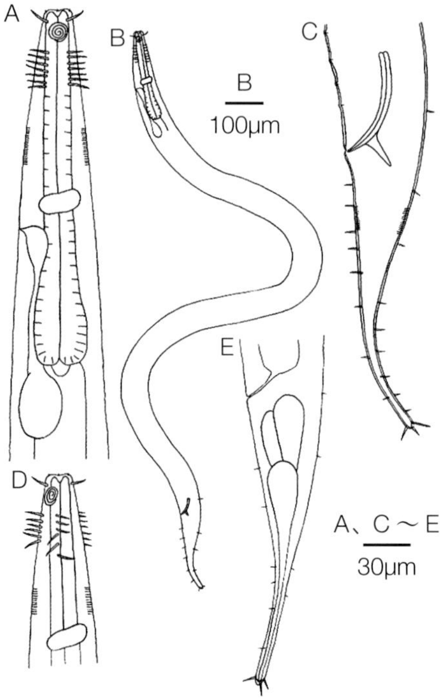

图 79-1 库氏毛萨巴线虫 *Setosabatieria coomansi* Huang & Zhang, 2006（引自 Huang and Zhang, 2006a）
A. 雌性体前部侧面观，示口腔、化感器、颈刚毛和排泄系统；B. 雄性整体侧面观；C. 雄性体后部侧面观，示交接刺、引带龙骨突和肛前附器；D. 雄性体前端侧面观，示头刚毛、化感器和颈刚毛；E. 雌性尾部侧面观

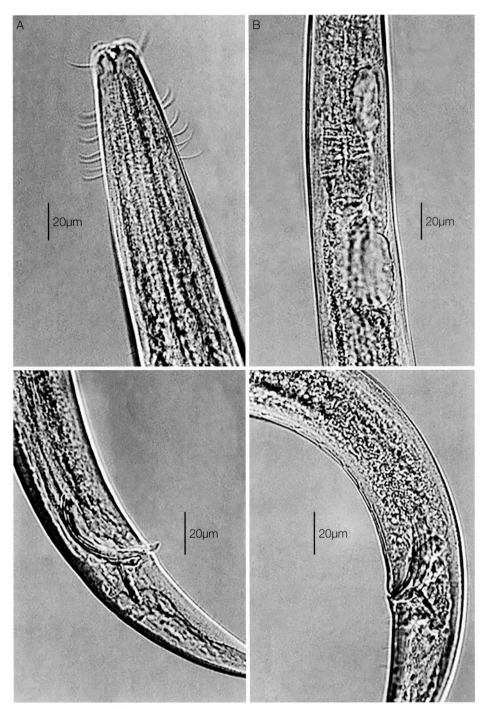

图 79-2　库氏毛萨巴线虫 *Setosabatieria coomansi* Huang & Zhang, 2006（引自 Huang and Zhang, 2006a）

A. 雄性头部亚侧面观, 示颈刚毛; B. 雌性食道区侧面观, 示腹腺和排泄孔; C. 雄性尾部侧面观, 示交接刺和引带龙骨突; D. 雄性体后部侧面观, 示肛前附器

关节管腔线虫
Vasostoma articulatum Huang & Wu, 2010

标本采集地： 黄海南部潮下带（水深41m）。

形态特征： 体长2.3～2.6mm，最大体宽40～49μm；角皮具横排装饰点，无侧分化；化感器2.5圈，宽8μm，前缘距体前端6μm；头直径13μm（32%食道基部体宽）；唇乳突未见，6根长和4根短头刚毛；口腔前部杯形，后部管状，角质化；3个三角形的齿位于管状口腔的前端；食道柱状，基部有一梨形食道球；腹腺大，位于食道球基部之后；排泄孔明显，距体前端133μm；尾圆锥-圆柱形，长5.0倍肛门相应直径，具3个尾腺，末端3根刚毛长5μm。雄性交接刺分两节，每节分别弯曲，后节稍长于前节，总弧长128μm，后节具一明显的突起（图81-2C和D箭头处）；引带具指向背后的龙骨突，长34μm；13～14个小管状肛前附器。雌性尾稍短于雄性，具前后2个伸展的卵巢，阴孔位于身体中间偏前处。

生态习性： 栖息于潮下带泥质沉积物中。

地理分布： 黄海。

参考文献： Huang and Wu，2010。

图80-1 关节管腔线虫 *Vasostoma articulatum* Huang & Wu, 2010（引自Huang and Wu, 2010）A. 雄性体前部侧面观，示头、食道和腹腺；B. 雌性头部背面观，示口腔、齿、化感器和角皮装饰点；C. 雄性体后部侧面观，示交接刺、引带龙骨突、肛前附器和尾腺；D. 雌性尾部侧面观；E. 雌性体前半部侧面观，示生殖系统和阴孔

A～D
20μm

E
40μm

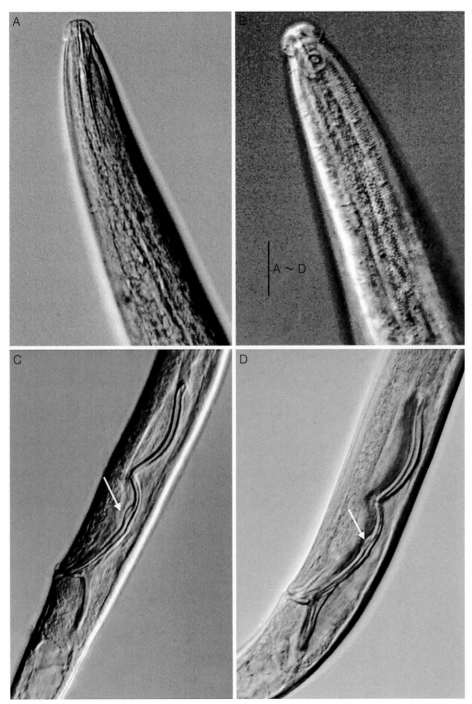

图 80-2　关节管腔线虫 *Vasostoma articulatum* Huang & Wu, 2010（引自 Huang and Wu, 2010）
A. 雄性体前端侧面观，示口腔和齿；B. 雄性体前端侧面观，示头刚毛、化感器和角皮装饰点；C、D. 雄性肛
区侧面观，示交接刺、引带龙骨突和肛前附器
比例尺：20μm

短刺管腔线虫
Vasostoma brevispicula Huang & Wu, 2011

标本采集地： 黄海南部潮下带。

形态特征： 体长 2.5 ～ 2.8mm，最大体宽 37 ～ 58μm（*a*=50 ～ 53）；角皮具横排装饰点，无侧分化；一些短的体刚毛沿食道区分布；头端与躯干分离，在化感器水平处变窄；内、外唇乳突未见；4 根头刚毛，雄性长 3 ～ 3.5μm，雌性长 3.5 ～ 4μm；螺旋形化感器 2.5 圈，宽 10μm（63% ～ 67% 相应体宽），距体前端 6 ～ 7μm；口腔前部杯形，后部管状，角质化；3 个小齿样突起位于口腔管状部的前端；食道柱状，向基部稍加宽，形成梨形食道球；腹腺大，位于食道球基部之后；排泄孔明显，位于神经环后方 28 ～ 34μm 处，距体前端 128 ～ 130μm；尾圆锥 - 圆柱形，圆柱部是圆锥部长度的 1/2，圆锥部有几根短刚毛，末端膨大成水滴形，具 3 根末端刚毛和 3 个尾腺。雄性交接刺成对而弯曲，具一中央翼，弦长 52 ～ 57μm（1.4 ～ 1.6 倍肛门相应直径）；引带具长而直的背后指向的龙骨突，长 22 ～ 26μm；8 ～ 10 个小管状肛前附器，1 根肛前刚毛。雌性个体稍长于雄性，具前后 2 个伸展的卵巢，阴孔与体前端的距离约占整体长度的 43%。

生态习性： 栖息于潮下带泥质沉积物中，水深 10 ～ 80m。

地理分布： 渤海，黄海。

参考文献： Huang and Wu，2011。

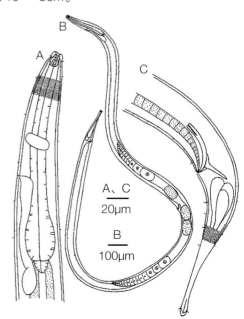

图 81-1　短刺管腔线虫 *Vasostoma brevispicula* Huang & Wu, 2011（引自 Huang and Wu, 2011）
A. 雄性体前部侧面观，示口腔、齿、头刚毛、化感器、食道和腹腺；B. 雌性整体侧面观，示阴孔和卵巢；C. 雄性体后部侧面观，示交接刺、引带龙骨突、肛前附器和尾腺

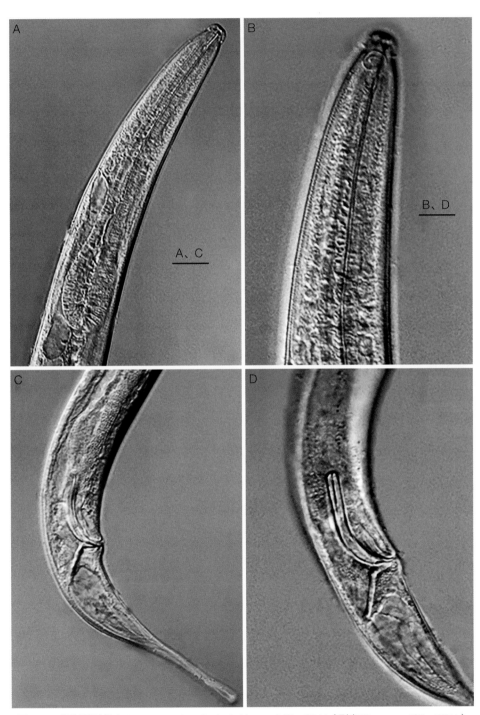

图 81-2　短刺管腔线虫 *Vasostoma brevispicula* Huang & Wu, 2011（引自 Huang and Wu, 2011）
A. 雄性体前端侧面观，示口腔、齿、腹腺和食道球；B. 雄性体前端侧面观，示头刚毛和化感器；C、D. 雄性肛区侧面观，示交接刺、引带龙骨突和尾腺
比例尺：A、C = 50μm；B、D = 30μm

长刺管腔线虫
Vasostoma longispicula Huang & Wu, 2010

标本采集地： 黄海南部潮下带。

形态特征： 体长 2.6 ～ 2.9mm，最大体宽 83 ～ 93μm；角皮具横排装饰点，无侧分化；8 排短而稀疏的体刚毛从口腔之后至尾端都有分布；化感器 2.5 圈，宽 11μm，前缘距体前端 9μm；头直径 17μm（21% 食道基部体宽）；内唇乳突未见，6 根外唇刚毛和 4 根头刚毛；口腔前部杯形，后部管状，角质化；3 个三角形的齿位于管状口腔的前端；食道柱状，基部稍加宽，但无真正的食道球；腹腺小，位于食道基部之后；排泄孔明显，距体前端 205μm；尾圆锥 - 圆柱形，长 4.0 倍肛门相应直径，具 3 个尾腺，3 根端刚毛长 5μm。雄性交接刺成对，细而弯曲，长 134μm；引带具指向背后的龙骨突，长 35μm；15 ～ 17 个管状肛前附器，1 根肛前刚毛。雌性尾稍长于雄性，具前后 2 个伸展的卵巢，阴孔位于身体中间偏前处。

生态习性： 栖息于潮下带泥质沉积物中，水深 41 ～ 69m。

地理分布： 黄海。

参考文献： Huang and Wu，2010。

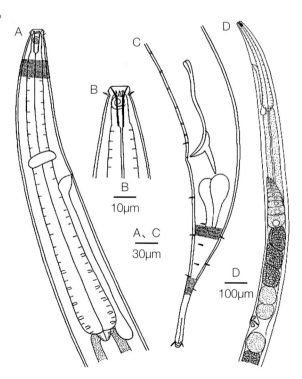

图 82-1 长刺管腔线虫 *Vasostoma longispicula* Huang & Wu, 2010（引自 Huang and Wu, 2010）
A. 雄性体前部侧面观，示头、食道和腹腺；B. 雄性头部背面观，示口腔、齿、头刚毛和化感器；C. 雄性体后部侧面观，示交接刺、引带龙骨突、肛前附器和尾腺；D. 雌性体前半部侧面观，示生殖系统和阴孔

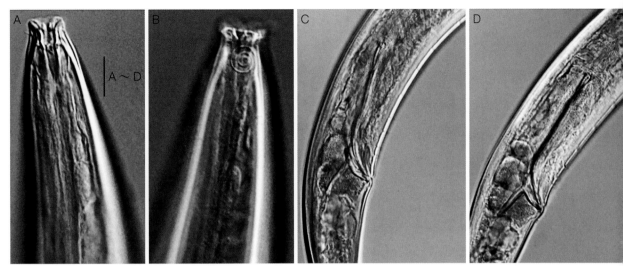

图 82-2　长刺管腔线虫 *Vasostoma longispicula* Huang & Wu, 2010（引自 Huang and Wu, 2010）
A. 雄性体前端侧面观，示头刚毛、口腔和齿；B. 雄性体前端侧面观，示齿和化感器；C、D. 雄性肛区侧面观，
示交接刺、引带龙骨突和肛前附器
比例尺：30μm

装饰似纤咽线虫
Leptolaimoides punctatus Huang & Zhang, 2006

标本采集地： 黄海南部潮下带。

形态特征： 体长 0.6～0.7mm，最大体宽 17～18μm；角皮具类似于环纹的间距较宽的带；侧分化为 2 纵排大点；口腔长柱状；4 根短的头刚毛；化感器长环形，宽 3.5μm，长 23μm，距体前端 12μm；食道后部稍膨大；尾长 8.7 倍肛门相应直径，前 1/3 锥形，后 2/3 丝状。雄性交接刺弦长 17μm；引带具 1 对细的背龙骨突，长约 8μm；4 个管状肛前附器，长约 12μm。雌性具 2 个卵巢，阴孔与体前端的距离约占整体长度的 48%。

生态习性： 栖息于潮下带泥质沉积物中，水深 59～63m。

地理分布： 黄海。

参考文献： Huang and Zhang，2006b。

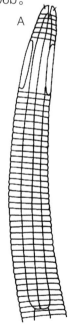
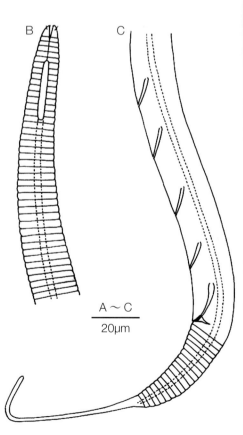

图83-1 装饰似纤咽线虫 *Leptolaimoides punctatus* Huang & Zhang, 2006（引自 Huang and Zhang, 2006b）

A. 雌性体前部背面观，示口腔、头刚毛、化感器和食道；B. 雄性体前部侧面观，示口腔、头刚毛、化感器和侧分化；C. 雄性体后部侧面观，示尾、交接刺、引带龙骨突和肛前附器

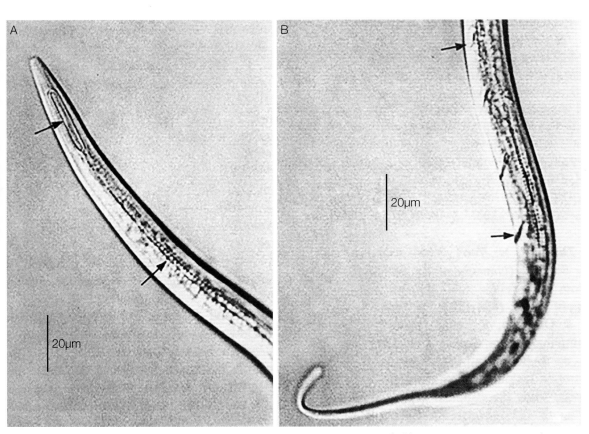

图 83-2　装饰似纤咽线虫 *Leptolaimoides punctatus* Huang & Zhang, 2006（引自 Huang and Zhang, 2006b）
A. 雄性体前端侧面观，示化感器和侧分化（箭头处）；B. 雄性体后端侧面观，示肛前附器（箭头处）

稜脊覆瓦线虫
Ceramonema carinatum Wieser, 1959

标本采集地： 山东青岛砂质滩。

形态特征： 体长 0.9 ～ 1.2mm（*a*=43 ～ 46）；角皮具覆瓦状环纹，环纹被沿身体排列的 8 纵排稜脊所中断，纵排稜脊延伸入头部形成数排点；颈区体环的宽度为 7.5μm；头长 36μm，基部宽 22μm；头刚毛排列成 6+4 两圈，长 12 ～ 14μm；化感器长环形，位于头的后半部，长 17μm，宽 7.5μm；尾长 17 ～ 22μm（7.5 ～ 8.5 倍肛门相应直径），远端圆锥部长 13μm。雄性交接刺长 24 ～ 33μm，近端和远端变细，距远端 1/4 处有一小尖；引带板状，长 16 ～ 22μm，也有 1 个类似交接刺上的小尖；肛门区的 2 个体环融合成 1 个宽带。雌性阴孔位于体中部。

生态习性： 栖息于潮间带表层砂质沉积物中。

地理分布： 渤海，黄海；美国大西洋沿岸，北海。

参考文献： Wieser，1959；Zhang et al.，in press。

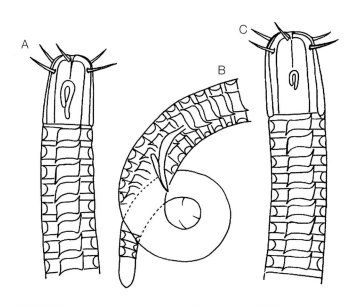

图 84-1　稜脊覆瓦线虫 *Ceramonema carinatum* Wieser, 1959（引自 Zhang et al., in press）
A. 雄性体前部侧面观，示头、头刚毛、化感器和覆瓦状角皮环纹；B. 雄性体后部侧面观，示交接刺和引带；
C. 雌性体前部侧面观，示头、头刚毛、化感器和覆瓦状角皮环纹

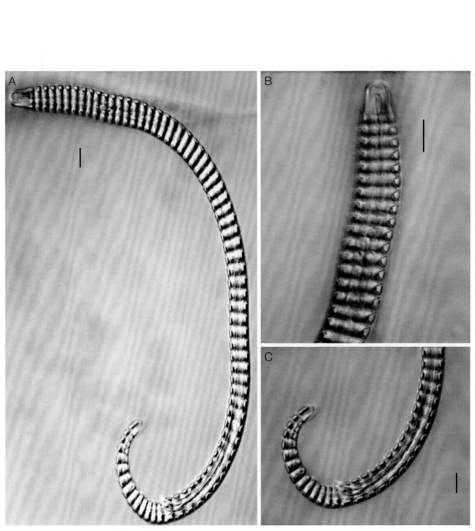

图 84-2　稜脊覆瓦线虫 *Ceramonema carinatum* Wieser, 1959（周红供图）

A. 雄性整体侧面观；B. 雄性体前端侧面观，示化感器；C. 雄性体后部侧面观，示交接刺和引带

比例尺：20μm

奇异拟微咽线虫
Paramicrolaimus mirus Tchesunov, 1988

标本采集地： 黄海南部潮下带。

形态特征： 体长 3.1 ～ 4.3mm，最大体宽 38 ～ 50μm；角皮具细环纹，皮下细胞腺存在；短的体刚毛仅在尾部和肛前附器区分布；头在化感器水平处略为收缩，直径 19 ～ 20μm；化感器横卵圆形，1.25 圈，宽 11 ～ 13μm（43% ～ 57% 相应体宽）；10 根头刚毛呈 2 圈排列：前排的 6 根较短（8 ～ 9μm），后排的 4 根稍长（10 ～ 11μm）；口腔形状不规则，前部深而窄，后部具角质化的壁，在前后两部的交界处具 2 个齿：1 个背齿和 1 个右亚腹齿；食道前部肿胀，包绕口腔，后 1/4 膨大并形成 1 个长而弱的食道球，长 50 ～ 60μm，宽 23 ～ 30μm；腹腺位于食道后方 35 ～ 45μm 处，排泄孔开口于距体前端大约 2/3 食道长度的位置；尾粗短，圆锥形，向腹面弯曲，长约 3 倍肛门相应直径，具 6 根肛后腹刚毛和 4 根末端刚毛、3 个尾腺。雄性具 1 对等长的交接刺，弯曲，具腹壶，弦长 1.2 倍肛门相应直径；引带板状，长 22 ～ 30μm，中部具侧翼；8 ～ 10 个肛前附器，乳突状，在其侧顶部具有指向体后的牛角状结构。雌性个体稍大于雄性，无体刚毛和尾刚毛；具前后 2 个反折的卵巢；阴孔与体前端的距离约占整体长度的 41%。

生态习性： 栖息于潮下带泥质沉积物中，水深 64 ～ 85m。

地理分布： 黄海；白海。

参考文献： Tchesunov，1988；Huang and Zhang，2005a。

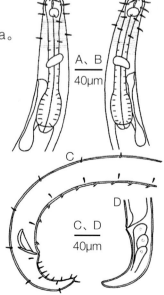

图 85-1　奇异拟微咽线虫 *Paramicrolaimus mirus* Tchesunov，1988（引自 Huang and Zhang，2005a）

A. 雌性体前部侧面观，示口腔和食道球；B. 雄性体前部侧面观，示化感器、腹腺和排泄孔；C. 雄性体后部侧面观，示交接刺、引带、肛前附器和尾刚毛；D. 雌性尾部侧面观，示尾腺

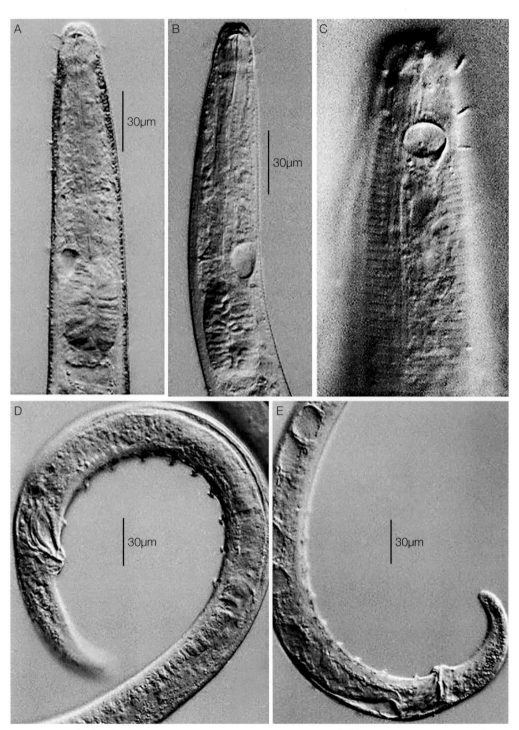

图 85-2　奇异拟微咽线虫 *Paramicrolaimus mirus* Tchesunov, 1988（引自 Huang and Zhang, 2005a）
A. 雄性体前部侧面观，示口腔和食道球；B. 雌性体前部侧面观，示食道球和排泄孔；C. 雌性头部侧面观，示化感器和头刚毛；D. 雄性体后部侧面观，示交接刺和肛前附器；E. 雄性尾部侧面观，示肛后腹刚毛和末端刚毛

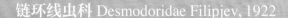

伊藤后菱光线虫
Metachromadora itoi Kito, 1978

标本采集地： 山东烟台泥砂质滩。

形态特征： 体长 1.5 ～ 2.0mm，最大体宽 50 ～ 95μm（*a*=19 ～ 37）；除尾尖外，全身角皮具细环纹；食道区具 8 纵排粗的体刚毛，在尾部具 6 纵排体刚毛；内圈 6 个唇乳突，外圈由 6 个头乳突及 4 根长 7 ～ 8μm 的头刚毛组成；化感器螺旋形，2.25 圈，位于头部靠前位置；口腔具一大的背齿；食道具发达的长形食道球，占食道长度的 38%，分为 3 个部分，具厚的角皮衬；神经环位于食道球之前；尾锥形，长 2.3 倍肛门相应直径，雄性尾中部腹面有 2 个肛后乳突，吐丝器明显，具 3 个尾腺。雄性交接刺弯曲，长 46 ～ 56μm，近端具大的头状部和细缘膜；引带新月形，长 30μm，无龙骨突；17 ～ 22 个肛前附器，为等距排列的与窄管相连的按钮形开口。雌性体长略短于雄性，化感器更小，尾部不具肛后乳突；生殖系统双宫，具 2 个反折的卵巢，阴孔与体前端的距离占整体长度的 66% ～ 71%。

生态习性： 栖息于潮间带表层泥砂质沉积物中。

地理分布： 黄海。

参考文献： Wang and Huang，2015。

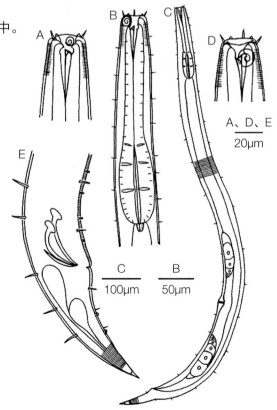

图 86-1　伊藤后菱光线虫 *Metachromadora itoi*
Kito, 1978（引自 Wang and Huang, 2015）
A. 雌性体前端侧面观，示头乳突、头刚毛、化感器和背齿；B. 雄性体前部侧面观，示背齿、化感器和食道球；C. 雌性整体侧面观，示生殖系统和阴孔；D. 雄性体前端侧面观，示头乳突、头刚毛、化感器和背齿；E. 雄性体后部侧面观，示交接刺、引带、肛前附器和肛后乳突

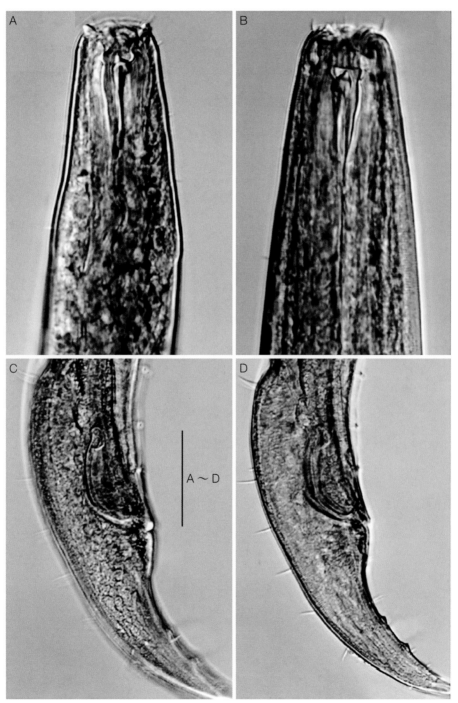

图 86-2　伊藤后菱光线虫 *Metachromadora itoi* Kito, 1978（引自 Wang and Huang, 2015）

A、B. 雄性体前端侧面观，示头乳突、头刚毛和背齿；C、D. 雄性体后部侧面观，示交接刺、引带、肛前附器
和肛后腹乳突

比例尺：50μm

小指爪线虫
Onyx minor Huang & Wang, 2015

标本采集地： 山东日照砂质滩。

形态特征： 体长 0.6 ～ 0.8mm，最大体宽 19 ～ 29µm；角皮具极细的环纹；头宽 16µm，由一圈 10 根长 7µm 的头刚毛所环绕；8 根同样长度的亚头刚毛围成一圈，位于化感器之后；颈刚毛不规则分布；化感器单环形，宽 5µm，位于头部靠前位置；口腔杯形，具一大的矛形背齿，长 22µm；食道前端略宽，后部膨大为双食道球，中部稍有收缩；尾短，锥形，具 3 个尾腺、几根短的尾刚毛。雄性交接刺弯曲，弧长 22µm；引带细而弯曲，与交接刺的尖端平行并具 1 个钩状的背龙骨突；12 个 "S" 形的肛前附器，等距排列，长 10µm。雌性化感器较雄性小，位置也更靠近头前端；具前后 2 个卵巢，反折；阴孔位于体中部。

生态习性： 栖息于潮间带表层砂质沉积物中。

地理分布： 黄海。

参考文献： Huang and Wang，2015。

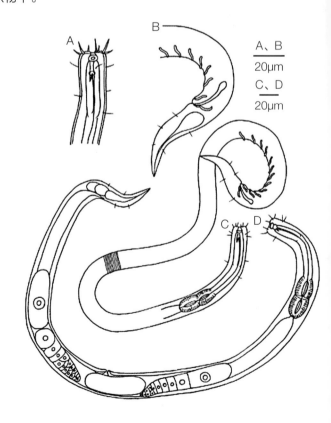

A、B
20µm

C、D
20µm

图 87-1 小指爪线虫 *Onyx minor* Huang & Wang, 2015（引自 Huang and Wang, 2015）

A. 雄性头部侧面观，示刚毛状前感器、化感器和口腔齿；B. 雄性体后部侧面观，示交接刺、引带和 "S" 形肛前附器；C. 雄性整体侧面观；D. 雌性整体侧面观，示具卵的生殖系统

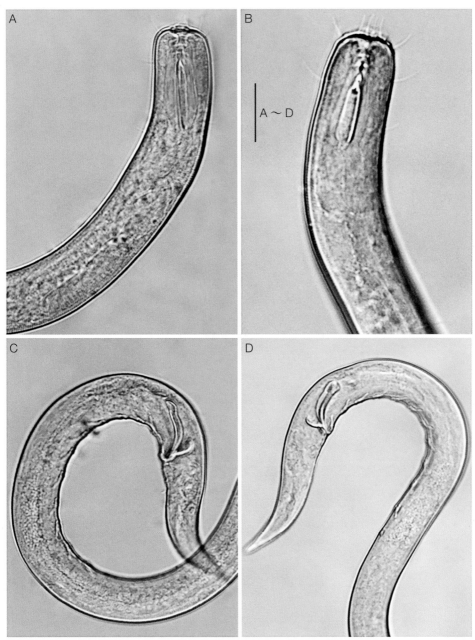

图 87-2　小指爪线虫 *Onyx minor* Huang & Wang, 2015（引自 Huang and Wang, 2015）

A. 雌性体前端侧面观，示口腔和背齿；B. 雄性体前端侧面观，示体前感觉刚毛和背齿；C. 雄性体后部侧面观，
示交接刺和引带；D. 雄性尾部侧面观，示引带和肛前附器

比例尺：20μm

日照指爪线虫
Onyx rizhaoensis Huang & Wang, 2015

标本采集地： 山东日照砂质滩。

形态特征： 体长 1.2 ～ 1.3mm，最大体宽 27 ～ 35μm；角皮具细环纹，由化感器中间一直延伸至尾端；头宽 22μm，由一圈感觉刚毛所环绕，包括 6 根较长（20μm）和 4 根较短（10μm）的头刚毛；8 根 18μm 长的亚头刚毛位于化感器之后；颈刚毛不规则分布；化感器单环形，宽 10μm，位于头部极靠前位置；口腔杯形，具一大的矛形背齿，长 22μm；食道前端略宽，后部膨大为双食道球，中部稍有收缩；尾短，锥形，具 3 个尾腺、几根短的尾刚毛。雄性交接刺弯曲，弧长 30μm；引带板状，长 20μm，无龙骨突；12 个 "S" 形肛前附器（长 11 ～ 14μm），呈 2+10 排列：前面 2 个间距较大，后面 10 个彼此靠近。雌性化感器较雄性小，位置靠近头前端，几乎处于头顶；具前后 2 个反折的卵巢；阴孔位于体中部。

生态习性： 栖息于潮间带表层砂质沉积物中。

地理分布： 黄海。

参考文献： Huang and Wang，2015。

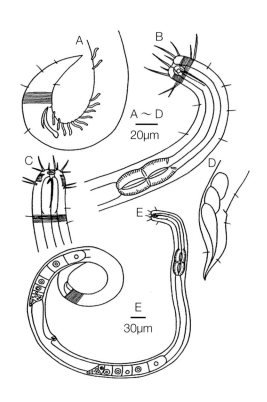

图 88-1　日照指爪线虫 *Onyx rizhaoensis* Huang & Wang, 2015（引自 Huang and Wang, 2015）

A. 雄性体后部侧面观，示交接刺、引带、"S" 形肛前附器和部分角皮环纹；B. 雄性体前部侧面观，示刚毛状前感器、化感器、口腔齿和后食道球；C. 雌性头部侧面观，示化感器和口腔齿；D. 雌性尾部侧面观，示尾腺；E. 雌性整体侧面观，示具卵的生殖系统

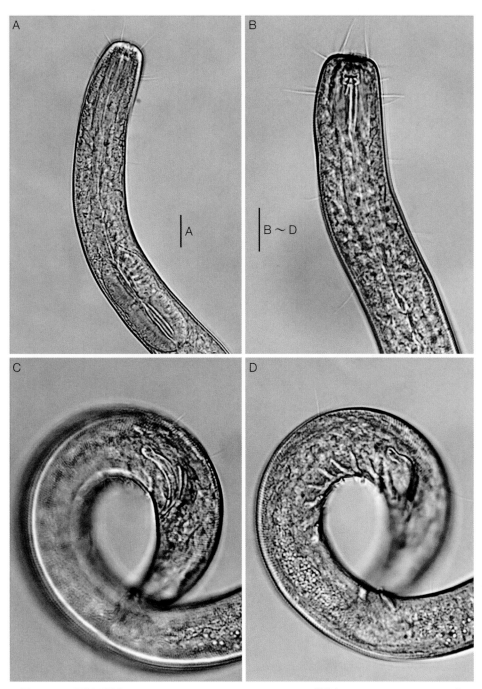

图 88-2　日照指爪线虫 *Onyx rizhaoensis* Huang & Wang, 2015（引自 Huang and Wang, 2015）

A. 雌性颈区侧面观，示后食道球；B. 雄性体前端侧面观，示刚毛和口腔背齿；C. 雄性体后部侧面观，示交接
刺和引带；D. 雄性体后部侧面观，示肛前附器

比例尺：20μm

棘突单茎线虫
Monoposthia costata (Bastian, 1865)

标本采集地： 山东青岛、辽宁大连岩石潮间带。

形态特征： 体长 1.3～2.1mm，最大体宽 52～68μm；角皮具 10～12 纵排 "V" 形斑纹，在体前部指向体后，但在食道基部之后反转向前；唇感器和前面 6 个头感器小，乳突状；4 根头刚毛较长，长 9～15μm；体刚毛短，呈 4 纵排沿体长排列；化感器宽 3～5μm，位于第 2 或第 3 角皮环纹的位置；口腔具一较大的背齿和一小的腹齿；食道具前面 1 个膨大口腔（前食道球）和 1 个长 56～67μm、宽 30～35μm 的后食道球；尾锥形，长 3.5～4.0 倍肛门相应直径，尖端不具环纹。雄性交接刺缺失；引带强烈角质化，长 37～42μm，远端具钩，中间膨大；肛前附器不存在，但在肛门前 1 个尾长的腹面角皮明显加厚。雌性阴孔与体前端的距离占整体长度的 81%～86%。

生态习性： 附生于海藻表面。

地理分布： 渤海，黄海；日本，德国基尔湾，法国，加拿大圣劳伦斯河口，地中海，亚得里亚海，黑海，北海，南大洋，北大西洋。

参考文献： Platt and Warwick，1988；

Zhang et al.，in press。

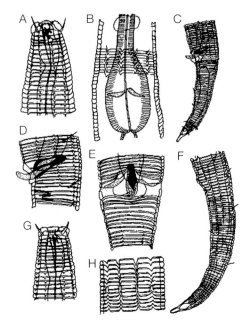

图 89-1　棘突单茎线虫 *Monoposthia costata* (Bastian, 1865)（引自 Platt and Warwick, 1988）
A. 雌性头部侧面观，示头刚毛、口腔齿和前食道球；
B. 雌性食道区侧面观，示食道球和角皮 "V" 形斑纹；
C. 雄性尾部侧面观，示引带；D. 雄性肛区侧面观，示具钩的引带；E. 雄性肛区腹面观，示引带；F. 雌性尾部侧面观；G. 雄性头部侧面观，示头刚毛、口腔齿和前食道球；H. 食道基部反转区角皮图案

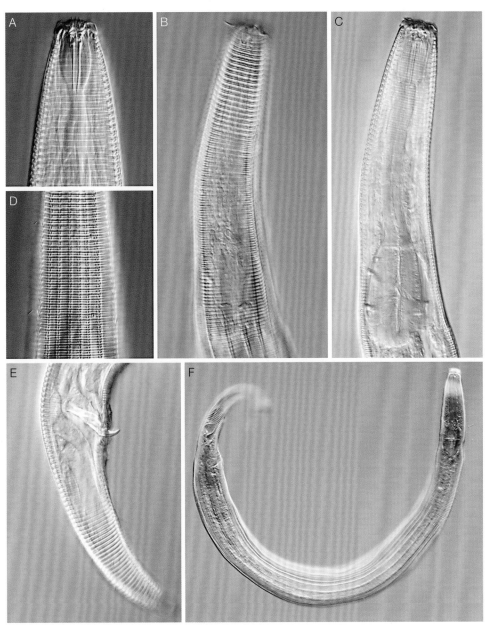

图 89-2　棘突单茎线虫 *Monoposthia costata* (Bastian, 1865)（史本泽供图）

A、B. 雄性体前部侧面观，示圆形化感器、柱形口腔、齿、头刚毛及前食道球；C. 雄性体前部侧面观，示前后食道球；D. 雄性食道区侧面观，示纵排"V"形斑纹；E. 雄性尾部侧面观，示交接刺缺失，仅具引带；F. 雄性整体观

单宫目 Monhysterida

隆唇线虫科 Xyalidae Chitwood, 1951

库氏线虫属 *Cobbia* de Man, 1907

异刺库氏线虫
Cobbia heterospicula Wang, An & Huang, 2018

标本采集地： 东海潮下带。

形态特征： 体长 1.0 ～ 1.2mm，最大体宽 16 ～ 21μm（*a*=57 ～ 67）；体前部截形，后部丝状；口腔锥形，具 1 个轻微角质化的背齿和 2 个亚腹齿；6 个唇感器刚毛状，6 根较长（7 ～ 9μm）和 4 根较短（4 ～ 5μm）的头刚毛围成一圈；无体刚毛；化感器圆形，宽 5 ～ 7μm（41% ～ 60% 相应体宽），距体前端 21 ～ 29μm（5 ～ 7 倍头直径）；食道后部加宽，但无明显的后食道球；尾圆锥 - 圆柱形，长 227 ～ 307μm（13 ～ 18 倍肛门相应直径），圆柱部丝状，长度占尾长的 74% ～ 80%。雄性具 1 对弯曲的交接刺，长度不等，右交接刺弧长 27 ～ 33μm，左交接刺弧长 15 ～ 20μm；引带与交接刺远部平行，具变细的背侧龙骨突；肛前附器不存在。雌性尾较雄性长，生殖系统单宫，具 1 个前伸的卵巢；阴孔大约位于体中部。

生态习性： 栖息于潮下带表层泥质（含少量砂）沉积物中，水深 69 ～ 79m。

地理分布： 黄海，东海。

参考文献： Wang et al., 2018。

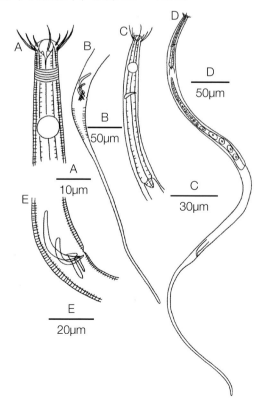

图 90-1　异刺库氏线虫 *Cobbia heterospicula* Wang, An & Huang, 2018（引自 Wang et al., 2018）

A. 雄性体前端侧面观，示头刚毛、口腔和化感器；B. 雄性体后部侧面观，示尾；C. 雄性体前部侧面观，示食道区；D. 雌性整体观，示阴孔；E. 雄性肛区侧面观，示不等长的交接刺和引带

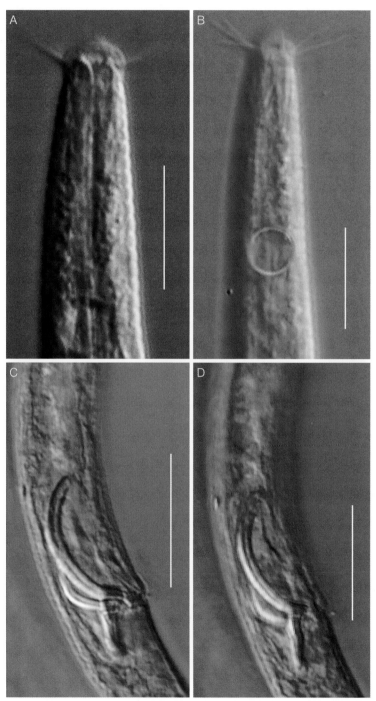

图 90-2 异刺库氏线虫 *Cobbia heterospicula* Wang, An & Huang, 2018（引自 Wang et al., 2018）

A. 雄性体前端侧面观，示口腔；B. 雄性体前端侧面观，示头刚毛和化感器；C. 雄性体后部侧面观，示不等长的交接刺；D. 雄性体后部侧面观，示引带龙骨突

比例尺：20μm

中华库氏线虫
Cobbia sinica Huang & Zhang, 2010

标本采集地： 山东日照泥质滩。

形态特征： 体细长，体长 1.1mm，最大体宽 22μm；角皮具环纹；唇刚毛长 4μm，10 根头刚毛：6 根较长（19μm），4 根较短（14μm）；口腔锥形，具 3 个轻微角质化的齿：背齿前伸，大而明显，2 个不明显的小亚腹齿；圆形化感器宽 6μm，距体前端 20μm；食道柱状；尾圆锥 - 圆柱形，长 141μm（7 倍肛门相应直径），末端具 2 根刚毛。雄性交接刺"L"形，弦长 22μm，弧长 26μm；引带与交接刺远端平行，背侧具小的龙骨突。雌性具 1 个向前伸展的卵巢；阴孔与体前端的距离约占整体长度的 70%。

生态习性： 栖息于潮间带表层泥质沉积物中。

地理分布： 黄海。

参考文献： Huang and Zhang，2010b。

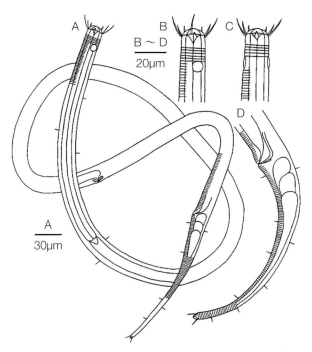

图 91-1　中华库氏线虫 *Cobbia sinica* Huang & Zhang, 2010（引自 Huang and Zhang, 2010b）
A. 雌性整体侧面观，示食道和阴孔；B. 雄性头部侧面观，示头刚毛、口腔、背齿和化感器；C. 雌性头部侧面观，示头刚毛、口腔、背齿和化感器；D. 雄性尾部侧面观，示交接刺、引带和尾腺

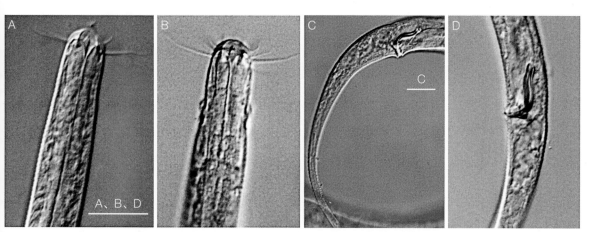

图 91-2　中华库氏线虫 *Cobbia sinica* Huang & Zhang, 2010（引自 Huang and Zhang, 2010b）

A. 雄性头部侧面观，示口腔和背齿；B. 雌性头部正面观，示头刚毛和口腔；C. 雄性尾部侧面观，示尾的形态和交接器；
D. 雄性体后部侧面观，示交接刺和引带

比例尺：20μm

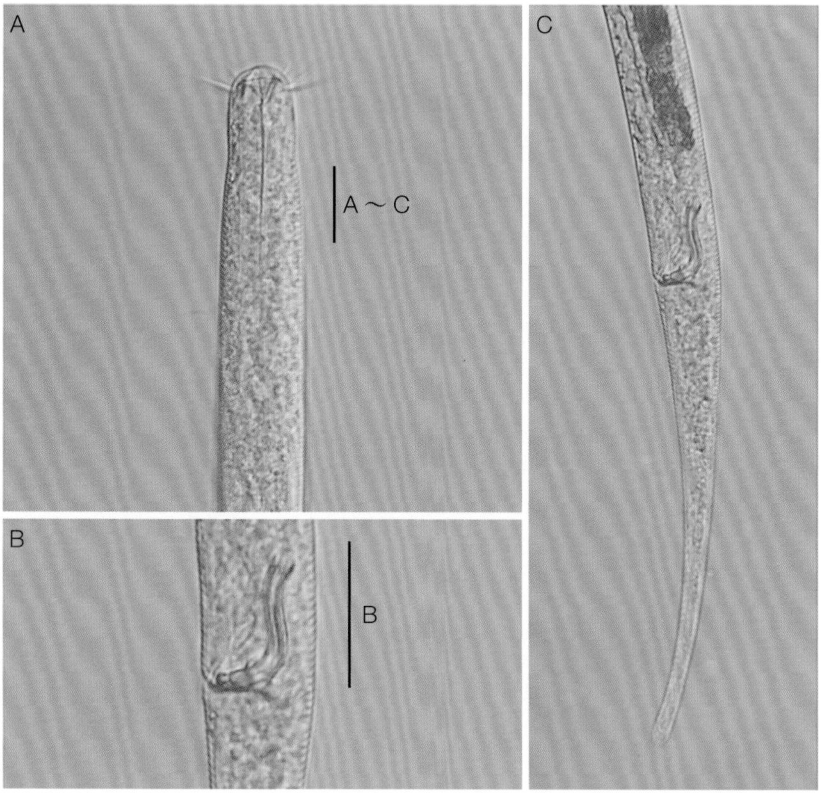

图 91-3　中华库氏线虫 *Cobbia sinica* Huang & Zhang, 2010（史本泽供图）

A. 雄性体前部侧面观，示锥形口腔、齿、头刚毛及唇刚毛；B. 雄性肛区侧面观，示 "L" 形交接刺和小的引带龙骨突；
C. 雄性尾部侧面观，示圆锥 - 圆柱形尾及末端刚毛

比例尺：20μm

长引带吞咽线虫
Daptonema longiapophysis Huang & Zhang, 2010

标本采集地：山东日照、青岛（第一海水浴场）砂质滩。

形态特征：体细长，体长 1.4mm，最大体宽 39 ~ 43μm；角皮具粗环纹，环纹由反光线隔开，始于口腔基部，止于尾末端；6 个大的高起的唇，每个唇由细而弯的弓形角质化肋所强化；6 根唇刚毛长 3.5μm，10 根头刚毛：6 根较长（17μm），4 根较短（13μm）；口腔大，呈锥形，长 20μm，宽 15μm；化感器不明显；食道柱状；排泄孔距体前端 2 个头直径；尾圆锥 - 圆柱形，长 183μm（6 倍肛门相应直径），远端 1/3 为圆柱形，具 3 个尾腺、2 根末端刚毛。雄性交接刺弯曲，弦长 24μm，中间腹侧和背侧各有 1 个突起；引带平行于交接刺远端，具 25μm 长、指向背后的龙骨突；1 根肛前和 1 根肛后刚毛。雌性具 1 个前伸的卵巢，子宫里有 1 ~ 2 个精袋；阴孔与体前端的距离约占整体长度的 77%。

生态习性：栖息于潮间带表层砂质沉积物中。

地理分布：黄海。

参考文献：Huang and Zhang，2010b。

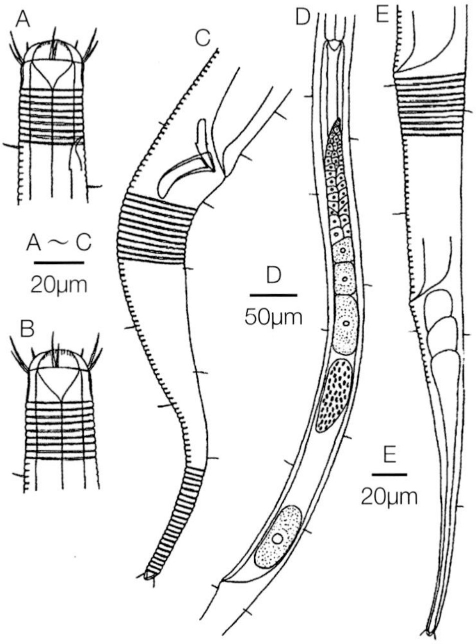

图 92-1　长引带吞咽线虫 *Daptonema longiapophysis* Huang & Zhang, 2010（引自 Huang and Zhang, 2010b）
A. 雄性头部侧面观，示口腔、头刚毛和排泄孔；
B. 雌性头部侧面观，示口腔和头刚毛；C. 雄性尾部侧面观，示交接刺、引带和体刚毛；D. 雌性整体侧面观，示卵巢、卵、精袋和阴孔；
E. 雌性尾部侧面观，示尾腺

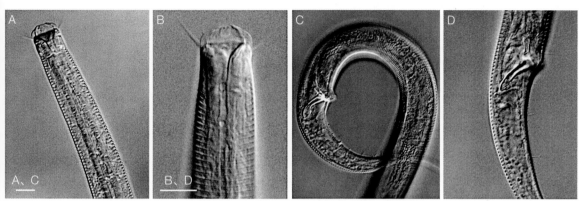

图 92-2　长引带吞咽线虫 *Daptonema longiapophysis* Huang & Zhang, 2010（引自 Huang and Zhang, 2010b）

A. 雄性体前部侧面观，示口腔和头刚毛；B. 雌性体前端侧面观，示头刚毛和角皮环纹；C. 雄性尾部侧面观，示交接刺和引带；

D. 雄性体后部侧面观，示交接刺、引带龙骨突、肛前刚毛和肛后刚毛

比例尺：20μm

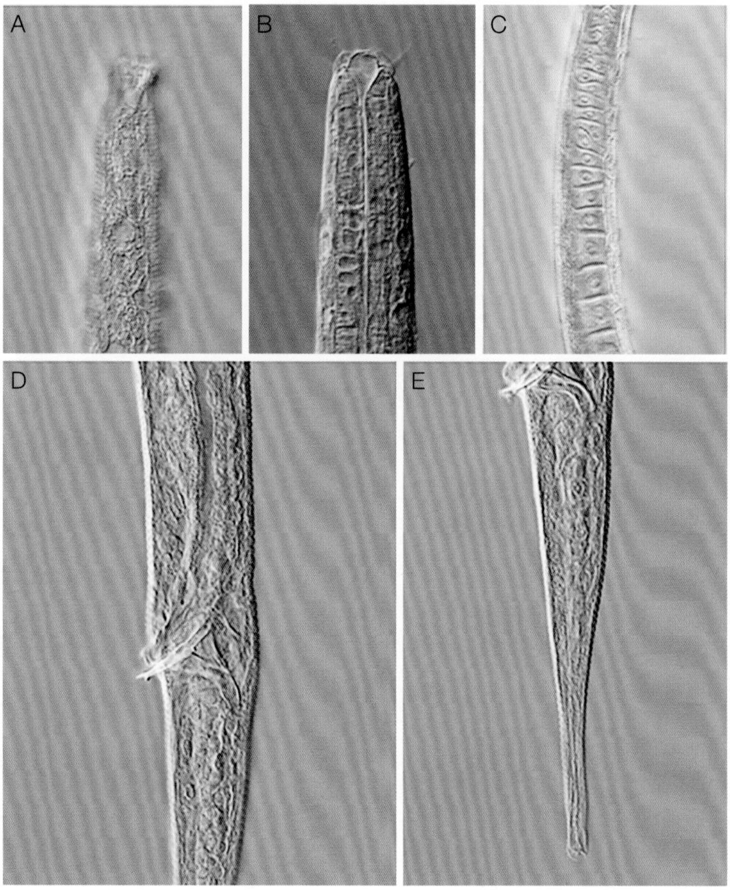

图 92-3　长引带吞咽线虫 *Daptonema longiapophysis* Huang & Zhang, 2010（史本泽供图）

A、B. 雄性体前部侧面观，示圆形化感器、口腔和头刚毛；C. 雌性体中部侧面观，示直伸单前卵巢；D. 雄性肛区侧面观，示交接刺和

引带龙骨突；E. 雄性尾部侧面观，示圆锥 - 圆柱形尾和末端刚毛

新关节吞咽线虫

Daptonema nearticulatum (Huang & Zhang, 2006)

标本采集地： 黄海南部潮下带。

形态特征： 体长 1.4～1.6mm，最大体宽 40～50μm；角皮具细环纹；唇圆，6 个唇乳突；16 根头刚毛，排列式为 6+4+6，分别长 10～11μm、6～7μm、10～11μm；另有一圈较长的亚头刚毛，长 18～20μm；口腔锥形，长 20μm，宽 15μm；食道前区有数根体刚毛，长 11～29μm；化感器不明显（图 94-2B 箭头处）；尾细，长 5.5 倍肛门相应直径，圆锥 - 圆柱形，远端圆柱部占尾长的 1/4，末端膨大，尾的后半部腹面有数根尾刚毛、3 根 18μm 长的端刚毛、3 个尾腺。雄性具 1 对长交接刺，弦长 1.5 倍肛门相应直径，中间分为 2 节（图 94-2C 箭头处）：近端节直，远端节弯；引带弯曲，近端具钩；无肛前附器。雌性个体较雄性大，体刚毛更少，无尾刚毛；有 1 个前伸的卵巢；阴孔与体前端的距离占整体长度的 79%～81%。

生态习性： 栖息于潮下带泥质沉积物中，水深 59～80m。

地理分布： 黄海。

参考文献： Huang and Zhang，2006b。

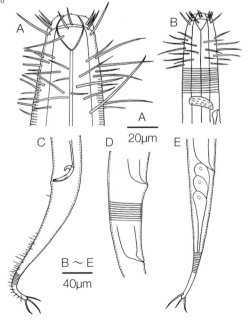

图 93-1 新 关 节 吞 咽 线 虫 *Daptonema nearticulatum*（ Huang & Zhang, 2006 ）（ 引 自 Huang and Zhang, 2006b ）

A. 雄性体前端侧面观，示口腔、头刚毛、亚头刚毛和食道区体刚毛；B. 雌性体前端侧面观，示神经环和排泄孔；C. 雄性尾部侧面观，示交接刺、引带龙骨突和尾刚毛；D. 雌性体后部侧面观，示阴孔和肛门的位置；E. 雌性尾部侧面观，示尾腺和末端刚毛

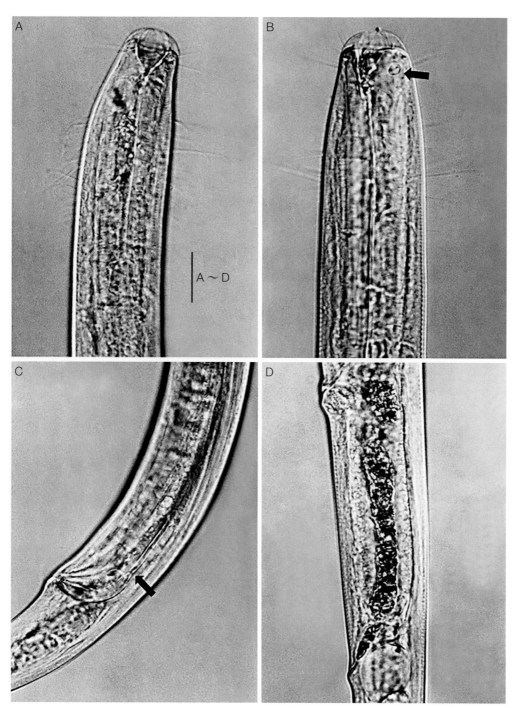

图 93-2　新关节吞咽线虫 *Daptonema nearticulatum*（Huang & Zhang, 2006）（引自 Huang and Zhang, 2006b）
A. 雄性头部侧面观，示头刚毛和亚头刚毛；B. 雌性头部侧面观，示口腔和圆形化感器（箭头处）；C. 雄性体后部侧面观，示分为 2 节
的交接刺（箭头处）；D. 雌性体后部侧面观，示阴孔和肛门
比例尺：20μm

拟短毛吞咽线虫
Daptonema parabreviseta Huang, Sun & Huang, 2019

标本采集地: 山东青岛胶州湾潮下带。

形态特征: 体细,前端窄,体长 0.8 ~ 1.1mm,最大体宽 42 ~ 57μm;角皮具环纹,体刚毛短,稀少,主要沿颈区和尾部呈纵排分布;头圆,具 6 个圆形唇,唇区稍独立于身体其余部分;内唇刚毛未见,6 根较短的外唇刚毛(长 2μm)和 4 根头刚毛(长 2.5μm)围成一圈;化感器单环形,直径 3.3μm(20% 相应体宽),距体前端 1 倍头直径;口腔小,漏斗形;颈刚毛长 3 ~ 4μm;食道柱状,基部略宽;尾圆锥 - 圆柱形,长 3.7 倍相应肛门直径,具 3 个尾腺、3 个末端刚毛和 1 个发达的黏液管突。雄性尾部具亚腹刚毛,交接刺弧长 1.2 倍肛门相应直径,近端呈明显的球形,远端尖;引带似套袖样包围交接刺,长 0.5 倍肛门相应直径,一明显的钝龙骨突指向背侧。雌性个体较雄性粗,化感器稍小,尾部不具亚腹刚毛;仅有 1 个前伸的卵巢;阴孔位于体中部偏后处。

生态习性: 栖息于潮下带表层粉砂质沉积物中,水深 5.5m。

地理分布: 黄海。

参考文献: Huang et al., 2019。

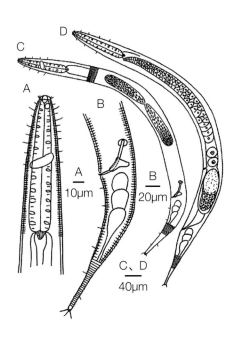

图 94-1 拟短毛吞咽线虫 *Daptonema parabreviseta* Huang, Sun & Huang, 2019(引自 Huang et al., 2019)
A. 雄性体前侧面观,示口腔、化感器、食道和体刚毛; B. 雄性尾部侧面观,示交接刺、引带龙骨突、尾腺和尾刚毛; C. 雄性整体侧面观,示精巢; D. 雌性整体侧面观,示卵巢、卵、精袋和阴孔

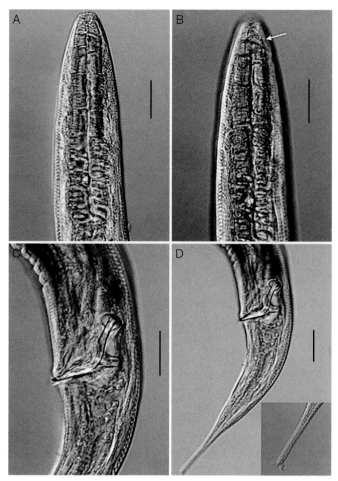

图 94-2 拟短毛吞咽线虫 Daptonema parabreviseta Huang, Sun & Huang, 2019（引自 Huang et al., 2019）
A. 雄性体前端侧面观，示口腔、头刚毛和食道；B. 雄性体前端侧面观，示化感器（箭头处）；C. 雄性肛区侧面观，
示交接刺和引带龙骨突；D. 雄性尾部侧面观，示尾腺和末端刚毛
比例尺：20μm

吞咽线虫属分种检索表

1. 体前端窄，体长较短（0.8～1.1mm），雄性交接刺近端呈明显的球形......................................
.... 拟短毛吞咽线虫 D. parabreviseta

- 体前端不窄，体长较长（1.4～1.6mm），雄性交接刺近端不呈明显球形 2

2. 雄性引带具较长的龙骨突，其长度接近交接刺弦长 ....长引带吞咽线虫 D. longiapophysis

- 雄性交接刺分为 2 节，引带弯曲，近端具钩..............................新关节吞咽线虫 D. nearticulatum

格氏埃尔杂里线虫
Elzalia gerlachi Zhang & Zhang, 2006

标本采集地：黄海南部潮下带。

形态特征：体长 1.5 ～ 1.8mm，最大体宽 58 ～ 72μm；角皮具细环纹，体刚毛短而稀少；口腔柱形，强烈角质化，深 14 ～ 15μm，宽 6 ～ 7μm；6 个唇乳突，10 根头刚毛，长 6μm；细环形化感器，位于头刚毛之后，直径 12μm（80% 相应体直径），距体前端 5.5 ～ 6.0μm；食道柱状，后端稍膨大，但无食道球；尾圆锥 - 圆柱形，长 4.3 ～ 4.8 倍肛门相应直径，具 3 根长约 20μm 的末端刚毛，尾上还具数对亚腹刚毛。雄性具 1 对等长交接刺，弧长 3.3 ～ 3.9 倍肛门相应直径；引带结构复杂，分成 4 个部分：第 1 部分即腹面的主要部分完全包裹交接刺，由 1 个腹突和前面 1 对背突组成，后者似 1 个向后的钩；第 2 部分包括沿交接刺延伸的数个片状"导轨"结构；第 3 部分由 2 个细的指向背侧的龙骨突组成；第 4 部分包括 1 对指向后方的叶状突起，上有 3 个明显的三角形尖端。雌性个体较雄性大，但头刚毛更短，尾部不具亚腹刚毛；仅有 1 个前伸的卵巢；阴孔与体前端的距离约占整体长度的 52%。

生态习性：栖息于潮下带泥质沉积物中，水深 21 ～ 42m。

地理分布：黄海。

参考文献：Zhang and Zhang，2006。

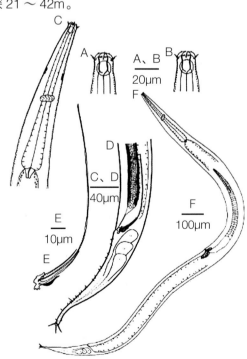

图 95-1　格氏埃尔杂里线虫 *Elzalia gerlachi* Zhang & Zhang, 2006（引自 Zhang and Zhang, 2006）
A. 雄性头部侧面观，示头刚毛、口腔和化感器；B. 雌性头部侧面观，示头刚毛、口腔和化感器；C. 雄性体前部侧面观，示食道和神经环；D. 雄性体后部侧面观，示交接刺、引带、尾腺、尾刚毛和末端刚毛；E. 雄性肛区侧面观，示交接刺和引带；F. 雌性整体侧面观，示卵巢和阴孔

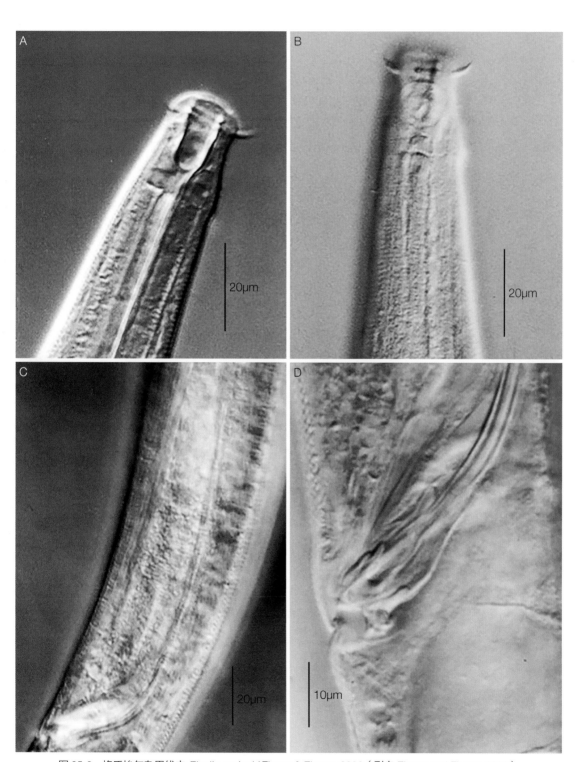

图 95-2　格氏埃尔杂里线虫 *Elzalia gerlachi* Zhang & Zhang, 2006（引自 Zhang and Zhang, 2006）

A. 雄性体前端侧面观，示口腔；B. 雄性体前端侧面观，示化感器；C. 雄性交接刺侧面观；D. 雄性引带侧面观

细纹埃尔杂里线虫
Elzalia striatitenuis Zhang & Zhang, 2006

标本采集地： 黄海南部潮下带。

形态特征： 体长 0.6 ～ 0.7mm，最大体宽 19 ～ 23μm；角皮具细环纹，体刚毛短而稀少；唇乳突不明显，10 根头刚毛，长 2.5μm；口腔柱形并角质化，深 9 ～ 10μm，宽 4.5 ～ 5.0μm；化感器不清晰；食道柱状，后端稍膨大，无食道球；尾圆锥 - 圆柱形，长 4.7 ～ 5.6 倍肛门相应直径，末端 3 根刚毛长约 6μm。雄性具 1 对等长交接刺，弧长 4.1 ～ 4.7 倍肛门相应直径；引带结构比同属其他种简单，包括 2 个部分：第 1 部分由 2 个沿交接刺延伸的片状结构组成，长片长 16 ～ 20μm，短片长 7 ～ 9μm；第 2 部分是 1 个小管状结构，包裹着交接刺的远端。雌性有 1 个前伸的卵巢；阴孔与体前端的距离占整体长度的 57% ～ 60%。

生态习性： 栖息于潮下带泥质沉积物中，水深 21 ～ 42m。

地理分布： 黄海。

参考文献： Zhang and Zhang，2006。

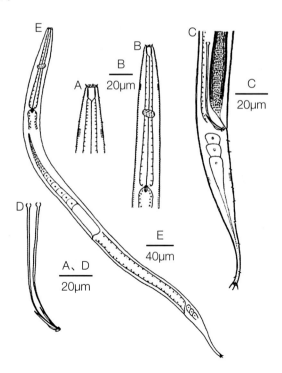

图 96-1　细纹埃尔杂里线虫 *Elzalia striatitenuis* Zhang & Zhang, 2006
（引自 Zhang and Zhang, 2006）
A. 雄性头部侧面观，示头刚毛和口腔；
B. 雌性体前部侧面观，示食道和神经环；
C. 雄性体后部侧面观，示交接刺、引带、尾腺、尾刚毛和末端刚毛；D. 交接刺和引带；E. 雌性整体侧面观，示卵巢和阴孔

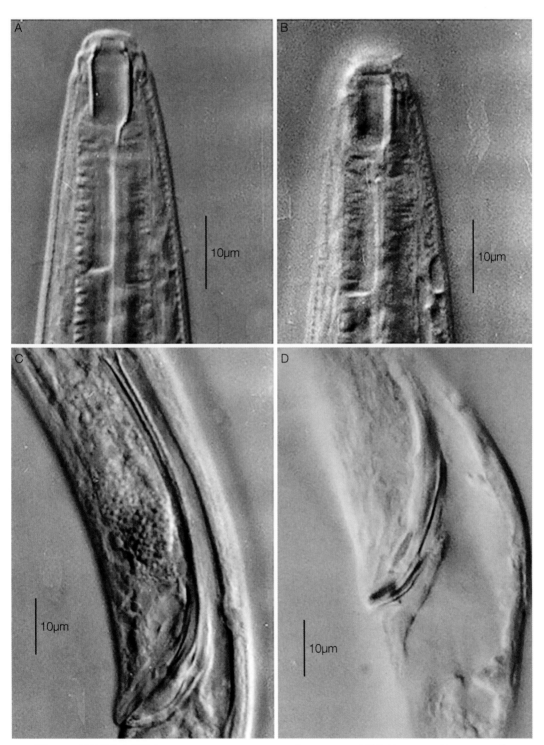

图 96-2　细纹埃尔杂里线虫 *Elzalia striatitenuis* Zhang & Zhang, 2006（引自 Zhang and Zhang, 2006）

A. 雄性体前端侧面观，示口腔；B. 雄性体前端侧面观，示化感器；C. 雄性肛区侧面观，示交接刺；D. 雄性肛区侧面观，示引带

大口拟格莱线虫
Paragnomoxyala macrostoma (Huang & Xu, 2013)

同物异名： 大口吞咽线虫 *Daptonema macrostoma* Huang & Xu, 2013

标本采集地： 黄海南部，东海潮下带。

形态特征： 体长 1.1 ～ 1.3mm，最大体宽 42 ～ 59μm；角皮具粗环纹，始于口腔基部，止于尾端；6 个唇感器乳突状，4 根短的头刚毛，3 ～ 4μm 长，体刚毛短而稀疏；口腔很大，宽 15μm，正方形～圆形，由半球形的口唇和正方形的咽口组成；化感器圆形，直径 8μm（36% 相应体宽），离体前端 15μm；尾圆锥 - 圆柱形，长 5.3 倍肛门相应直径，远端 1/3 为圆柱形，具 3 个尾腺和 3 根端刚毛。雄性交接刺 "S" 形，弧长 28μm，远端细而尖，具一钩；引带未见；无肛前附器。雌性个体较雄性大，有 1 个前伸的卵巢；阴孔与体前端的距离约占整体长度的 69%。

生态习性： 栖息于潮下带泥质沉积物中，水深 21 ～ 48m。

地理分布： 黄海，东海。

参考文献： Huang and Xu, 2013c；Sun and Huang, 2017。

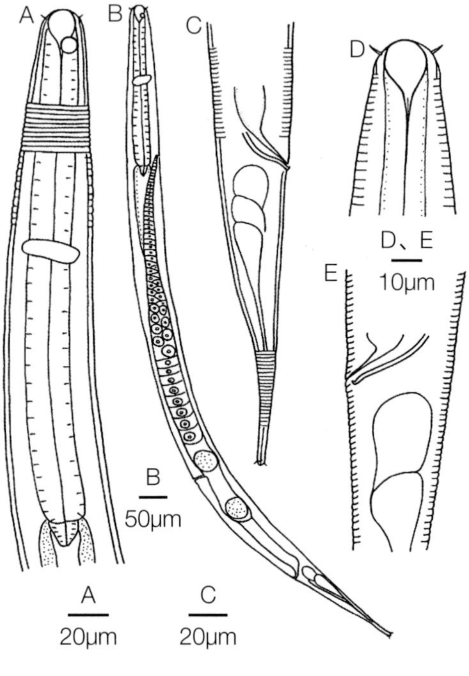

图 97-1　大口拟格莱线虫 *Paragnomoxyala macrostoma* (Huang & Xu, 2013)（引自 Sun and Huang, 2017）

A. 雄性体前部侧面观，示口腔、化感器、头刚毛和食道；B. 雌性整体侧面观，示阴孔、卵巢和卵；C. 雄性体后部侧面观，示交接刺和尾腺；D. 雄性头部侧面观，示口腔和头刚毛；E. 雄性肛区侧面观，示交接刺

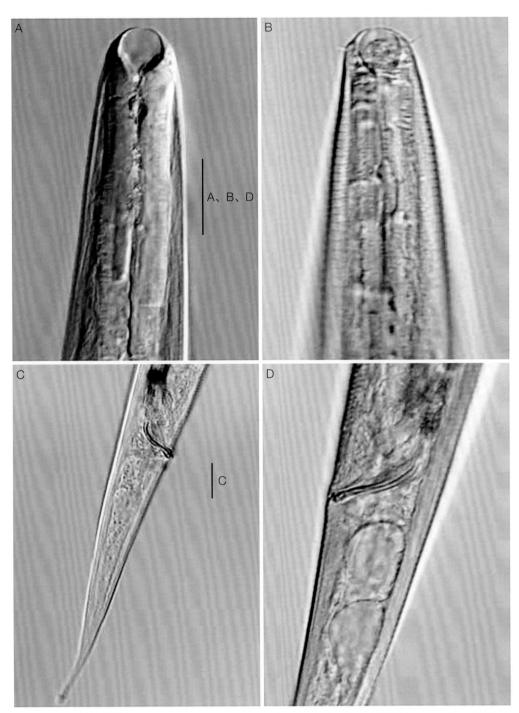

图 97-2　大口拟格莱线虫 *Paragnomoxyala macrostoma* (Huang & Xu, 2013)（引自 Huang and Xu, 2013c）
A. 雌性体前端侧面观，示口腔；B. 雄性体前端侧面观，示口腔和头刚毛；C. 雄性体后部侧面观，示交接刺和尾；
D. 雄性肛区侧面观，示交接刺和尾腺
比例尺：20μm

秀丽拟双单宫线虫
Paramphimonhystrella elegans Huang & Zhang, 2006

标本采集地： 黄海南部潮下带。

形态特征： 体形纤细，体长 1.3 ～ 1.9mm，最大体宽 29 ～ 38μm；角皮光滑；口腔长锥形，角质化；10 根头刚毛，长 4 ～ 5μm；2 圈颈刚毛，每圈 10 根，第 1 圈与化感器处于同一水平，长 7μm，第 2 圈位于化感器后 14μm，长 10μm；化感器椭圆形，长 8 ～ 12μm，离体前端 14μm；尾长 250 ～ 308μm，圆锥 - 圆柱形，圆锥部占尾长的 2/3，肛门直径 27 ～ 32μm，3 个尾腺和 3 根长约 20μm 的末端刚毛。雄性交接刺长 24 ～ 26μm，远端具一小钩；无引带和肛前附器。雌性有 1 个前伸的卵巢；阴孔与体前端的距离占整体长度的 49% ～ 55%。

生态习性： 栖息于潮下带泥质沉积物中，水深 63 ～ 68m。

地理分布： 黄海。

参考文献： Huang and Zhang，2006c。

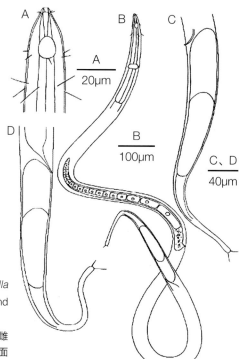

图98-1 秀丽拟双单宫线虫 *Paramphimonhystrella elegans* Huang & Zhang, 2006（引自 Huang and Zhang, 2006c）

A. 雄性头部侧面观，示口腔、化感器和颈刚毛；B. 雌性整体侧面观，示单前卵巢和卵；C. 雄性体后部侧面观，示交接刺和尾腺；D. 雌性体后部侧面观

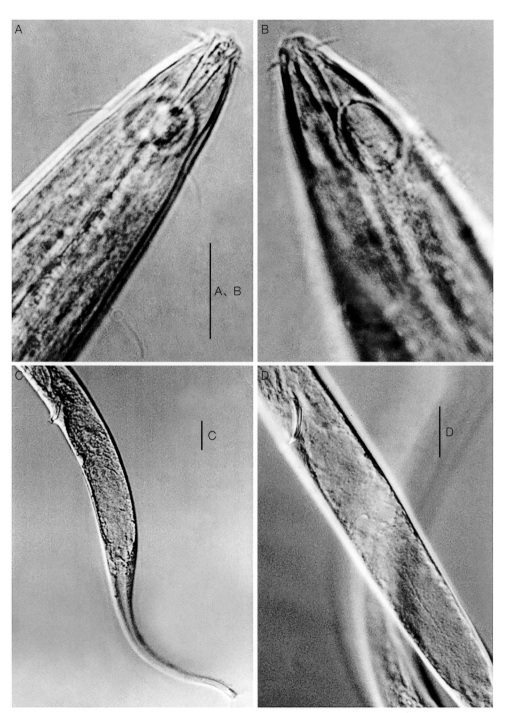

图 98-2 秀丽拟双单宫线虫 *Paramphimonhystrella elegans* Huang & Zhang, 2006（引自 Huang and Zhang, 2006c）
A. 雄性头部侧面观，示口腔、化感器和颈刚毛；B. 雄性头部侧面观，示口腔和化感器；C. 雄性尾部侧面观，示交接刺和尾腺；
D. 雄性肛区侧面观，示交接刺和尾腺
比例尺：20μm

小拟双单宫线虫
Paramphimonhystrella minor Huang & Zhang, 2006

标本采集地： 黄海南部潮下带。

形态特征： 体短小，体长 0.7 ～ 0.8mm，最大体宽 13 ～ 16μm；角皮无环纹；头尖细；口腔深，锥形，角质化；10 根头刚毛，长约 2μm；2 圈颈刚毛，每圈 8 根，第 1 圈与化感器处于同一水平，长 3 ～ 4μm，第 2 圈长 7 ～ 8μm；化感器椭圆形，长 5μm（0.5 ～ 0.6 倍相应体宽），离体前端 12μm；尾长 110 ～ 160μm，圆锥 - 圆柱形，圆锥部占尾长的 1/2，肛门直径 10 ～ 13μm，2 个明显的尾腺，3 根末端刚毛长 2 ～ 3μm。雄性交接刺长 12 ～ 13μm，远端尖细；无引带和肛前附器。雌性有 1 个前伸的卵巢；阴孔与体前端的距离占整体长度的 61% ～ 63%。

生态习性： 栖息于潮下带泥质沉积物中，水深 63 ～ 68m。

地理分布： 黄海。

参考文献： Huang and Zhang，2006c。

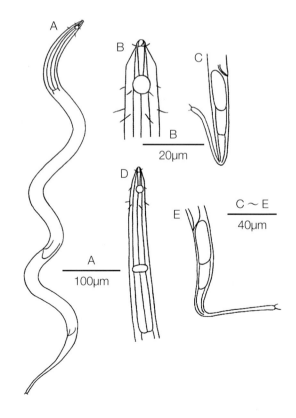

图 99-1 小拟双单宫线虫
Paramphimonhystrella minor
Huang & Zhang, 2006（引自
Huang and Zhang, 2006c）
A. 雌性整体侧面观，示阴孔的位置；B. 雄性头部侧面观，示口腔、化感器和颈刚毛；C. 雄性体后部侧面观，示交接刺和尾腺；D. 雄性体前部侧面观，示柱状食道；E. 雌性尾部侧面观，示尾腺

B
20μm

C ～ E
40μm

A
100μm

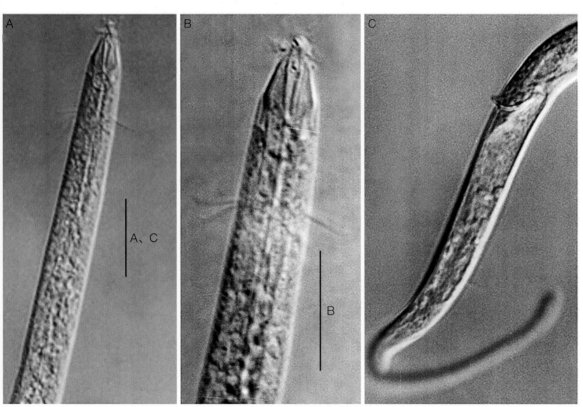

图 99-2 小拟双单宫线虫 *Paramphimonhystrella minor* Huang & Zhang, 2006（引自 Huang and Zhang, 2006c）
A、B. 雄性头部侧面观，示口腔、化感器和颈刚毛；C. 雄性尾部侧面观，示交接刺和尾腺
比例尺：20μm

中华拟双单宫线虫
Paramphimonhystrella sinica Huang & Zhang, 2006

标本采集地： 黄海南部潮下带。

形态特征： 体长 1.0 ～ 1.1mm，最大体宽 29 ～ 32μm；角皮光滑；头向前延展；口腔宽，圆柱 - 圆锥形；10 根头刚毛，长 5 ～ 8μm；2 圈颈刚毛，每圈 10 根，第 1 圈与化感器处于同一水平，长 8μm，第 2 圈距体前端 16μm，长 19μm；化感器圆形，直径 8 ～ 12μm，距体前端 17μm；尾长 220 ～ 282μm，圆锥 - 圆柱形，圆锥部占尾长的 1/3，肛门直径 22 ～ 27μm，3 根末端刚毛长 22 ～ 27μm。雄性交接刺细长，长 26 ～ 34μm，远端钝；引带和肛前附器不存在。雌性有 1 个前伸的卵巢；阴孔与体前端的距离占整体长度的 48% ～ 53%。

生态习性： 栖息于潮下带泥质沉积物中，水深 68 ～ 73m。

地理分布： 黄海。

参考文献： Huang and Zhang，2006c。

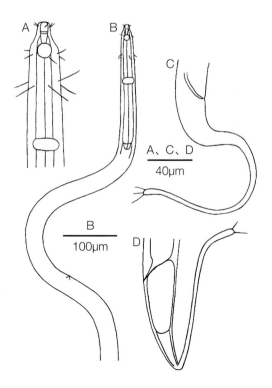

图 100-1　中华拟双单宫线虫
Paramphimonhystrella sinica
Huang & Zhang, 2006（引自
Huang and Zhang, 2006c）
A. 雄性头部侧面观，示口腔、化感器和颈刚毛；B. 雌性体前部侧面观，示阴孔的位置；C. 雄性体后部侧面观，示交接刺和末端刚毛；D. 雌性尾部侧面观，示尾腺

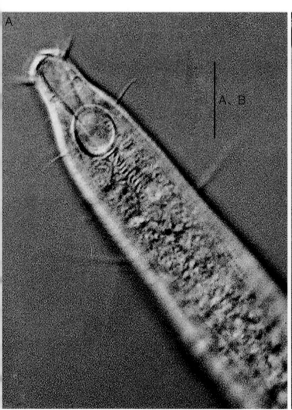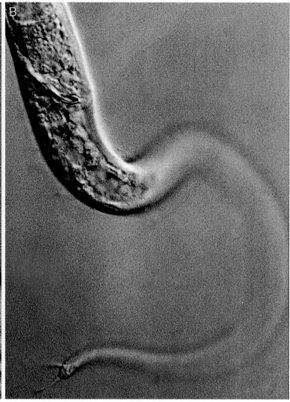

图 100-2 中华拟双单宫线虫 *Paramphimonhystrella sinica* Huang & Zhang, 2006（引自 Huang and Zhang, 2006c）

A. 雄性头部侧面观，示口腔、化感器和颈刚毛；B. 雄性尾部侧面观，示交接刺和末端刚毛

比例尺：20μm

拟双单宫线虫属分种检索表

1. 化感器圆形；口腔宽，圆柱 - 圆锥形 ....中华拟双单宫线虫 *P. sinica*

 - 化感器椭圆形；口腔深，锥形，角质化 2

2. 体短小（长 0.7 ~ 0.8mm），尾的圆锥部占尾长的 1/2 ....小拟双单宫线虫 *P. minor*

 - 体纤细（长 1.3 ~ 1.9mm），尾的圆锥部占尾长的 2/3 ....秀丽拟双单宫线虫 *P. elegans*

宽头拟单宫线虫
Paramonohystera eurycephalus Huang & Wu, 2011

标本采集地： 黄海南部潮下带。

形态特征： 体长 1.7 ～ 1.9mm，最大体宽 60 ～ 72μm；头宽 33μm；角皮具细环纹；体刚毛在全身稀疏分布，颈部的更密集也更长（长达 28μm）；口腔大，具有半球形的唇口部和锥形的咽口部；体前感器排成 2 环，前面的 1 环包括 6 个唇乳突，后面 1 环包括 6 根较长（13μm）和 4 根较短（11μm）的头刚毛；化感器圆形，直径 18 ～ 20μm（50% 相应体宽），前缘位于口腔基部；尾圆锥 - 圆柱形，长 260 ～ 263μm（5.4 倍肛门相应直径），末端 1/3 圆柱形，3 根尾端刚毛长 30 ～ 36μm，3 个尾腺。雄性交接刺细长且弯曲，长 157 ～ 168μm（3.1 ～ 3.2 倍肛门相应直径）；引带管状，远端具钩；5 ～ 6 个小的肛前附器。雌性化感器较雄性小，具 1 个前伸但尖端反折的卵巢；阴孔与体前端的距离约占整体长度的 53%。

生态习性： 栖息于潮下带泥质沉积物中，水深 17 ～ 22m。

地理分布： 黄海。

参考文献： Huang and Wu，2011。

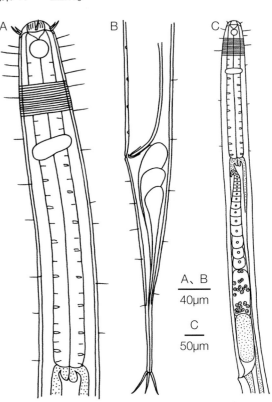

图 101-1 宽头拟单宫线虫 *Paramonohystera eurycephalus* Huang & Wu, 2011（引自 Huang and Wu, 2011）

A. 雄性体前部侧面观，示口腔、化感器、头刚毛和颈刚毛；B. 雄性体后部侧面观，示交接刺、引带、肛前附器、尾腺和末端刚毛；C. 雌性体前部侧面观，示卵巢、卵和阴孔的位置

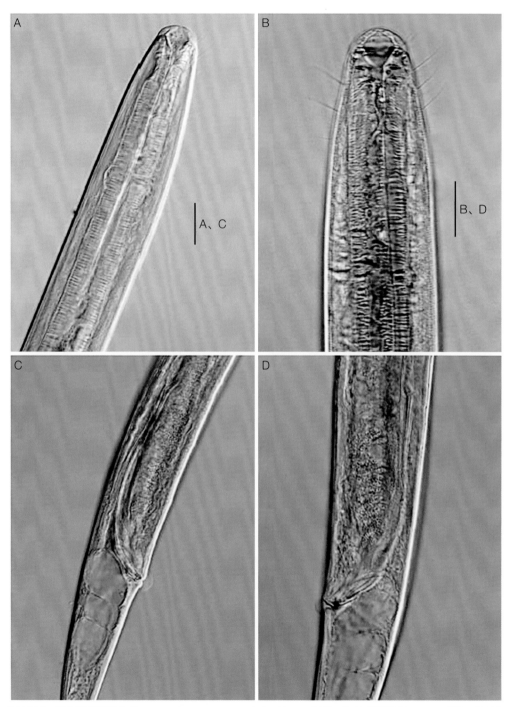

图 101-2 宽头拟单宫线虫 *Paramonohystera eurycephalus* Huang & Wu, 2011（引自 Huang and Wu, 2011）

A. 雄性体前部侧面观，示口腔；B. 雌性体前部侧面观，示口腔和颈刚毛；C. 雄性肛区侧面观，示交接刺和尾腺；

D. 雄性肛区侧面观，示交接刺和引带

比例尺：40μm

威海拟单宫线虫
Paramonohystera weihaiensis Huang & Sun, 2019

标本采集地： 山东威海海洋公园砂质滩。

形态特征： 体长 1.8～2.0mm，最大体宽 46～65μm（*a*=31～38）；头宽 27～
28μm；角皮具细环纹；一圈 8 根 28μm 长的颈刚毛位于口腔基部之下，
距体前端 26μm；数根体刚毛稀疏分布于全身，长 7μm；口腔大而深，
具有半球形的唇口部和锥形的咽口部，口部具有一角质环；体前感器排
成 2 环，前面 1 环包括 6 个唇乳突，后面一环包括 6 根较长（12μm）
和 4 根较短（6μm）的头刚毛；化感器未见；神经环在食道中间靠前的
位置；排泄孔和腹腺未见；尾圆锥 - 圆柱形，在肛门处迅速收窄，使得
尾向背面弯曲，长 5～6 倍肛门相应直径，圆柱部占尾长 1/3，末端膨
大；尾的背腹面均有数根尾刚毛，4 个尾腺，3 根末端刚毛长 8μm，具
明显的吐丝器。雄性交接刺细而弯曲，2.5 倍肛门相应直径，近端略呈
头状，远端尖；引带始于交接刺的中部，板状，远端扩大具两齿，无龙
骨突；无肛前附器。雌性个体稍大于雄性，1 个前伸的卵巢达到食道基
部；阴孔与体前端的距离约占整体长度的 70%。

生态习性： 栖息于潮间带表层砂质沉积物中。

地理分布： 黄海。

参考文献： Huang and Sun，2019。

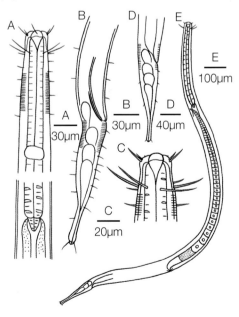

图 102-1　威海拟单宫线虫 *Paramonohystera*
weihaiensis Huang & Sun, 2019（引自 Huang
and Sun, 2019）

A. 雄性体前部侧面观，示口腔、头刚毛和 1 环长颈
刚毛；B. 雄性体后部侧面观，示交接刺、引带、尾
刚毛和弯向背面的尾；C. 雌性体前端侧面观，示口
腔、头刚毛和 1 环长颈刚毛；D. 雌性尾部侧面观，
示尾腺；E. 雌性整体侧面观，示阴孔、卵巢和卵母
细胞

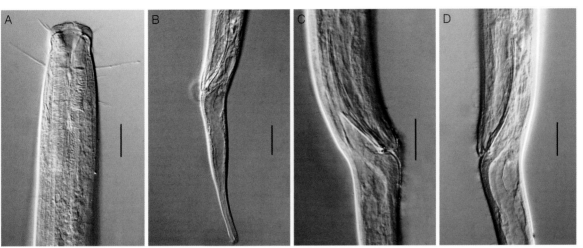

图 102-2　威海拟单宫线虫 *Paramonohystera weihaiensis* Huang & Sun, 2019（引自 Huang and Sun, 2019）
A. 雄性体前部侧面观，示口腔、头刚毛和 1 环长颈刚毛；B. 雄性体后部侧面观，示交接刺和弯向背面的尾；
C. 雄性肛区侧面观，示引带；D. 雄性肛区侧面观，示交接刺
比例尺：A、C、D = 20μm；B = 30μm

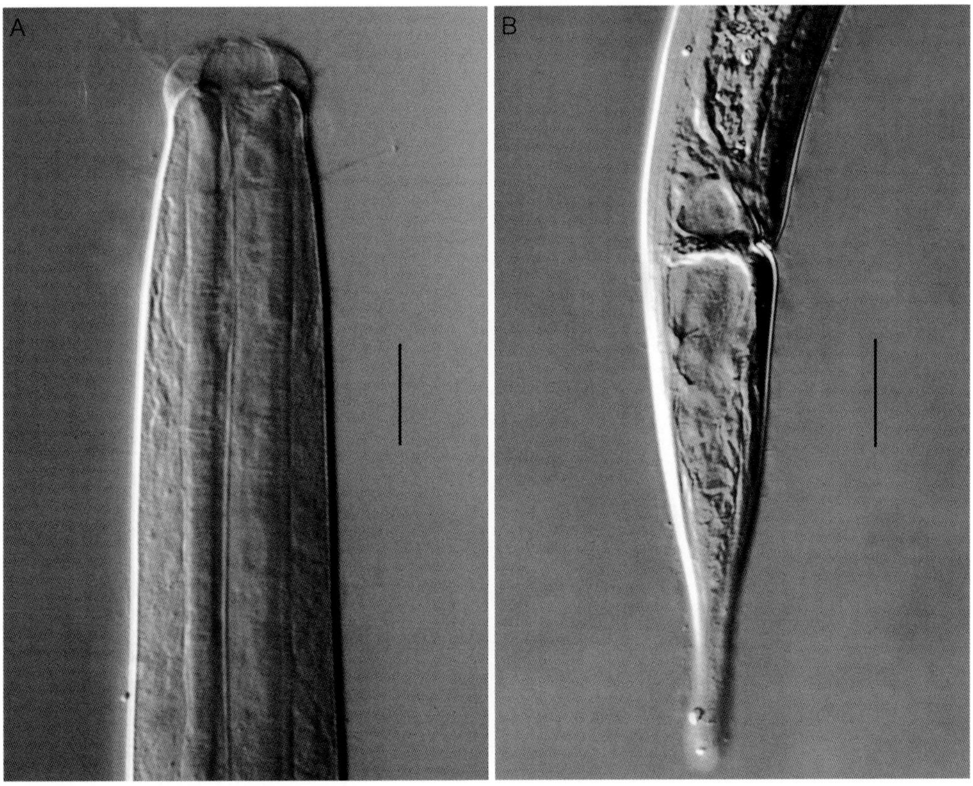

图 102-3　威海拟单宫线虫 *Paramonohystera weihaiensis* Huang & Sun, 2019（引自 Huang and Sun, 2019）
A. 雌性体前部侧面观，示口腔、头刚毛和 1 环长颈刚毛；B. 雌性尾部侧面观，示尾和尾腺
比例尺：A = 20μm；B = 30μm

中华伪颈毛线虫
Pseudosteineria sinica Huang & Li, 2010

标本采集地： 山东日照砂质滩。

形态特征： 体纺锤形，向两端逐渐变细，体长 1.2 ～ 1.6mm，最大体宽 51 ～ 69μm；角皮可见环纹，始于化感器位置，止于尾末端；口腔包括半球形的口唇和锥形的咽口；6 个稍膨大的唇；头前感器围成 2 圈，内圈为 6 个唇乳突，外圈为 10 个头感器：6 根较长（9μm）和 4 根较短（5μm）的头刚毛；亚头刚毛明显，在头刚毛之后排列成短的 8 纵排，每排 3 ～ 4 根刚毛，亚头刚毛的长度由前向后逐渐增加：最短的 16μm，最长的 53μm；体刚毛短而稀疏；化感器未见；尾圆锥 - 圆柱形，长 162 ～ 198μm（4.2 倍肛门相应直径），圆锥部腹面密集分布有刚毛，3 根末端刚毛长 29μm，3 个尾腺。雄性交接刺 1 对，不等长：左交接刺较长（58μm），中间分成 2 节，近端节具大齿，右交接刺较短（46μm），无齿；引带具有指向背后的龙骨突；肛前附器不存在。雌性有 1 个前伸的卵巢；阴孔与体前端的距离约占整体长度的 64%。

生态习性： 栖息于砂质潮间带表层沉积物中。

地理分布： 黄海。

参考文献： Huang and Li，2010。

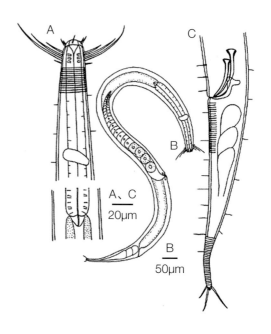

图 103-1 中华伪颈毛线虫 *Pseudosteineria sinica* Huang & Li, 2010（引自 Huang and Li, 2010）
A. 雄性体前部侧面观，示口腔、头刚毛和亚头刚毛；B. 雌性整体侧面观，示卵巢、卵和阴孔；C. 雄性体后部侧面观，示交接刺、引带龙骨突、尾腺和末端刚毛

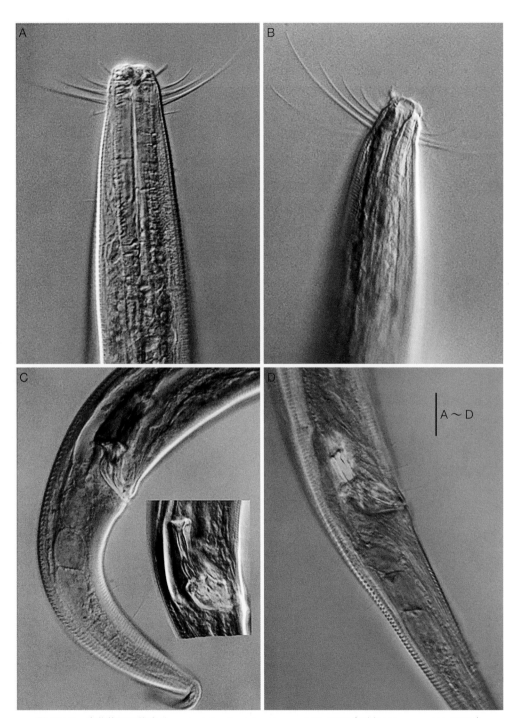

图 103-2　中华伪颈毛线虫 *Pseudosteineria sinica* Huang & Li, 2010（引自 Huang and Li, 2010）
A. 雌性体前部侧面观，示头刚毛和亚头刚毛；B. 雄性体前部侧面观，示口腔和亚头刚毛；C. 雄性尾部侧面观，示左长交接刺
（分 2 节）、引带和尾腺；D. 雄性肛区侧面观，示右短交接刺、引带和腹刚毛
比例尺：20μm

张氏伪颈毛线虫
Pseudosteineria zhangi Huang & Li, 2010

标本采集地：黄海南部潮下带。

形态特征：体长 1.4 ~ 1.7mm，最大体宽 64 ~ 84μm；角皮具粗环纹，始于化感器位置，止于尾末端；口腔锥形，6 个唇稍膨大；头前感器围成 2 圈，内圈为 6 个唇乳突，外圈为 10 个头感器：6 根较长（8μm）和 4 根较短（5μm）的头刚毛；亚头刚毛明显，在头刚毛之后排列成短的 8 纵排，每排 3 根刚毛，亚头刚毛的长度由前向后逐渐增加：最短的 15μm，最长的 36μm；体刚毛短而稀疏；化感器较小，圆形，直径 8μm（25% 相应体宽），位于亚头刚毛的位置，距体前端 18μm；尾圆锥 - 圆柱形，长 215 ~ 242μm（4.8 倍肛门相应直径），远端 1/3 为圆柱形，3 根末端刚毛长 22μm，3 个尾腺。雄性交接刺 1 对，等长（56μm，1.2 倍肛门相应直径），但形状不同：右交接刺细，左交接刺近端具一大的柄状突；引带桶形，具短的背龙骨突；肛前附器不存在。雌性有 1 个前伸的卵巢；阴孔与体前端的距离约占整体长度的 61%。

生态习性：栖息于潮下带泥质沉积物中，水深 15 ~ 30m。

地理分布：黄海。

参考文献：Huang and Li，2010。

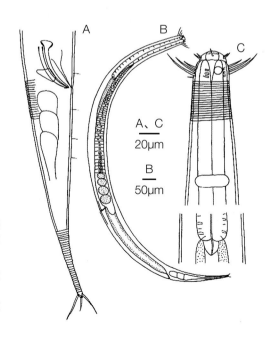

图 104-1 张氏伪颈毛线虫 *Pseudosteineria zhangi* Huang & Li, 2010（引自 Huang and Li, 2010）

A. 雄性尾部侧面观，示交接刺、引带龙骨突和尾腺；B. 雌性整体侧面观，示卵巢、卵和阴孔；C. 雄性体前部侧面观，示口腔、化感器、头刚毛和亚头刚毛

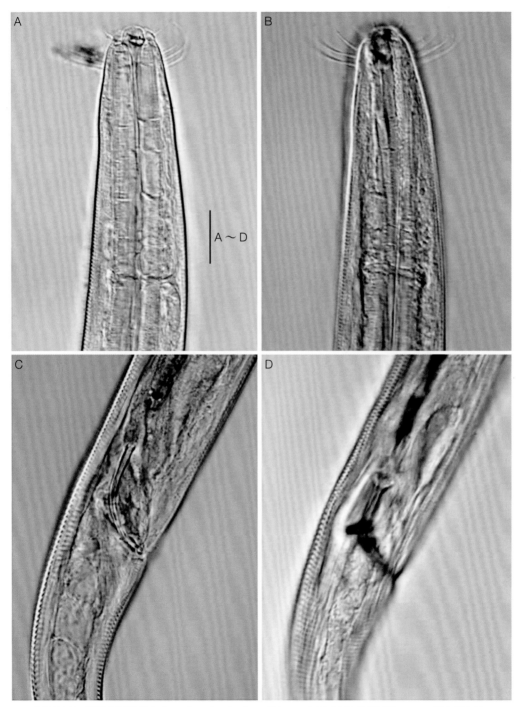

图 104-2 张氏伪颈毛线虫 *Pseudosteineria zhangi* Huang & Li, 2010（引自 Huang and Li, 2010）

A. 雄性体前端侧面观，示头刚毛、口腔和亚头刚毛；B. 雌性体前端侧面观，示头刚毛和亚头刚毛；C. 雄性肛区侧面观，示细的
右交接刺；D. 雄性肛区侧面观，示具柄状突的左交接刺和引带龙骨突

比例尺：20μm

中华颈毛线虫
Steineria sinica Huang & Wu, 2011

标本采集地： 黄海南部潮下带。

形态特征： 体长 1.1 ～ 1.3mm，最大体宽 38 ～ 46μm；头宽 18μm；角皮具细环纹，体刚毛在全身稀疏分布，尾部较密集；口腔圆锥形；体前感器排列成 2 圈，内圈包括 6 个唇乳突，外圈包括 6 根较长（8μm）和 4 根较短（6μm）的头刚毛；8 组长的亚头刚毛（48 ～ 55μm），每组 3 根，几乎与头刚毛处于同一水平；8 组长达 46μm 的颈刚毛，每组 2 根，位于亚头刚毛和化感器之间；化感器圆形，直径 9μm（35% 相应体宽），距前端约 1 个头直径；排泄孔在神经环之后的食道中间位置；尾圆锥 - 圆柱形，长 169 ～ 178μm（5.8 倍肛门相应直径），圆锥部占尾长的一半，圆柱部的末端稍膨大，3 根长达 62μm 的末端刚毛，3 个尾腺。雄性交接刺细长，长 39 ～ 43μm（1.2 倍肛门相应直径）；引带管状，有长约 16μm 指向背后的龙骨突。雌性有 1 个前伸的卵巢；阴孔与体前端的距离约占整体长度的 61%。

生态习性： 栖息于潮下带泥质沉积物中，水深 50 ～ 58m。

地理分布： 渤海（黄河口），黄海。

参考文献： Huang and Wu，2011。

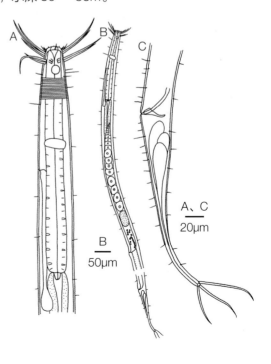

图 105-1 　中华颈毛线虫 *Steineria sinica* Huang & Wu, 2011（引自 Huang and Wu, 2011）

A. 雄性体前部侧面观，示口腔、化感器、头刚毛、亚头刚毛和颈刚毛；B. 雌性整体侧面观，示卵巢、卵和阴孔；C. 雄性尾部侧面观，示交接刺、引带龙骨突、尾腺和末端刚毛

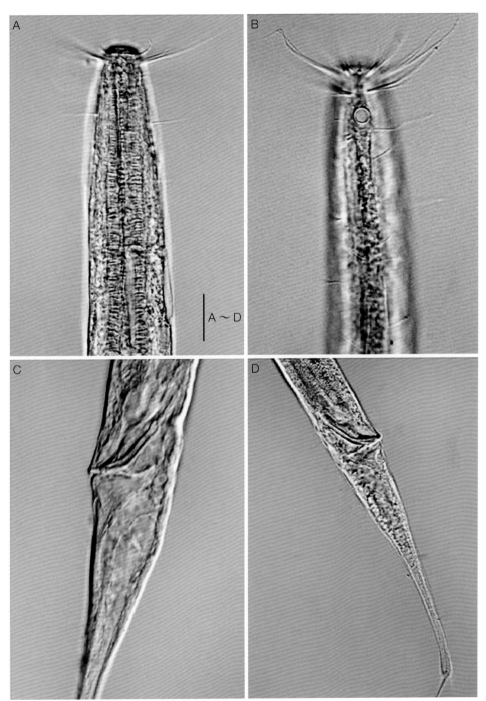

图 105-2 中华颈毛线虫 *Steineria sinica* Huang & Wu, 2011（引自 Huang and Wu, 2011）

A. 雄性体前部侧面观，示头刚毛和亚头刚毛；B. 雄性体前部侧面观，示亚头刚毛、颈刚毛和化感器；C. 雄性肛区侧面观，
示交接刺、引带和尾腺；D. 雄性尾部侧面观，示交接刺和末端刚毛

比例尺：20μm

尖棘刺线虫
Theristus acer Bastian, 1865

标本采集地： 辽宁大连，山东青岛（藻类表面）。

形态特征： 体长 1.6 ～ 2.5mm，最大体宽 41 ～ 100μm（*a*=25 ～ 46）；角皮具细环纹；14 根头刚毛，其中 4 对亚中位者长度基本相等，长 10 ～ 15μm（0.5 ～ 0.8 倍头直径），两侧头刚毛 3 根 1 组；体刚毛短，稀疏；口腔锥形，圆形化感器直径 7 ～ 8μm，距体前端 0.9 ～ 1.2 倍头直径；尾长锥形，长 4.3 ～ 6.1 倍肛门相应直径。雄性交接刺弧长 49 ～ 54μm（1.4 倍肛门相应直径），"L"形，近端在中间位置向腹面弯曲，非头状；引带具大而明显的板状背龙骨突，远端圆，具 1 对小齿。雌性阴孔与体前端的距离占整体长度的 65% ～ 67%。

生态习性： 附生于岩石潮间带及潮下带大型藻类表面。

地理分布： 渤海，黄海；日本，比利时，法国，新西兰，地中海，北海，北大西洋，南极海。

参考文献： Warwick et al., 1998。

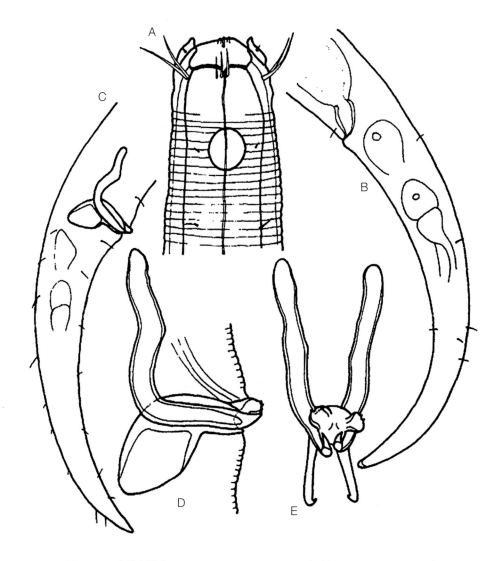

图 106-1　尖棘刺线虫 *Theristus acer* Bastian, 1865（引自 Warwick et al., 1998）

A. 雄性头部侧面观，示口腔、头刚毛和化感器；B. 雌性尾部侧面观，示尾腺；C. 雄性尾部侧面观，示交接刺和引带龙骨突；D. 交接刺和引带龙骨突侧面观；E. 交接刺和引带龙骨突腹面观

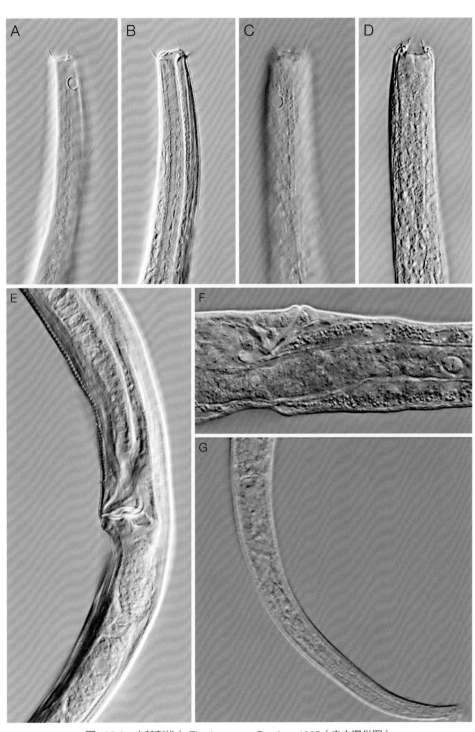

图 106-2　尖棘刺线虫 Theristus acer Bastian, 1865（史本泽供图）

A、B. 雄性体前部侧面观，示圆形化感器、口腔、头刚毛及体刚毛；C、D. 雌性体前部侧面观，示圆形化感器、口腔和头刚毛；E. 雄性体后部侧面观，示"L"形交接刺和引带龙骨突；F. 雌性体中后部侧面观，示阴孔；G. 锥状尾

隆唇线虫科分属检索表

1. 体细长，尾长锥 - 柱形 2
 - 体较粗短，尾短锥 - 柱形或锥形 3
2. 口腔锥形，具 3 齿；不具颈刚毛 .... 库氏线虫属 *Cobbia*
　　　　　　　　（异刺库氏线虫 *C. heterospicula*，中华库氏线虫 *C. sinica*）
 - 口腔深锥形，不具齿；具 2 圈颈刚毛 .... 拟双单宫线虫属 *Paramphimonhystrella*
3. 尾典型锥形，无末端刚毛 .... 棘刺线虫属 *Theristus*（尖棘刺线虫 *T. acer*）
 - 尾短锥 - 柱形或不典型锥形，具末端刚毛 4
4. 口腔柱状并角质化 .... 埃尔杂里线虫属 *Elzalia*
　　　　　　　　（格氏埃尔杂里线虫 *E. gerlachi*，细纹埃尔杂里线虫 *E. striatitenuis*）
 - 口腔锥形隆起 5
5. 无引带 .... 拟格莱线虫属 *Paragnomoxyala*（大口拟格莱线虫 *P. macrostoma*）
 - 具引带 6
6. 体前端不具长的刚毛 7
 - 体前端具长的亚头刚毛、颈刚毛或体刚毛 8
7. 引带具龙骨突 .... 吞咽线虫属 *Daptonema*
 - 引带管状，不具龙骨突 .... 拟单宫线虫属 *Paramonohystera*
　　　　　　　　（宽头拟单宫线虫 *P. eurycephalus*，威海拟单宫线虫 *P. weihaiensis*）
8.8 组亚头刚毛几乎与头刚毛处于同一水平，另有 8 组颈刚毛位于亚头刚毛和化感器之间 ....
　　　　　　　... 颈毛线虫属 *Steineria*（中华颈毛线虫 *S. sinica*）
 - 8 组亚头刚毛与化感器处于同一水平 .... 伪颈毛线虫属 *Pseudosteineria*
　　　　　　　　（中华伪颈毛线虫 *P. sinica*，张氏伪颈毛线虫 *P. zhangi*）

布氏管咽线虫
Siphonolaimus boucheri Zhang & Zhang, 2010

标本采集地： 黄海南部、北部潮下带。

形态特征： 体长 5.5 ～ 6.9mm，最大体宽 65 ～ 70μm；角皮具极细环纹；头直径 10 ～ 11μm；6 根短（3μm）和 4 根长（8μm）的头刚毛；在化感器前缘水平有一圈 6 根亚头刚毛（长 3μm）；短而稀疏的体刚毛在体中部比尾部更多；化感器外观圆形，但其后缘明显扩展，宽 13μm 或 59% 相应体宽，距体前端 16μm；口腔在该属形成典型的角质化短矛形口针，长 21 ～ 23μm，矛形口腔向后逐渐扩大；食道后部形成一长食道球，长 90 ～ 95μm，宽 31μm；尾锥形，长 165 ～ 175μm（3.6 ～ 4.6 倍肛门相应直径）。雄性具 1 对弯曲的交接刺，弧长 61 ～ 65μm（1.3 倍肛门相应直径）；引带具发达的背龙骨突，19 ～ 23μm；无肛前附器。雌性具 1 个前伸的卵巢；阴孔与体前端的距离约占整体长度的 69%。

生态习性： 栖息于潮下带泥质沉积物中，水深 64 ～ 84m。

地理分布： 黄海。

参考文献： Zhang and Zhang，2010。

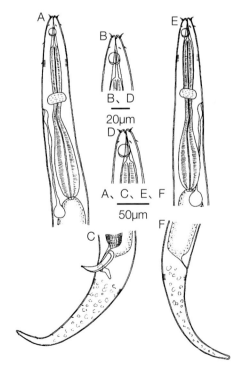

图 107-1　布氏管咽线虫 *Siphonolaimus boucheri* Zhang & Zhang, 2010（引自 Zhang and Zhang, 2010）

A. 雄性体前部侧面观，示食道球和腹腺；B. 雄性头部侧面观，示矛形口腔和口针、头刚毛、亚头刚毛及化感器；C. 雄性尾部侧面观，示交接刺和引带龙骨突；D. 雌性头部侧面观，示矛形口腔和口针、头刚毛、亚头刚毛及化感器；E. 雌性体前部侧面观，示食道球和腹腺；F. 雌性尾部侧面观，示肛门和锥状尾

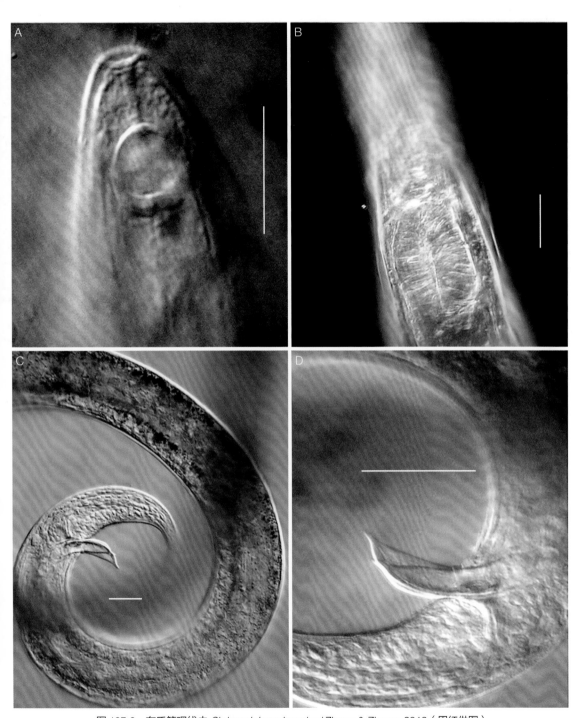

图 107-2　布氏管咽线虫 *Siphonolaimus boucheri* Zhang & Zhang, 2010（周红供图）

A. 雄性体前部侧面观，示头刚毛、化感器和口针；B. 雄性食道区侧面观，示食道球；C. 雄性体后部侧面观，示锥状尾、交接刺和引带龙骨突；D. 雄性肛区侧面观，示交接刺和引带龙骨突

比例尺：A、B = 20μm；C、D = 50μm

大微口线虫
Terschellingia major Huang & Zhang, 2005

标本采集地：黄海南部潮下带。

形态特征：体长 3.4 ～ 4.1mm，最大体宽 60 ～ 78μm；角皮具细环纹；6 根短的唇刚毛；4 根 5 ～ 6μm 长的头刚毛位于亚侧；4 根 8 ～ 10μm 长的亚头刚毛位于化感器处；一圈 6 根 5 ～ 6μm 长的颈刚毛位于化感器后缘；无体刚毛；化感器圆形，直径 13 ～ 16μm（39% ～ 50% 相应体宽），距体前端 5 ～ 6μm；口腔小而浅，杯形，未角质化；食道基部较宽，但无圆形食道球；尾长 380 ～ 620μm（8.3 ～ 14.8 倍肛门相应直径），尾的前 1/4 锥状，后 3/4 丝状。雄性具 1 对等长交接刺，弧长 59 ～ 62μm（1.2 ～ 1.5 倍肛门相应直径）；引带具 1 对长 13 ～ 15μm 的背龙骨突；40 ～ 42 个乳突状的肛前附器。雌性尾较雄性长，有 1 个前伸的卵巢，阴孔与体前端的距离占整体长度的 50% ～ 52%。

生态习性：栖息于潮下带泥质沉积物中，水深 72m。

地理分布：黄海。

参考文献：Huang and Zhang，2005a。

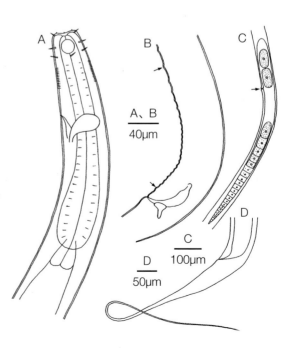

图 108-1 大微口线虫 *Terschellingia major* Huang & Zhang, 2005（引自 Huang and Zhang, 2005a）

A. 雄性体前部侧面观,示头刚毛、亚头刚毛、颈刚毛及化感器和食道; B. 雄性体后部侧面观,示交接刺、引带龙骨突和肛前附器（箭头处）; C. 雌性体中部侧面观,示卵巢和阴孔（箭头处）; D. 雌性尾部侧面观,示肛门和丝状尾

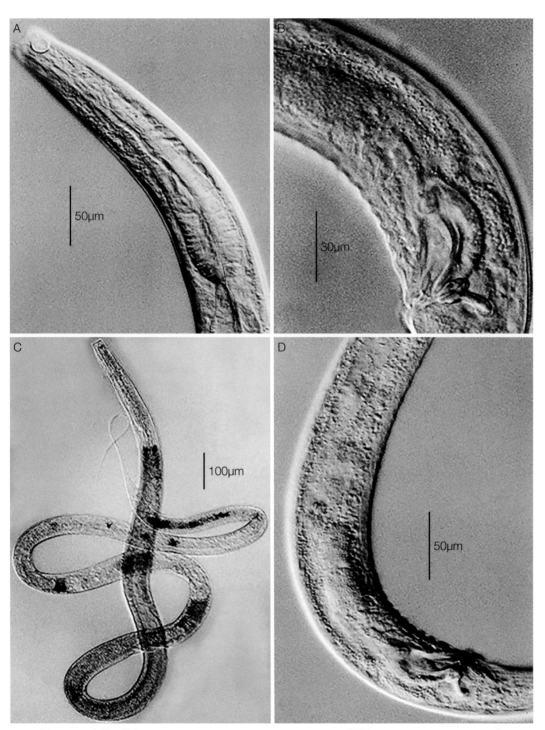

图 108-2　大微口线虫 *Terschellingia major* Huang & Zhang, 2005（引自 Huang and Zhang, 2005a）

A. 雄性体前部侧面观，示化感器和食道基部；B. 雄性肛区侧面观，示交接刺和肛前附器；C. 雌性整体观；D. 雄性体后部侧面观，
示交接刺和肛前附器

线虫动物门参考文献

Chen Y Z, Guo Y Q. 2015. Three new and two known free-living marine nematode species of the family Ironidae from the East China Sea. Zootaxa, 4018(2): 151-175.

Huang M, Sun J, Huang Y. 2018a. Two new species of the genus *Wieseria* (Nematoda: Enoplida: Oxystomidae) from the Jiaozhou Bay. Acta Oceanologica Sinica, 37(10): 157-160.

Huang M, Sun J, Huang Y. 2018b. *Dorylaimopsis heteroapophysis* sp. nov. (Comesomatidae: Nematoda) from the Jiaozhou Bay of China. Cahiers de Biologie Marine, 59: 607-613.

Huang M, Sun J, Huang Y. 2019. *Daptonema parabreviseta* sp. nov. (Xyalidae, Nematoda) from the Jiaozhou Bay of the Yellow Sea, China. Journal of Oceanology and Limnology, 37(1): 273-277.

Huang Y, Cheng B. 2012. Three new free-living marine nematode species of the genus *Micoletzkyia* (Phanodermatidae) from China Sea. Journal of the Marine Biological Association of the United Kingdom, 92(5): 941-946.

Huang Y, Gao Q. 2016. Two new species of Chromadoridae (Chromadorida: Nematoda) from the East China Sea. Zootaxa, 4144(1): 89.

Huang Y, Li J. 2010. Two new free-living marine nematode species of the genus *Pseudosteineria* (Monohysterida: Xyalidae) from the Yellow Sea, China. Journal of Natural History, 44(41-42): 2453-2463.

Huang Y, Sun J. 2011. Two new free-living marine nematode species of the genus *Paramarylynnia* (Chromadorida: Cyatholaimidae) from the Yellow Sea, China. Journal of the Marine Biological Association of the United Kingdom, 91(2): 395-401.

Huang Y, Sun J. 2019. *Paramonohystera weihaiensis* sp. nov. (Xyalidae, Nematoda) from the intertidal beach of the Yellow Sea, China. Journal of Oceanology and Limnology, doi. org/10.1007/s00343-019-8225-7.

Huang Y, Wang H. 2015. Review of *Onyx* Cobb (Nematoda: Desmodoridae) with description of two new species from the Yellow Sea, China. Journal of the Marine Biological Association of the United Kingdom, 95(6): 1127-1132.

Huang Y, Wang J Y. 2011. Two new free-living marine nematode species of Chromadoridae (Nematoda: Chromadorida) from the Yellow Sea, China. Journal of Natural History, 45(35-36): 1291-2201.

Huang Y, Wu X. 2010. Two new free-living marine nematode species of the genus *Vasostoma* (Comesomatidae) from the Yellow Sea, China. Cahiers de Biologie Marine, 51: 19-27.

Huang Y, Wu X Q. 2011. Two new free-living marine nematode species of Xyalidae (Monhysterida) from the Yellow Sea, China. Journal of Natural History, 45(9-10): 567-577.

Huang Y, Xu K. 2013a. Two new free-living nematode species (Nematoda: Cyatholaimidae) from intertidal sediments of the Yellow Sea, China. Cahiers de Biologie Marine, 54(1): 1-10.

Huang Y, Xu K. 2013b. Two new species of the genus *Paracyatholaimus* Micoletzky (Nematoda: Cyatholaimidae) from the Yellow Sea. Journal of Natural History, 47(21-22): 1381-1392.

Huang Y, Xu K D. 2013c. A new species of free-living nematode of *Daptonema* (Monohysterida: Xyalidae) from the Yellow Sea, China. Aquatic Science and Technology, 1(1): 1-8.

Huang Y, Zhang Z N. 2004. A new genus and three new species of free-living marine nematodes (Nematoda: Enoplida: Enchelidiidae) from the Yellow Sea, China. Cahiers de Biologie Marine, 45: 343-355.

Huang Y, Zhang Z N. 2005a. Two new species and one new record of free-living marine nematodes from the Yellow Sea, China. Cahiers de Biologie Marine, 46: 365-378.

Huang Y, Zhang Z N. 2005b. Three new species of the genus *Belbolla* (Nematoda: Enoplida: Enchelidiidae) from the Yellow Sea, China. Journal of Natural History, 39(20): 1689-1703.

Huang Y, Zhang Z N. 2006a. New species of free-living marine nematodes from the Yellow Sea, China. Journal of the Marine Biological Association of the United Kingdom, 86: 271-281.

Huang Y, Zhang Z N. 2006b. Two new species of free-living marine nematodes (*Trichotheristus articulatus* sp. n. and *Leptolaimoides punctatus* sp. n.) from the Yellow Sea. Russian Journal of Nematology, 14(1): 43-50.

Huang Y, Zhang Z N. 2006c. A new genus and three new species of free-living marine nematodes from the Yellow Sea, China. Journal of Natural History, 40(1-2): 5-16.

Huang Y, Zhang Z N. 2006d. Five new records of free-living marine nematodes in the Yellow Sea. Journal of Ocean University of China, 5(1): 29-34.

Huang Y, Zhang Z N. 2007a. One new species of free-living marine nematodes (Enoplida, Anticomidae, *Cephalanticoma*) from the Huanghai Sea. Acta Oceanologica Sinica, 26: 84-89.

Huang Y, Zhang Z N. 2007b. A new genus and new species of free-living marine nematodes from the Yellow Sea, China. Journal of the Marine Biological Association of the UK, 87: 717-722.

Huang Y, Zhang Z N. 2009. Two new species of Enoplida (Nematoda) from the Yellow Sea, China. Journal of Natural History, 43(17-18): 1083-1092.

Huang Y, Zhang Z N. 2010a. Three new species of *Dichromadora* (Nematoda: Chromadorida: Chromadoridae) from the Yellow Sea, China. Journal of Natural History, 44(9-10): 545-558.

Huang Y, Zhang Z N. 2010b. Two new species of Xyalidae (Nematoda) from the Yellow Sea, China. Journal of the Marine Biological Association of the UK, 90(2): 391-397.

Huang Y, Zhang Z N. 2014. Review of *Pomponema* Cobb (Nematoda: Cyatholaimidae) with description of a new species from China Sea. Cahiers de Biologie Marine, 55(2): 267-273.

Jiang W, Wang J, Huang Y. 2015. Two new free-living marine nematode species of Enchelidiidae from China Sea. Cahiers de Biologie Marine, 56: 31-37.

Kito K.1976. Studies on the free-living marine nematodes from Hokkaido, I. Jour. Fac. Sci. Hokkaido Univ. Ser. VI. Zool., 20(3): 568-578.

Mordukhovich V, Atopkin D, Fadeeva N, et al. 2015. *Admirandus multicavus* and *Adoncholaimus ussuriensis* sp. n. (Nematoda: Enoplida: Oncholaimidae) from the Sea of Japan. Nematology, 17(10): 1229-1244.

Platt H M, Warwick R M. 1983. Free-living Marine Nematodes. Part I: British Enoplids. Synopses of the British Fauna (New series) No. 28. Cambridge: Cambridge University Press: 307.

Platt H M, Warwick R M. 1988. Free-living Marine Nematodes. Part II: British Chromadorids. Synopses of the British Fauna (New Series) No. 38. London: E.J. Brill/Dr. W. Backhuys: 502.

Sun Y, Huang Y. 2017. One new species and one new combination of the family Xyalidae (Nematoda: Monhysterida) from the East China Sea. Zootaxa, 4306(3): 401-410.

Tchesunov A V. 1988. New species of nematodes from the White Sea. Proc. Zool. Inst. USSR Acad. Sci, 180: 68-76.

Wang C M, An L G, Huang Y. 2018. Two new species of Xyalidae (Monhysterida, Nematoda) from the East China Sea. Zootaxa, 4514(4): 583-592.

Wang H X, Huang Y. 2015. A new record of free-living marine nematode (Nematoda: Desmodoridae) from Yantai coast. Journal of Liaocheng University (Nat. Sci.), 28(3): 38-41.

Warwick R M, Platt H M, Somerfield P J. 1998. Free-living Marine Nematodes. Part III: Monhysterids. Synopses of the British Fauna (New series) No. 53. Shrewsbury: Field Studies Council: 296.

Wieser W. 1959. Free-living nematodes and other small invertebrates of Puget Sound beaches. Seattle: University of Washington Press (University of Washington Publications in Biology): 1-179.

Zhai H X, Wang C M, Huang Y. 2019. *Sabatieria sinica* sp. nov. (Comesomatidae, Nematoda) from Jiaozhou Bay, China. Journal of Oceanology and Limnology, doi.org/10.1007/s00343-019-9030-z.

Zhang Z N. 1992. Two new species of the genus *Dorylaimopsis* Ditlevsen, 1918 (Nematoda: Adenophorea, Comesomatidae) from the Bohai Sea, Chinese. Chin. Journal of Oceanology and Limnology, 10(1): 31-39.

Zhang Z N, Huang Y. 2005. One new species and two new records of free-living marine nematodes from the Huanghai Sea. Acta Oceanologica Sinica, 24(4): 1-7.

Zhang Z N, Huang Y, Zhou H. Free-living Marine Nematodes of the Bohai Sea and Yellow Sea in China. Beijing: Scientific Press, in press.

Zhang Z N, Platt H M. 1983. New species of marine nematodes from Qingdao, China. Bulletin of the British Museum (Natural History) Zoology, 45(5): 253-261.

Zhang Y, Zhang Z N. 2006. Two new species of the genus *Elzalia* (Nematoda: Monhysterida: Xyalidae) from the Yellow Sea, China. Journal of the Marine Biological Association of the UK, 86(5): 1047-1056.

Zhang Y, Zhang Z N. 2010. A new species and a new record of the genus *Siphonolaimus* (Nematoda, Monhysterida) from the Yellow Sea and the East China Sea, China. Acta Zootaxonomica Sinica, 35(1): 16-19.

Zhang Z N, Zhou H. 2012. *Enoplus taipingensis*, a new species of marine nematode from the rocky intertidal seaweeds in the Taiping Bay, Qingdao. Acta Oceanologia Sinica, 31(2):102-108.

环节动物门
Annelida

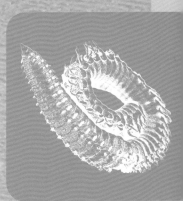

单环棘螠
Urechis unicinctus (Drasche, 1880)

标本采集地： 山东烟台、潍坊。

形态特征： 体圆筒状，长 100 ～ 300mm，宽 15 ～ 30mm。体前端略细，后端钝圆。体不分节。体表有许多疣突，略呈环状排列。吻能伸缩，短小，匙状，与躯干无明显界限。口的后方、吻的基部腹面有 1 对黄褐色钩状腹刚毛，两刚毛间距长于自刚毛至吻部的距离。身体前半部有腺体，可分泌黏液，在产卵或营造泥沙管时润泽用。体末端有横裂形的肛门，在肛门周围有 1 圈后刚毛或称尾刚毛，9 ～ 13 根，呈单环排列。无血管，体腔液中含有紫红色的血细胞。肾管 2 对，基部各有 2 个螺旋管。肛门囊 1 对，呈长囊状。活体紫红色或棕红色。

生态习性： 多栖息于潮间带低潮区，穴居于泥沙内，穴道"U"形。

地理分布： 渤海，黄海；俄罗斯，朝鲜半岛，日本。

经济意义： 可供食用。

参考文献： 冈田要等，1960；周红等，2007。

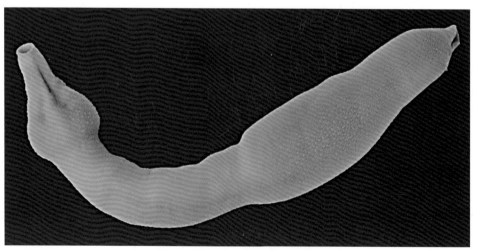

图 109　单环棘螠 *Urechis unicinctus* (Drasche, 1880)

巴西沙蚕
Arenicola brasiliensis Nonato, 1958

标本采集地： 山东青岛。

形态特征： 虫体似蚯蚓。口前叶呈三叶，不具任何附肢。外翻吻呈囊状，吻上有许多小乳突。围口节两节，每节皆具双环轮，无附肢、无刚毛。躯干部表皮蜂窝状，可分为三区：胸区为体前的 6 个无鳃刚节；腹区为胸区后的 11（12）个具鳃刚毛节，每节皆具 5 个环轮；尾区细，为体长的 1/3 ～ 2/5，无鳃亦无刚毛。疣足双叶型，具鳃疣足背叶为圆锥形突起，腹叶横长且向腹面延伸达腹中线。鳃位于疣足后，呈灌木丛状，具羽状分枝。背刚毛羽毛状，腹刚毛短钩状。无背、腹须。活标本褐色或褐绿色具珠光，鳃鲜红色，尾区淡褐色。体长 150 ～ 250mm，宽达 18mm。

生态习性： 暖水区的广布种，习见于潮间带泥沙滩。

地理分布： 渤海，黄海；世界性分布。

参考文献： 刘瑞玉，2008；孙瑞平和杨德渐，1988，2004。

图 110　巴西沙蚕 *Arenicola brasiliensis* Nonato, 1958
A. 体前端背面观；B. 吻；C. 鳃；D. 毛状刚毛
比例尺：A = 5mm；B = 1mm；C = 200μm；D = 50μm

小头虫

Capitella capitata (Fabricius, 1780)

标本采集地： 山东青岛。

形态特征： 口前叶圆锥形。胸部 9 刚节，第 1 刚节有刚毛，每节皆具双环轮，并有细皱纹。雄体前 7 刚节背、腹足叶仅具毛状刚毛，第 8～9 刚节背面各具两束黄色的生殖刺状刚毛，每束 2～4 根、对生。生殖孔在两束生殖刺状刚毛之间。腹足叶仍具巾钩刚毛。雌体第 8～9 刚节背、腹足叶具巾钩刚毛，后腹部无鳃。腹部较光滑，每个刚节背、腹足叶均具巾钩刚毛，巾钩刚毛具 3～4 个小齿和 1 个大的主齿。生活时为鲜红色，酒精标本浅黄色或乳白色。体长几毫米至 40mm，大标本长 56mm，宽 2mm。常有薄碎的泥质栖管。

生态习性： 污浊海域的优势种，常栖息于黑泥底质。

地理分布： 渤海，黄海，东海；世界性分布。

参考文献： 刘瑞玉，2008；杨德渐和孙瑞平，1988；孙瑞平和杨德渐，2004。

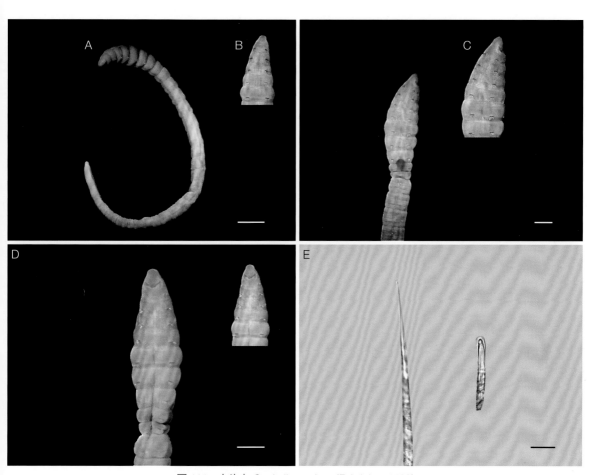

图 111　小头虫 *Capitella capitata* (Fabricius, 1780)

A. 整体；B. 体前端背面观；C. 体前端侧面观；D. 体前端腹面观；E. 毛状刚毛、巾钩刚毛

比例尺：A、B = 2mm；C = 1mm；D = 1mm；E = 20μm

丝异须虫
Heteromastus filiformis (Claparède, 1864)

标本采集地： 山东青岛。

形态特征： 胸部和腹部区分不明显，第 1 刚节无刚毛。一般胸部有 11 刚节（第 2～12 刚节），前 5 刚节背、腹足叶具毛状刚毛，第 6～11 刚节背、腹足叶仅具巾钩刚毛。腹部从第 12 刚节后背、腹足叶均具巾钩刚毛。鳃不明显，始于第 70～80 刚节以后，位于腹足叶上方。生殖孔位于第 9～12 胸部刚节，有时不易看到。巾钩刚毛主齿上方有 3～6 个小齿，巾长为宽的 2 倍多。酒精标本黄褐色。体长 26～100mm，宽 1mm，具 70～100 个刚节。

生态习性： 常栖息于潮间带泥沙滩，尤其是河口区。

地理分布： 渤海，黄海，南海；世界性分布。

参考文献： 刘瑞玉，2008；杨德渐和孙瑞平，1988；孙瑞平和杨德渐，2004。

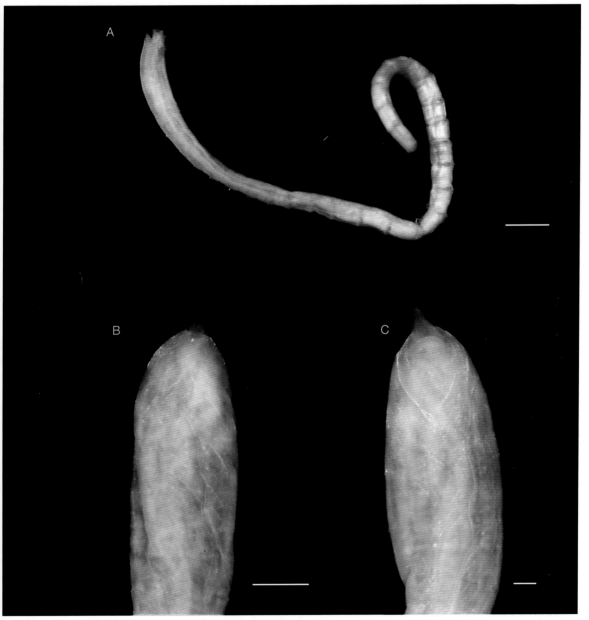

图 112　丝异须虫 *Heteromastus filiformis* (Claparède, 1864)
A. 整体；B. 体前端背面观；C. 体前端腹面观
比例尺：A = 1mm；B = 0.5mm；C = 0.2mm

背蚓虫
Notomastus latericeus Sars, 1851

标本采集地： 中国台湾海峡。

形态特征： 口前叶尖锥形。胸部第 1 刚节（围口节）无刚毛，第 2～12 刚节背、腹足叶均具毛状刚毛。第 1～3 刚节具 2～4 个环轮，第 4～12 刚节具 5 个环轮。鳃为乳突状，位于腹部背、腹叶之间。性成熟个体生殖孔位于第 7～20 刚节，腹足叶上方有大的三角形突起，背、腹足叶均具巾钩刚毛，腹巾钩刚毛排成横排，仅在腹面中央分开。巾钩刚毛的巾长不及宽的 2 倍，主齿上方有 4～5 个小齿。

生态习性： 常栖息于潮间带和潮下带泥质与软泥底质中。

地理分布： 黄海，南海，北部湾；马来西亚，印度尼西亚，菲律宾。

参考文献： 刘瑞玉，2008；杨德渐和孙瑞平，1988；孙瑞平和杨德渐，2004。

小头虫科分属检索表

1. 围口节具刚毛；后腹部无鳃... 小头虫属 *Capitella*（小头虫 *C. capitata*）

 - 围口节无刚毛；11 个胸刚节 2

2. 腹部仅具毛状刚毛 .... 背蚓虫属 *Notomastus*（背蚓虫 *N. latericeus*）

 - 腹部仅具巾钩刚毛；具背鳃；巾钩刚毛始于第 6 刚节 ....

 .... 丝异须虫属 *Heteromastus*（丝异须虫 *H. filiformis*）

图 113　背蚓虫 *Notomastus latericeus* Sars, 1851（杨德援和蔡立哲供图）
A. 体大部整体观；B. 体前部侧面观；C. 体前部腹面观；D. 胸部背面观；E. 胸部侧面观；F. 胸部腹面观

单指虫科 Cossuridae Day, 1963

单指虫属 *Cossura* Webster & Benedict, 1887

足刺单指虫
Cossura aciculata (Wu & Chen, 1977)

标本采集地：山东青岛。

形态特征：口前叶钝圆锥形，无眼点。口节 2 节，较短，无附肢。1 根细长的鳃丝
存在于第 3 刚节背前缘深处。疣足叶退化，仅具刚毛，体前区第 1 刚
节具 1 束毛状刚毛，第 2～21 刚节具 2 束有侧齿的毛状刚毛，体中后
区仅具 2 根粗足刺状刚毛。最大体长约 75mm，宽约 2mm，具 112 个
体节。

生态习性：栖息于潮下带。

地理分布：黄海，东海；莫桑比克海峡。

参考文献：刘瑞玉，2008；杨德渐和孙瑞平，1988；孙瑞平和杨德渐，2004。

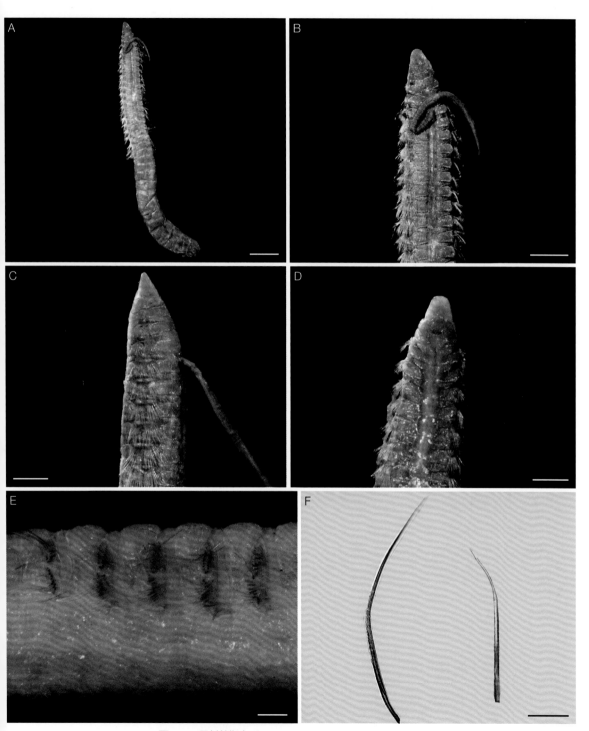

图 114　足刺单指虫 *Cossura aciculata* (Wu & Chen, 1977)
A. 整体背面观；B. 体前端背面观；C. 体前端侧面观；D. 体前端腹面观；E. 疣足；F. 毛状刚毛
比例尺：A = 2mm；B = 1mm；C = 0.5mm；D = 0.5mm；E = 200μm；F = 100μm

持真节虫

Euclymene annandalei Southern, 1921

标本采集地： 山东烟台。

形态特征： 身体圆柱形，具 19 个刚节和 2 个肛前节。前 3 个刚节一般长于后面的第 4 ～ 8 刚节，为体宽的 1.5 ～ 2 倍。第 4 ～ 5 刚节明显缩短，和体宽近等。第 6 ～ 7 刚节较前面刚节有所变长。第 8 刚节最短。第 9 刚节及后面的刚节变长。刚毛位于前 7 刚节的前面、第 8 刚节的中部、后续刚节的后部。头板缘膜发达，呈薄叶状。头板中间有头脊，长直，为头板 2/3，两侧具项裂。头板边缘两侧光滑，但背面有波状缺刻 8 ～ 10 个。第 1 ～ 3 刚节各具 1 根光滑的粗钩状腹刚毛，之后腹刚毛为鸟嘴状，具 1 个大主齿和逐渐变小的 4 ～ 5 个小齿，具喙下毛。背刚毛为毛状刚毛和较细的羽毛状刚毛。尾部具 2 个无刚毛的肛前节，第 1 肛前节较长，第 2 肛前节分成 2 个短节。肛漏斗具 14 ～ 25 根约相等的肛须，仅腹面中央 1 根较长。肛锥低，不突出肛漏斗外，肛门位于其末端，无腹瓣。约从第 7 刚节开始从腹面中央有 1 条直通肛漏斗较长的肛须。体长 40 ～ 118mm，宽 3 ～ 4mm，一般具 21 个刚节左右。栖管细泥砂质。

生态习性： 栖息于渤海和黄海潮间带泥沙滩中，南海 24 ～ 35m、沙质泥、粉沙质软泥中。

地理分布： 渤海，黄海，南海；印度，太平洋。

参考文献： 刘瑞玉，2008；杨德渐和孙瑞平，1988；孙瑞平和杨德渐，2004；王跃云，2017。

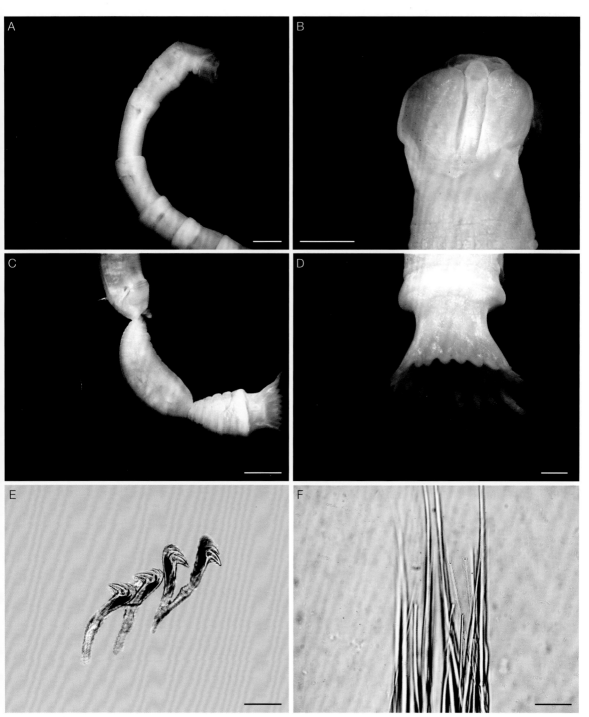

图 115　持真节虫 *Euclymene annandalei* Southern, 1921

A. 体前端侧面观；B. 体前端背面观；C. 体后端侧面观；D. 肛板；E. 鸟嘴状腹刚毛；F. 羽毛状背刚毛

比例尺：A = 2mm；B = 1mm；C = 2mm；D = 0.5mm；E = 50μm；F = 20μm

缩头竹节虫
Maldane sarsi Malmgren, 1865

标本采集地： 东海。

形态特征： 身体圆柱形，具头板和肛板，肛门位于背部。19 个刚节，2 个肛前节。前、后端的刚节较短，中间的刚节长。前面 4 ～ 5 个刚节具双环轮，前面的环轮无刚毛，后面的环轮具背腹刚毛。腹刚毛开始于第 2 刚节。体长 13 ～ 70mm，宽 1 ～ 3mm。头部通常和身体纵轴呈一定夹角，有时会达到 90°。头板椭圆形，头脊长而高，项裂短而弯曲。头板缘膜浅，两侧有浅缺刻，背面光滑。肛板倾斜，呈圆盘状。肛板缘膜发达，两侧具明显的深缺刻，背侧部分光滑，腹面光滑或形成不规则锯齿。从第 2 刚节开始出现腹齿片刚毛，齿片刚毛鸟嘴状，具长柄，顶部具 6 ～ 8 个小齿和很多的小细齿，排成几横排。背刚毛为毛状刚毛和末端带刺毛的螺旋刺状刚毛及膝状刚毛。螺旋刺状刚毛的刺毛粗长。虫体前、后部均无领状结构。体外常有附着泥沙的膜质管。

生态习性： 栖息于泥质沙或软泥中，水深 22 ～ 90m。

地理分布： 黄海，东海，南海；世界性分布。

参考文献： 刘瑞玉，2008；杨德渐和孙瑞平，1988；孙瑞平和杨德渐，2004；王跃云，2017。

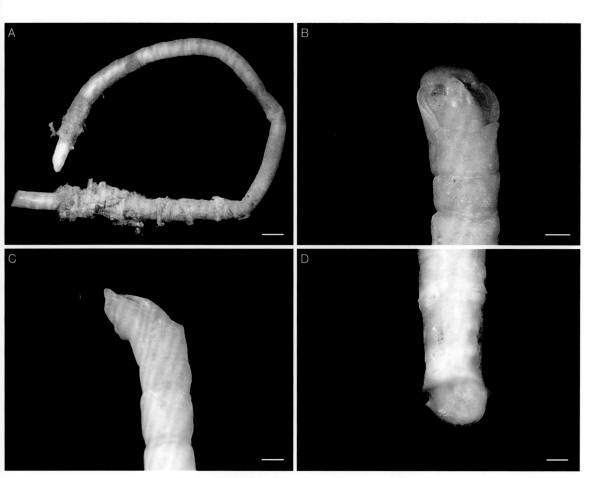

图 116　缩头竹节虫 *Maldane sarsi* Malmgren, 1865
A. 整体；B. 体前端背面观；C. 体前端侧面观；D. 体后端腹面观
比例尺：A = 1mm；B = 0.5mm；C = 0.5mm；D = 200μm

异齿新短脊虫
Metasychis disparidentatus (Moore, 1904)

同物异名： 异齿短脊虫 *Asychis disparidentata* (Moore, 1904)

标本采集地： 黄海北部。

形态特征： 头板近圆形，缘膜两侧各具一深裂，背缘无深裂，侧缘有 5 ～ 8 个波状缺刻，背缘有 15 ～ 25 个波状（幼小个体为三角形）缺刻。头脊宽短直，项裂前弯向两侧。腹鸟嘴状刚毛始于第 2 刚节，有 4 ～ 8 根，以后约增加到 40 根，鸟嘴状刚毛主齿上方有 3 ～ 4 横排小齿，有束毛。具 1 个不明显肛前节。肛板背缘扩展成半圆形，两侧具深裂，腹缘内凹，其上有波状缺刻，肛门位于背面。体长 44 ～ 92mm，宽 2 ～ 4mm，具 19 个刚节。栖管泥砂质。大标本长可达 140mm。

生态习性： 栖息于软泥中，水深 53 ～ 56m。

地理分布： 渤海，黄海；加拿大西部，美国南加利福尼亚，日本。

参考文献： 刘瑞玉，2008；杨德渐和孙瑞平，1988；孙瑞平和杨德渐，2004。

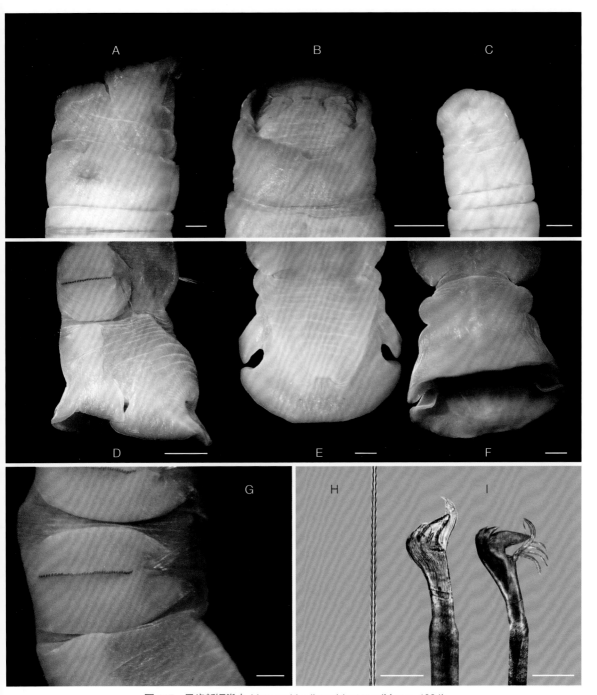

图 117　异齿新短脊虫 *Metasychis disparidentatus* (Moore, 1904)

A. 体前端侧面观；B. 体前端背面观；C. 体前端腹面观；D. 体后端侧面观；E. 体后端背面观；F. 肛板腹面观；G. 疣足；H. 背刚毛；I. 腹鸟嘴状刚毛

比例尺：A = 0.5mm；B = 1mm；C = 1mm；D = 1mm；E = 0.5mm；F = 0.5mm；G = 0.5mm；H = 100μm；I = 50μm

五岛新短脊虫
Metasychis gotoi (Izuka, 1902)

同物异名：五岛短脊虫 *Asychis gotoi* (Izuka, 1921)

标本采集地：东海。

形态特征：19 个刚节，1 个肛前节。第 1 刚节的腹面具 1 个短领，领状结构在侧面形成前伸的小突起，有时不明显。头板椭圆形，头缘膜侧叶具 5～7 个长指状须，后叶具 14～20 个不规则锯齿，中央缺刻小。头脊宽短、低扁，项裂宽短弯曲，呈"J"形，前端向前延伸至口前叶前突与头板缘膜侧叶的交界处，形成小缺刻。围口节和第 1 刚节边界分明。肛板背面扩张为喇叭状，边缘有 6～13 根长肛须，腹面边缘稍内凹，肛门位于背面。背刚毛翅毛状和细毛状，腹鸟嘴状刚毛始于第 2 刚节，有 6～8 根且排成一横排。鸟嘴状刚毛具一主齿，其上有 3 排小齿，有束毛，其后刚节腹鸟嘴状刚毛数目增加至 30 余个。体长 20～60mm，宽 2～3mm，具 19 个刚节。虫体部分常被附着泥沙的膜质栖管包裹。

生态习性：栖息于褐色沙泥或沙质泥中等，水深 22～58m。

地理分布：渤海，黄海，东海，南海；印度 - 西太平洋，美国加利福尼亚，日本。

参考文献：刘瑞玉，2008；杨德渐和孙瑞平，1988；孙瑞平和杨德渐，2004；王跃云，2017。

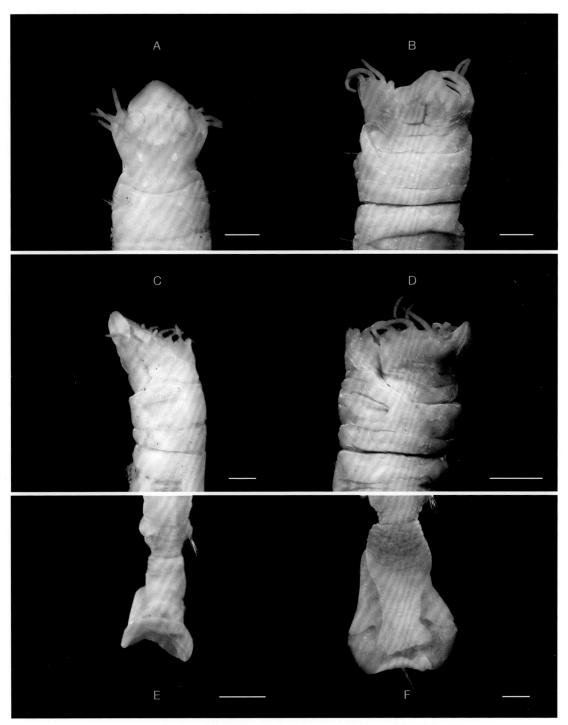

图 118　五岛新短脊虫 *Metasychis gotoi* (Izuka, 1902)

A. 体前端背面观；B. 体前端腹面观；C. 体前端侧面观；D. 体后端背面观；E. 体后端腹面观

比例尺：A = 0.5mm；B = 1mm；C = 0.5mm；D = 1mm；E = 1mm；F = 0.5mm

拟节虫
Praxillella praetermissa (Malmgren, 1865)

标本采集地： 山东青岛。

形态特征： 头板椭圆形，仅缘膜背面具深裂。头脊约为头板长的 2/3，项裂前面平行、向后稍弯。前 3 个刚节有 1～2 根不发达的钩状腹刚毛，约 4 个小齿位于主齿上，无束毛，之后腹刚毛具束毛，鸟嘴状，排成一排，有 6～13 根。背刚毛翅毛状、羽毛状。具 4 个无刚毛的肛前节，尾部常形成肛漏斗，漏斗边缘有 20～27 根缘须，腹中央一根最长，其余的等长，肛锥突出肛漏斗外，锥部朝腹面，肛门位于锥部末端。标本均不完整，较长头段有 17 个刚节，长 19mm，宽 0.9mm。该种具 19 个刚节。

生态习性： 栖息于 27～50m 深海区。

地理分布： 渤海，黄海；北极，地中海，北大西洋，挪威，西班牙，日本。

参考文献： 刘瑞玉，2008；杨德渐和孙瑞平，1988；孙瑞平和杨德渐，2004。

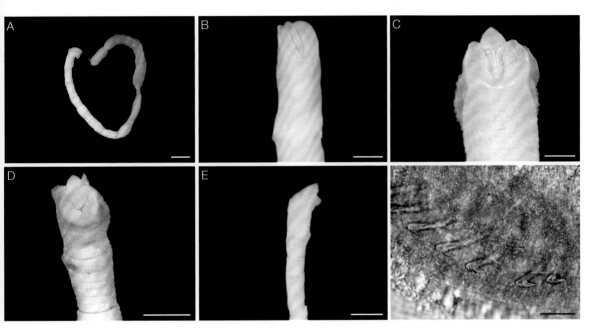

图 119　拟节虫 *Praxillella praetermissa* (Malmgren, 1865)

A. 整体；B. 体前端背面观；C. 头板；D. 吻；E. 体前端侧面观；F. 腹鸟嘴状刚毛

比例尺：A = 2mm；B = 0.5mm；C = 0.5mm；D = 500μm；E = 1mm；F = 100μm

竹节虫科分属检索表

1.有肛板和头板；肛门在背面 2

 - 有肛板和头板；肛门在末端 3

2.肛门不具腹瓣；第 1 刚节一般无领状结构 .... 竹节虫属 *Maldane*（缩头竹节虫 *M. sarsi*）

 - 肛门具腹瓣 ....

 ....新短脊虫属 *Metasychis*（异齿新短脊虫 *M. disparidentatus*，五岛新短脊虫 *M. gotoi*）

3.头缘膜通常较窄；肛锥不突出肛漏斗外 ....真节虫属 *Euclymene*（持真节虫 *E. annandalei*）

 - 头缘膜发达，较宽；肛锥突出肛漏斗外 .... 拟节虫属 *Praxillella*（拟节虫 *P. praetermissa*）

黏海蛹
Ophelia limacina (Rathke, 1843)

标本采集地： 山东青岛。

形态特征： 口前叶很小，尖锥形。口位于第 1 刚节腹面。体前部稍宽大，无腹沟。躯干部具腹沟，始于第 8 ～ 10 刚节。鳃为须状，两边具缺刻，始于第 11 刚节，止于第 25 ～ 26 刚节。虫体具 31 ～ 33 个刚节。体后部 5 ～ 7 个刚节无鳃。刚毛简单毛状，背刚毛约为腹刚毛长的 3 倍。肾孔位于第 12 ～ 17 刚节近腹叶处。尾节具 2 个粗指状腹肛须和 16 个小的背肛须。酒精标本肉色具光泽。虫体稍向腹面弯曲。最大标本长约 24mm，宽约 2.5mm。

生态习性： 栖息于潮间带沙滩中。

地理分布： 黄海；世界性分布。

参考文献： 刘瑞玉，2008；杨德渐和孙瑞平，1988；孙瑞平和杨德渐，2004。

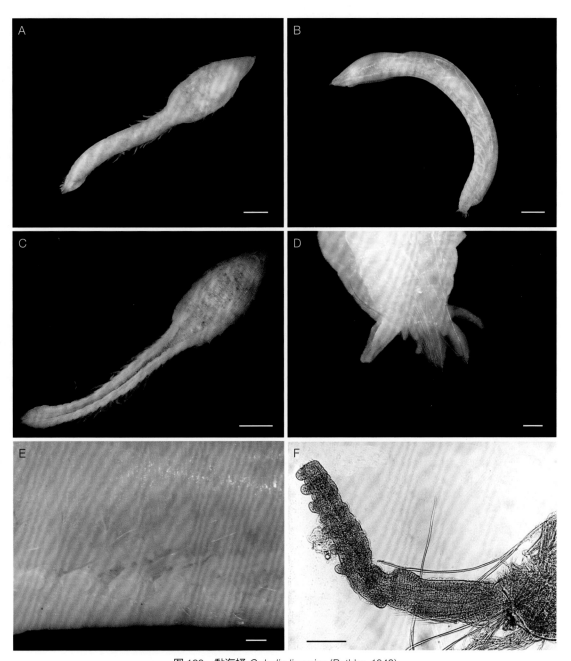

图 120　黏海蛹 *Ophelia limacina* (Rathke, 1843)
A. 整体背面观；B. 整体侧面观；C. 整体腹面观；D. 尾部；E. 疣足；F. 部分鳃
比例尺：A = 2mm；B = 2mm；C = 2mm；D = 200μm；E = 200μm；F = 200μm

阿曼吉虫属 *Armandia* Fillippi, 1861

中阿曼吉虫
Armandia intermedia Fauvel, 1902

标本采集地：广西涠洲岛。

形态特征：体长梭形，口前叶尖圆锥形。侧眼始于第 17 刚节，止于第 18 刚节，共 12 对。鳃始于第 2 刚节，体后 3 ～ 4 个刚节无鳃。疣足前刚叶短，具 2 束毛状刚毛。肛部漏斗较短，边缘具 10 ～ 13 对乳突（肛须），其中背乳突较细小，腹乳突较粗长，腹中线具一长的内须（极易脱落）。体长 7 ～ 13mm，宽 1 ～ 1.3mm，具 27 ～ 29 个刚节。

生态习性：栖息于泥沙滩中。

地理分布：黄海，南海；非洲，印度 - 西太平洋，日本。

参考文献：刘瑞玉，2008；杨德渐和孙瑞平，1988；孙瑞平和杨德渐，2004。

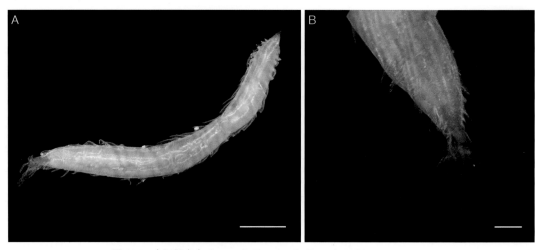

图 121　中阿曼吉虫 *Armandia intermedia* Fauvel, 1902
A. 整体背面观；B. 尾部
比例尺：A = 2mm；B = 0.5mm

紫臭海蛹
Travisia pupa Moore, 1906

标本采集地： 黄海。

形态特征： 体蛆蛹状，较宽短。前端尖，体后部一般稍粗，末端圆钝。除口前叶外，体表皆具泡状结构。第 1 刚节具环轮。鳃始于第 2 刚节，短指状。从第 2 刚节起出现不明显的背、腹叶。体后部疣足两侧具横排的瘤疣。具 29～30 个刚节，第 11～14 刚节具 2 个环轮，之后为 3 个环轮。体长 8～40mm，宽 3～8mm。

生态习性： 栖息于潮下带褐色软泥或褐色泥沙中，水深 23～46m。

地理分布： 黄海；美国阿拉斯加，鄂霍次克海。

参考文献： 刘瑞玉，2008；杨德渐和孙瑞平，1988；孙瑞平和杨德渐，2004。

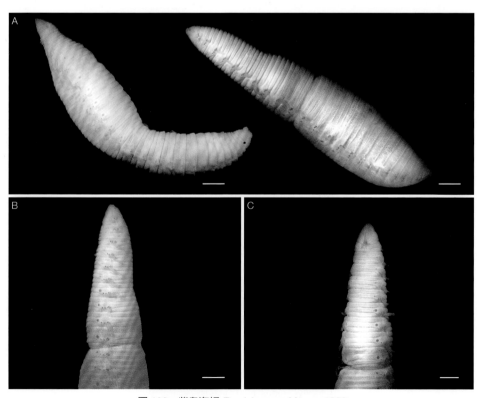

图 122　紫臭海蛹 *Travisia pupa* Moore, 1906
A. 整体侧面观；B. 体前端侧面观；C. 体前端腹面观
比例尺：A = 2mm；B = 2mm；C = 1mm

日本臭海蛹
Travisia japonica Fujiwara, 1933

标本采集地： 河北北戴河。

形态特征： 体呈背、腹稍凸的蛆形。口前叶尖锥形，具双环轮。第1刚节位于口前部。鳃始于第2刚节，止于体后部。前16个刚节具3个环轮，后为2个环轮，至第28刚节后为1个环轮。疣足从第15～20刚节起最发达，除具须状鳃外，还具叶片状背、腹须，具2束刚毛。肛节具6个指状肛须。除口前叶前半部外，体表具泡状结构。体长10～150mm，宽4～15mm，具35～43个刚节。

生态习性： 栖息于潮间带沙滩中。

地理分布： 黄海；日本。

参考文献： 刘瑞玉，2008；杨德渐和孙瑞平，1988；孙瑞平和杨德渐，2004。

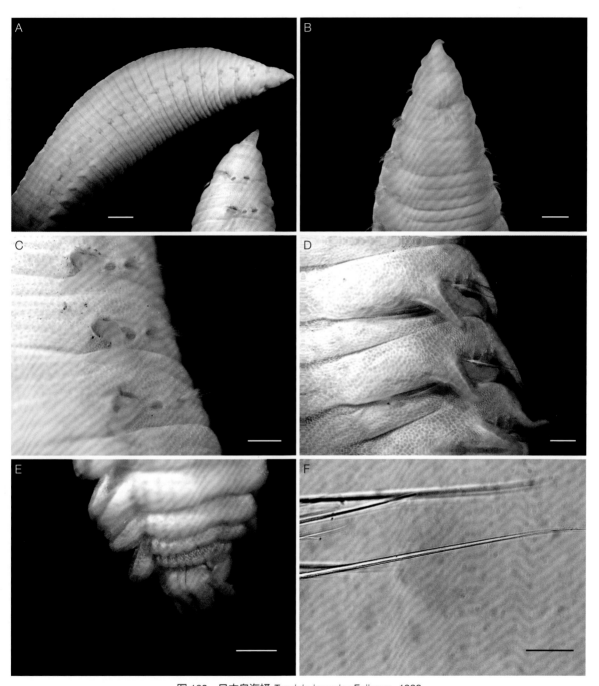

图 123　日本臭海蛹 *Travisia japonica* Fujiwara, 1933

A. 体前端侧面观及放大；B. 体前端腹面观；C. 体前部疣足；D. 体后部疣足；E. 尾部；F. 毛状刚毛

比例尺：A = 2mm；B = 1mm；C = 0.5mm；D = 0.5mm；E = 0.5mm；F = 50μm

长简锥虫
Leitoscoloplos pugettensis (Pettibone, 1957)

同物异名： *Haploscoloplos elongates* (Johnson, 1901)

标本采集地： 河北北戴河。

形态特征： 口前叶尖锥形，胸部和腹部以第 15 ～ 20 刚节为界。鳃始于第 12 ～ 16 刚节，开始为乳突状，后渐变为长柱状，具缘须。胸部背足叶和腹足叶均具枕状垫，上有一乳突；第 15 ～ 18 刚节背、腹足叶呈小叶状，仅具横排细齿毛刚毛。腹部背足叶为叶片状，无内须；腹足叶分一大一小两叶，无腹须。体长 7 ～ 40mm，宽 1 ～ 3mm，具 30 ～ 100 个刚节。

生态习性： 栖息于泥沙、泥或褐色软泥中，水深 16 ～ 44m。

地理分布： 渤海，黄海，南海；日本，美国阿拉斯加、加利福尼亚，加拿大，墨西哥。

参考文献： 刘瑞玉，2008；杨德渐和孙瑞平，1988；孙瑞平和杨德渐，2004。

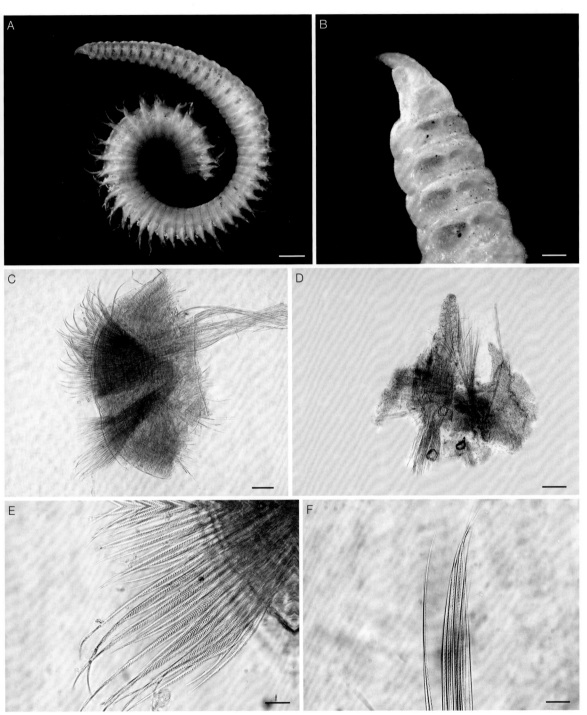

图 124　长简锥虫 *Leitoscoloplos pugettensis* (Pettibone, 1957)
A. 整体（破损）；B. 体前端侧面观；C. 体前部疣足；D. 体后部疣足；E、F. 细齿毛刚毛
比例尺：A = 1mm；B = 200μm；C = 100μm；D = 0.5mm；E = 50μm；F = 20μm

红刺尖锥虫
Leodamas rubrus (Webster, 1879)

标本采集地： 北部湾。

形态特征： 虫体细长、扁平，胸区通常具 14～24 个刚节。口前叶尖锥形，长大于宽，基部两边到围口节前缘背侧具 1 对项器，狭缝状。鳃始于第 6 刚节，舌状，末端尖细，有缘须。胸区背疣足后刚叶指状，始于第 1 刚节，腹区背疣足后刚叶类似。胸区腹疣足后刚叶呈长的扁平枕状，腹区腹疣足后刚叶末端分为两叶，近背侧者钝圆、较短，近腹侧者细长、须状。腹疣足腹叶腹侧无凸缘及腹面乳突，无间须。胸区背疣足具细齿毛刚毛，腹区背疣足具细齿毛刚毛和 2～3 根二叉刚毛，前腹区刚节具 3～4 根背足刺，包被，其后多为 2 根。酒精标本棕黄色或黄色。体长 15～42mm，宽约 1.5mm，具 100 多个刚节。

生态习性： 栖息于细砂或泥中，水深 33～42m。

地理分布： 黄海，东海，南海，北部湾，广西白龙尾；墨西哥湾，大西洋。

参考文献： 刘瑞玉，2008；杨德渐和孙瑞平，1988；孙瑞平和杨德渐，2004；孙悦，2018。

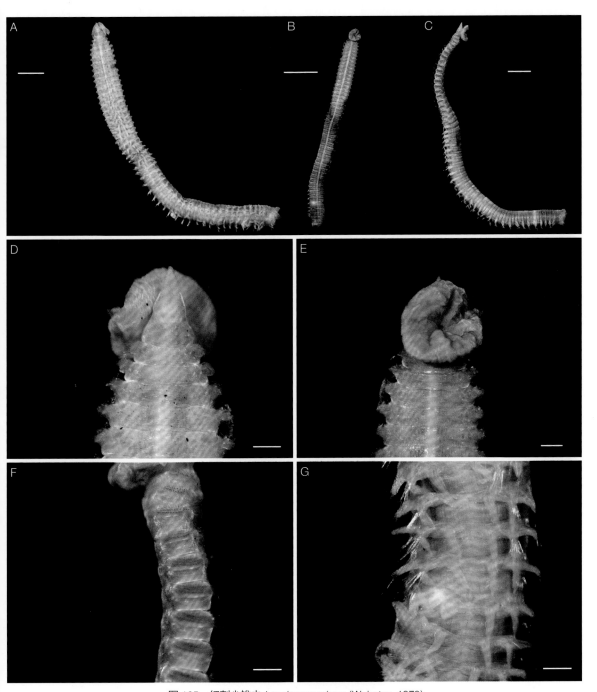

图 125　红刺尖锥虫 *Leodamas rubrus* (Webster, 1879)

A. 整体背面（缺损）；B. 整体腹面；C. 整体侧面；D. 体前端背面观；E. 体前端腹面观；F. 胸部疣足；G. 腹部疣足

比例尺：A = 1mm；B = 2mm；C = 1mm；D = 200μm；E = 200μm；F = 200μm；G = 200μm

叉毛锥头虫
Orbinia dicrochaeta Wu, 1962

标本采集地: 山东青岛。

形态特征: 胸区扁平,24 ~ 27 节;腹区圆柱状,节间刚节明显,始于第 1 刚节。后胸区及腹区节间刚节中部前缘具一卵圆形突起,两侧具缘须。鳃始于第 11 ~ 13 刚节,开始较小,后急剧变大,腹区中后部刚节鳃具缘须。口前叶锥形,末端较尖,无眼点,围口节前缘背侧缘具 1 对项器,狭缝状。胸区背疣足后刚叶指状,始于第 1 刚节,腹区背疣足后刚叶类似,短小。胸区腹疣足扁平枕状,前 13 ~ 17 个刚节后刚叶仅具 1 个中乳突,后逐渐增长至 3 个。腹疣足刚叶末端分为两叶,内叶大于外叶。腹疣足刚叶腹侧具凸缘。腹面乳突始于第 21 ~ 25 刚节,1 ~ 2 个,后逐渐增长,后 5 ~ 8 个刚节增长至每侧 11 个,几乎在腹中线相连,后逐渐减少至消失。间须始于胸区第 3 ~ 5 刚节,分布至腹区第 7 ~ 13 刚节。胸区背疣足具成束细齿毛刚毛。腹区背疣足具细齿毛刚毛和 1 ~ 3 根二叉刚毛,具 3 根足刺。胸区腹疣足具 3 ~ 4 排亚钩刚毛、1 短排钩刚毛及 2 排细齿毛刚毛,钩刚毛位于腹疣足后刚叶中乳突腹侧,并向腹侧延伸。亚钩刚毛基部粗壮,约具 10 横排锯齿,锯齿非常明显,刚毛末端中间稍凹陷,横排锯齿不明显。钩刚毛末端较钝,具巾包绕,具数排不明显锯齿。腹区腹疣足具 4 ~ 6 根细齿毛刚毛和 1 根细足刺。

生态习性: 常栖息于潮间带和潮下带泥质与软泥底质中。

地理分布: 黄海,东海,南海。

参考文献: 刘瑞玉,2008;杨德渐和孙瑞平,1988;孙瑞平和杨德渐,2004;孙悦,2018。

图 126-1　叉毛锥头虫 *Orbinia dicrochaeta* Wu, 1962 体前端背面观（引自孙悦，2018）

比例尺：1mm

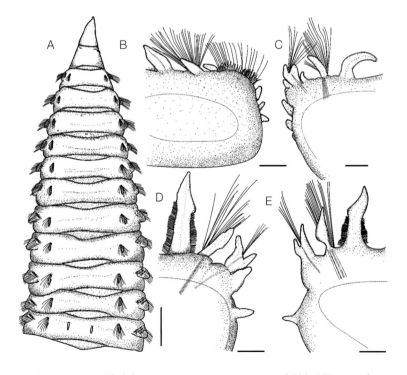

图 126-2　叉毛锥头虫 *Orbinia dicrochaeta* Wu, 1962（引自孙悦，2018）

A. 前部体节背视图；B. 前胸区疣足；C. 前腹区疣足；D. 中腹区疣足；E. 后腹区疣足

比例尺：A =0.5mm，B ～ E =0.2mm

矛毛虫
Phylo felix Kinberg, 1866

标本采集地: 山东青岛。

形态特征: 口前叶圆锥形。鳃始于第 5 刚节。胸部具 18 ～ 23 个刚节,前胸为第 1 ～ 15 刚节,疣足腹足叶起初具 2 ～ 3 个乳突,以后增多,背刚毛锯齿毛状,腹刚毛细毛状和钩状;后胸为第 16 ～ 23 刚节,疣足腹足叶乳突可达 10 多个,具细齿毛刚毛、钩状刚毛和矛形粗刚毛。腹部疣足背叶长叶片状,有内须;腹叶分两叶,有腹须。腹面乳突始于第 14(或第 15)刚节,止于第 24 ～ 27 刚节,乳突数目在 24 ～ 28 个,第 16 ～ 26 刚节最多。酒精标本褐色或深褐色。体长 40 ～ 80mm,宽 4 ～ 5mm,具 100 多个刚节。

生态习性: 栖息于软泥中,水深 13.8m。

地理分布: 渤海,黄海;日本。

参考文献: 刘瑞玉,2008;杨德渐和孙瑞平,1988;孙瑞平和杨德渐,2004。

图 127　矛毛虫 *Phylo felix* Kinberg, 1866
A. 整体（破损）；B. 体前端背面观；C. 体前端腹面观；D、E. 体前部疣足；F. 体后部疣足；G. 细齿刚毛
比例尺：A = 1mm；B = 1mm；C = 0.2mm；D = 200μm；E = 0.5mm；F = 0.5mm；G = 100μm

锥头虫科分属检索表

1.胸部仅具细齿毛刚毛；腹部腹刚叶无足刺刚毛 ....
....简锥虫属 *Leitoscoloplos*（长简锥虫 *L. pugettensis*）

- 胸部有的刚节具多种刚毛..2

2.胸部疣足具 2 种不同的腹刚叶；后胸部腹叶具矛状刚毛...........矛毛虫属 *Phylo*（矛毛虫 *P. felix*）

- 胸部疣足腹刚叶同形 3

3.胸区部分刚节具成排腹面乳突 ....锥头虫属 *Orbinia*（叉毛锥头虫 *O. dicrochaeta*）

- 胸部无成排腹面乳突；鳃始于第 5 或第 6 刚节，体中后部具外伸的粗刺刚毛..............................
....刺尖锥虫属 *Leodamas*（红刺尖锥虫 *L. rubrus*）

鳃卷须虫
Cirrophorus branchiatus Ehlers, 1908

标本采集地： 北部湾。

形态特征： 口前叶卵圆形，前端圆钝。无眼。项器近乎垂直分布，向后至口前叶后缘。口前叶背面有中央触手，短棒状，向后不超过口前叶后缘。鳃始于第 5 刚节，柳叶状，鳃的数目随着个体大小而变化，15 ～ 25 对，缘具纤毛，具鳃刚节明显宽扁，前 2 对鳃较小，其他对鳃的大小差别不大。疣足背叶后刚叶在第 1 ～ 2 刚节上几乎不可见，在第 4 ～ 5 刚节上呈结节状，鳃区上最发达，呈指状或纺锤状，自第 18 刚节开始逐步退化，在体后部刚节上呈结节状。疣足背叶前刚叶不发达，不可见。疣足腹叶后刚叶为宽突起，仅分布于体前部，体后部刚节上缺失。疣足腹叶前刚叶不发达，不可见。体前部皆为毛状刚毛，细长，无边缘，在前 2 个刚节疣足叶上排列成 2 排，在鳃区的疣足叶上排列成 3 排；腹部疣足叶上刚毛的数量少于背部疣足叶，变形刚毛始于第 8 ～ 18 刚节疣足背叶，基部粗壮，近端处有 1 根足刺，足刺基部有细齿，2 ～ 7 根每束。

生态习性： 栖息于泥质或细沙质底，水深 25 ～ 1500m。

地理分布： 黄海，东海，长江口；南非沿岸，地中海，红海，爱尔兰海，巴伦支海，鄂霍次克海，日本，加拿大，美国。

参考文献： 刘瑞玉，2008；杨德渐和孙瑞平，1988；孙瑞平和杨德渐，2004；周进，2008。

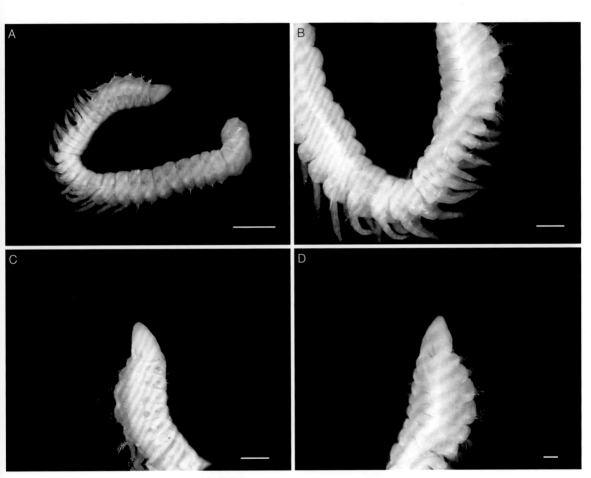

图 128　鳃卷须虫 *Cirrophorus branchiatus* Ehlers, 1908
A. 整体（缺损）；B. 疣足；C. 体前端侧面观；D. 体前端腹面观
比例尺：A = 0.5mm；B = 200μm；C = 200μm；D = 100μm

锥毛似帚毛虫
Lygdamis giardi (McIntosh, 1885)

标本采集地： 山东青岛。

形态特征： 壳盖、柄盖柄两叶完全分离，仅基部融合。壳盖柄长，腹侧面具密集成数横排的触手须，1 对长而大的有沟触角，背面具 1 对粗长、前端弯曲小于 90° 的棕黑色项钩刚毛。壳盖为 2 个斜截的椭圆形对称叶，各具 2 圈稃片刚毛。外稃片刚毛 37～55 对，为光滑透明、金黄色、稍不对称、末端直的尖锥形。内稃片刚毛 16～19 对，为深褐色的髓、较粗的钝锥形。外稃片刚毛基部具一圈 25～30 对乳突状的须。前胸区：2 个刚节，背鳃光滑、细指状，疣足单叶型，仅具毛状腹刚毛。后胸区：4 个刚节，背鳃光滑、细指状，疣足双叶型，具 8～10 根粗的桨状背刚毛，腹足叶似背足叶，但突起小，具毛状腹刚毛。前腹区：肠胃橄榄色（腹区第 1～5 刚节），背鳃皆为梳状（酒精固定标本常为橄榄色），具双叶型疣足，背齿片枕半圆形，梳状背齿片椭圆形、约具 8 个齿，腹刚毛毛状一侧具细齿。后腹区：背齿片与前腹区者相似，但较小，无背鳃。尾区：约与后腹区 5 个刚节等长，光滑，无疣足和刚毛，弯向腹面，肛门位于末端。栖管坚实，上具粗沙和贝壳等。体长 17～40mm，宽 3～4mm，具 26～36 个刚节，无刚节的尾区长约 5mm。

生态习性： 栖息于粗砂和碎贝壳中，水深 25m。

地理分布： 黄海；澳大利亚，日本。

参考文献： 刘瑞玉，2008；杨德渐和孙瑞平，1988；孙瑞平和杨德渐，2014。

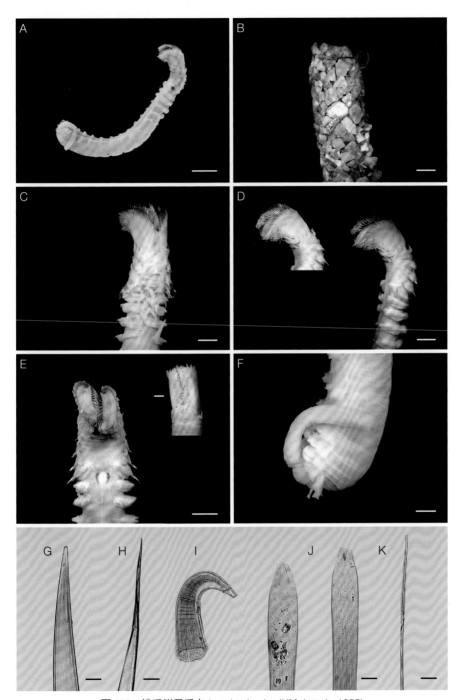

图 129　锥毛似帚毛虫 *Lygdamis giardi* (McIntosh, 1885)

A. 整体；B. 栖管；C. 体前端背面观；D. 体前端侧面观；E. 体前端腹面观；F. 尾部；G. 内稃片刚毛；H. 外稃片刚毛；I. 背钩刚毛；

J. 后胸区刷状刚毛；K. 腹区毛状腹刚毛

比例尺：A = 2mm；B = 2mm；C = 2mm；D = 2mm；E = 1mm；F = 1mm；G = 100μm；H = 100μm；I = 100μm；J = 50μm；

K = 50μm

龙介虫科 Serpulidae Rafinesque, 1815

角管虫属 *Ditrupa* Berkeley, 1835

角管虫
Ditrupa arietina (O. F. Müller, 1776)

标本采集地： 黄海北部。

形态特征： 壳盖圆锥形，壳盖板石灰质，呈棕黄色、扁平状。胸部 6 个刚节，无领刚毛，背刚毛为单翅毛状，腹部腹刚毛为毛状。胸、腹部齿片刚毛形状相似，前缘齿大且长。虫管白色象牙状，前端粗，末端细，具 2 层，里层白色，外层半透明，前端近开口处有 1 ～ 2 个环状收缩。标本长 20 ～ 23mm，宽 0.9 ～ 1mm。壳管长 28 ～ 30mm，宽 1mm。

生态习性： 栖息于潮下带。

地理分布： 黄海，南海，南沙群岛；菲律宾，红海，大西洋，地中海，澳大利亚，日本，朝鲜半岛南部。

参考文献： 刘瑞玉，2008；杨德渐和孙瑞平，1988；孙瑞平和杨德渐，2014。

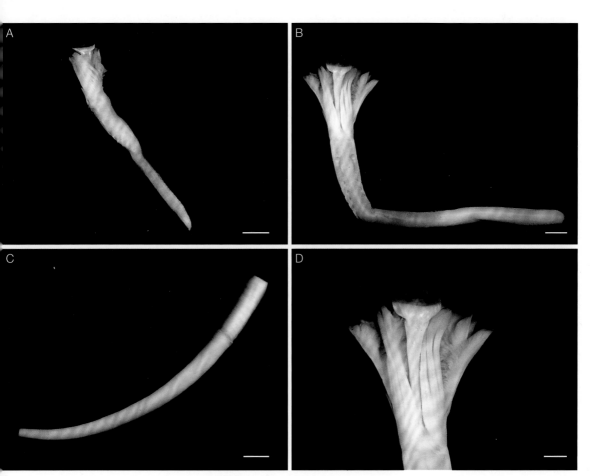

图 130　角管虫 *Ditrupa arietina* (O. F. Müller, 1776)

A. 整体侧面观；B. 整体背面观；C. 栖管；D. 鳃冠

比例尺：A = 1mm；B = 1mm；C = 2mm；D = 0.5mm

基刺盘管虫
Hydroides basispinosa Straughan, 1967

标本采集地： 辽宁大连。

形态特征： 鳃冠具 2 个半圆形的鳃叶，鳃叶上各具 8 ～ 12 根末端尖细的放射状鳃丝，鳃丝具很多鳃羽枝。壳盖柄光滑，圆柱状。壳盖为 2 层，下层壳盖漏斗前缘具 30 ～ 40 个锥形的缘齿；上层壳盖冠具 7 ～ 9 根近等长、形状相似的棘刺，其中 1 ～ 3 根棘刺向冠内弯曲。胸区具 7 个刚节。第 1 刚节：领 3 叶，背叶 1 对较小，腹叶 1 个较宽大；具细长的毛状领刚毛和光滑且基部具 2 个大齿的枪刺状领刚毛；胸膜延伸至最后 1 个胸刚节。胸区其余的 6 个刚节具单翅毛状背刚毛和有 5 ～ 7 个齿的锯齿腹齿片。腹区刚节数多于胸区。腹区的锯齿腹齿片与胸区相似但较小，具 7 或 8 个齿。腹区喇叭状刚毛具 10 多个小齿，侧边 1 个齿较大。虫管白色，圆柱状，长 10 ～ 15mm，表面具 2 或 3 条纵脊和许多不规则的横纹。体长（包括鳃冠）10 ～ 35mm，宽（胸区最宽处）1.2 ～ 1.5mm，具 60 ～ 90 个刚节。

生态习性： 常固着在尼龙绳及试板上。

地理分布： 黄海，东海，南海；澳大利亚。

参考文献： 刘瑞玉，2008；杨德渐和孙瑞平，1988；孙瑞平和杨德渐，2014。

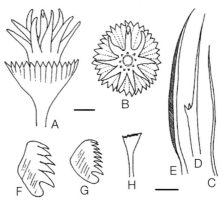

图 131-1　基刺盘管虫 *Hydroides basispinosa* Straughan, 1967（引自孙瑞平和杨德渐，2014）
A. 壳盖侧面观；B. 壳盖顶面观；C. 毛状领刚毛；D. 枪刺状领刚毛；E. 胸区翅毛状背刚毛；F. 胸区锯齿腹齿片；G. 腹区锯齿背齿片；H. 胸区喇叭状腹刚毛
比例尺：A、B = 0.25mm；C ～ H = 0.05mm

图 131-2　基刺盘管虫 *Hydroides basispinosa* Straughan, 1967

A. 整体；B. 体前端侧面观；C. 鳃冠；D. 壳盖

比例尺：A = 2mm；B = 1mm；C = 1mm；D = 200μm

华美盘管虫
Hydroides elegans (Haswell, 1883)

标本采集地： 辽宁大连。

形态特征： 鳃冠为无色斑的 2 个半圆形鳃叶，鳃叶上各具 8 ~ 19 根鳃丝，鳃丝羽枝较长，鳃丝裸露的末端为鳃丝全长的 1/5。壳盖柄光滑，圆柱状，与壳盖漏斗间不具收缩部。壳盖为 2 层结构：壳盖漏斗具 30 ~ 42 根放射状辐，缘齿尖锥形；壳盖冠无中央齿或中央齿仅呈小突起状，具 14 ~ 17 根等大且同形的棘刺，每根棘刺具 2 ~ 5 对侧小刺和 1 ~ 4 根内小刺，无外小刺。领刚毛为毛状刚毛和枪刺状刚毛，基部有几个大齿及许多小齿向下纵排成齿带。胸区具 7 个刚节，胸部背刚毛单翅毛状。腹部腹刚毛喇叭状。胸部、腹部齿片刚毛有 7 ~ 8 个齿。虫管白色，圆柱状，管壁较薄，管口近圆形，管表面具很多宽窄不等的生长横纹和 2 条明显或不明显的纵脊，虫管常盘绕成丛。体长 8 ~ 20mm，宽 1.0 ~ 1.5mm，具 65 ~ 80 个刚节。

生态习性： 附着生长，水深 0 ~ 42m。

地理分布： 渤海，黄海，东海，南海；广布于温带、亚热带和热带的内湾海域。

参考文献： 刘瑞玉，2008；杨德渐和孙瑞平，1988；孙瑞平和杨德渐，2014。

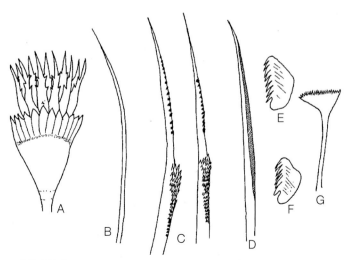

图 132-1　华美盘管虫 *Hydroides elegans* (Haswell, 1883)（引自孙瑞平和杨德渐，2014）
A. 壳盖；B. 毛状领刚毛；C. 枪刺状领刚毛；D. 胸区翅毛状背刚毛；E. 胸区锯齿腹齿片；F. 腹区锯齿背齿片；
G. 腹区喇叭状腹刚毛

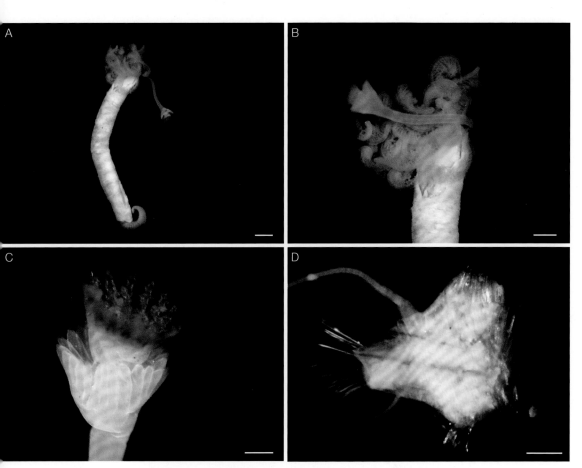

图 132-2　华美盘管虫 *Hydroides elegans* (Haswell, 1883)

A. 整体；B. 鳃冠；C. 壳盖；D. 疣足

比例尺：A = 1mm；B = 0.5mm；C = 200μm；D = 0.5mm

内刺盘管虫

Hydroides ezoensis Okuda, 1934

标本采集地： 辽宁大连。

形态特征： 鳃冠为 2 个半圆形的鳃叶，鳃叶上各具 19～23 根放射状排列的鳃丝。壳盖柄光滑，圆柱状。壳盖 2 层，均为黄色几丁质漏斗状，下层壳盖漏斗缘有 45～50 个锯齿，上层壳盖冠有 21～30 个尖锥状棘刺，大小形状相同，每个棘刺的里面有 4～6 个小内刺。常具伪壳盖。胸区具 7 个刚节，具胸膜。领刚毛细毛状和枪刺状，基部有 2 个刺突，胸部背刚毛单翅毛状；腹部腹刚毛喇叭状，有 20 多个小齿。胸部齿片和腹部相似，有 6～7 个齿。虫管白色，厚，互相不规则地盘绕。每个管上常有 2 条平行纵脊，但不很明显，管口近圆形。体长可达（包括鳃冠）28～40mm，宽（胸区最宽处）1.5～2.0mm，具 100 多个刚节。

生态习性： 附着生长。

地理分布： 渤海，黄海，东海，南海；俄罗斯，日本。

参考文献： 刘瑞玉，2008；杨德渐和孙瑞平，1988；孙瑞平和杨德渐，2014。

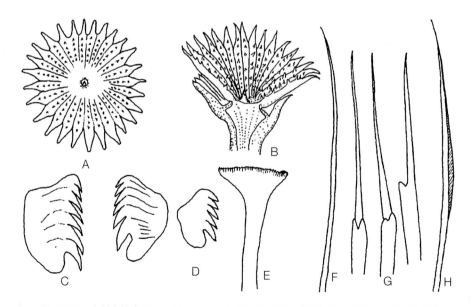

图 133-1　内刺盘管虫 *Hydroides ezoensis* Okuda, 1934（引自孙瑞平和杨德渐，2014）
A. 壳盖冠顶面观；B. 壳盖剖面观；C. 胸区锯齿腹齿片；D. 腹区锯齿背齿片；E. 腹区喇叭状腹刚毛；F. 细毛状领刚毛；G. 枪刺状领刚毛；H. 胸区单翅毛状背刚毛

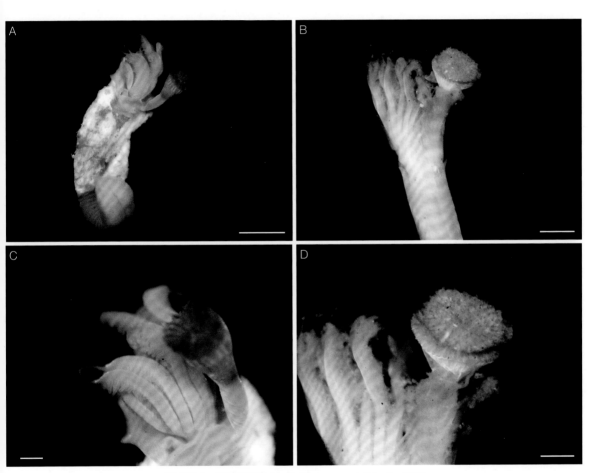

图 133-2　内刺盘管虫 *Hydroides ezoensis* Okuda, 1934
A. 整体；B. 体前端背面观；C. 鳃冠；D. 壳盖
比例尺：A = 1mm；B = 1mm；C = 200μm；D = 0.5mm

小刺盘管虫
Hydroides fusicola Mörch, 1863

标本采集地： 山东崂山。

形态特征： 鳃冠为 2 个半圆形的鳃叶，鳃叶上各具 19 ～ 23 根放射状排列的鳃丝。壳盖柄光滑，圆柱状。壳盖 2 层，下层漏斗状，边缘有 30 多个尖齿，上层有 14 ～ 16 个尖锥状棘刺且稍向外伸，每个棘刺近基部有 1 个小刺。常具伪壳盖。领部有毛状刚毛和枪刺状刚毛，其基部有 2 ～ 4 个齿。胸区具 7 个刚节，具胸膜，背刚毛为单翅毛状。腹区刚节数多于胸区，腹刚毛为喇叭状。胸部、腹部齿片刚毛有 5 ～ 6 个齿。虫管白色，呈不规则的盘状，表面具 2 条近平行的纵脊和许多生长环纹，管口近梯形，常多盘绕在一起呈块状。体长可达 10 ～ 40mm，宽 0.5 ～ 2.5mm，具 100 多个刚节。

生态习性： 栖息于黄褐色软泥中或附着生长，水深 0 ～ 32m。

地理分布： 渤海，黄海；加罗林群岛，摩洛哥，大西洋，太平洋，地中海，日本。

参考文献： 刘瑞玉，2008；杨德渐和孙瑞平，1988；孙瑞平和杨德渐，2014。

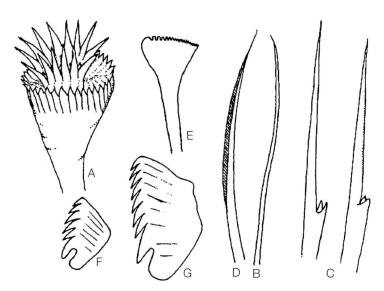

图 134-1　小刺盘管虫 *Hydroides fusicola* Mörch, 1863（引自孙瑞平和杨德渐，2014）

A. 壳盖侧面观；B. 毛状领刚毛；C. 枪刺状领刚毛；D. 胸区翅毛状背刚毛；E. 腹区喇叭状腹刚毛；F. 腹区锯齿背齿片；G. 胸区锯齿腹齿片

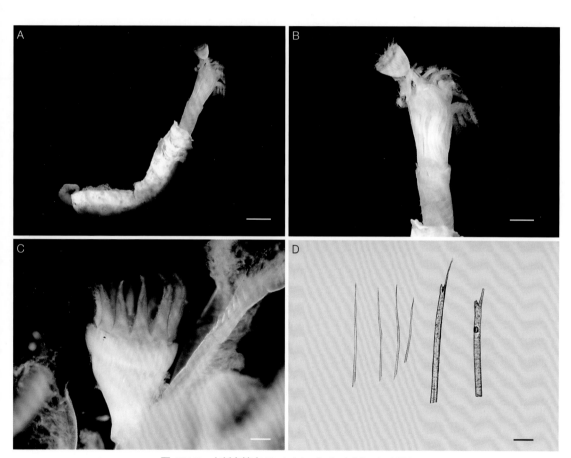

图 134-2　小刺盘管虫 *Hydroides fusicola* Mörch, 1863

A. 整体；B. 体前端侧面观；C. 壳盖；D. 领刚毛

比例尺：A = 2mm；B = 1mm；C = 200μm；D = 100μm

棒棘盘管虫
Hydroides novaepommeraniae Augener, 1925

标本采集地： 辽宁大连。

形态特征： 鳃冠为 2 个半圆形的鳃叶，鳃叶上各具 10～12 根鳃丝。壳盖柄光滑，圆柱状。壳盖为 2 层结构，下层壳盖漏斗具 20～28 个锥形缘齿，上层壳盖冠具 8～10 根近等大且同形、末端尖或钝圆的梭形棘刺，每根棘刺基部皆具 1 个内小刺。胸区 7 个刚节，具胸膜。第 1 刚节的领 3 叶，具光滑的细毛状领刚毛和光滑且基部具 2 个大齿的枪刺状领刚毛。胸区其余 6 个刚节背刚毛翅毛状，锯齿腹齿片近三角形，具 6 或 7 个齿。腹区刚节数多于胸区，喇叭状腹刚毛具多个齿，腹区与胸区锯齿腹齿片相似，具 5 或 6 个齿。虫管白色，盘状。体长（包括鳃冠）10～15mm，宽（胸区最宽处）0.5～0.8mm，具 50～60 个刚节。

生态习性： 固着于尼龙绳架、试板上。

地理分布： 黄海，南海；澳大利亚，菲律宾。

参考文献： 刘瑞玉，2008；杨德渐和孙瑞平，1988；孙瑞平和杨德渐，2014。

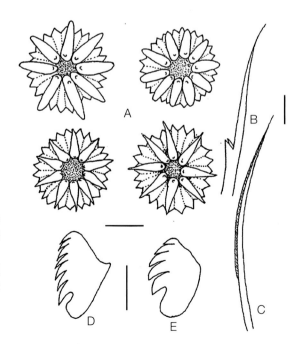

图 135-1　棒棘盘管虫 *Hydroides novaepommeraniae* Augener, 1925（引自孙瑞平和杨德渐，2014）
A. 壳盖不同个体顶面观；B. 枪刺状领刚毛；C. 胸区毛状背刚毛；D. 胸区锯齿腹齿片；E. 胸区锯齿背齿片
比例尺：A = 0.5mm；B、C = 0.1mm；D、E = 0.01mm

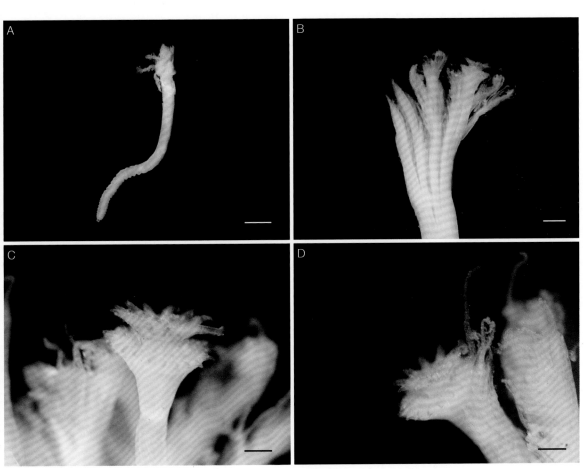

图 135-2　棒棘盘管虫 *Hydroides novaepommeraniae* Augener, 1925
A. 整体；B. 鳃冠；C、D. 壳盖
比例尺：A = 1mm；B = 0.5mm；C = 200μm；D = 200μm

中华盘管虫
Hydroides sinensis Zibrowius, 1972

标本采集地： 河北北戴河。

形态特征： 鳃冠为 2 个半圆形的鳃叶，鳃叶上各具 14 ～ 16 根放射状排列的鳃丝。壳盖柄光滑，圆柱状。壳盖 2 层，下层壳盖漏斗具 30 ～ 45 个钝锥形或尖锥形黄色缘齿，上层壳盖冠具 8 ～ 10 根等大且同形、末端钝的瓶棒状棘刺，每根棘刺 1/3 ～ 1/2 处具 3 ～ 5 个从大到小排列的内小刺，棘刺和内小刺均为棕色或深黄色。常具伪壳盖。胸区 7 个刚节，具胸膜。第 1 刚节的领 3 叶，具光滑的细毛状领刚毛和有 2 个锥状齿的枪刺状领刚毛。胸区其余 6 个刚节具翅毛状背刚毛和近三角形、具 6 或 7 个齿的锯齿状腹齿片。腹区刚节数多于胸区，腹刚毛喇叭状，腹区锯齿状背齿片与胸区相似但较小，具 6 个齿。虫管白色或灰白色，呈不规则的盘状，表面具 2 条平行的纵脊和不规则的生长横纹，管口近圆形。体长（包括鳃冠）15 ～ 30mm，宽（胸区最宽处）1.0 ～ 1.5mm，具 100 多个刚节。

生态习性： 栖息于软泥和泥沙中。

地理分布： 渤海，黄海，东海，南海；地中海。

参考文献： 刘瑞玉，2008；杨德渐和孙瑞平，1988；孙瑞平和杨德渐，2014。

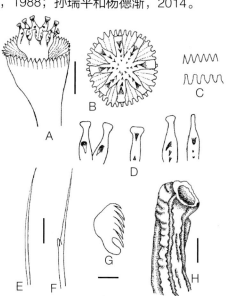

图 136-1 中华盘管虫 *Hydroides sinensis* Zibrowius, 1972（引自孙瑞平和杨德渐，2014）
A. 壳盖顶侧面观; B. 壳盖顶面观（另一标本）; C. 壳盖漏斗缘齿形状的变化; D. 壳盖冠的棘刺（形状和数目的变化）; E. 细毛状领刚毛; F. 枪刺状领刚毛; G. 胸区锯齿腹齿片; H. 虫管（部分）
比例尺：A、B = 0.2mm; C、D = 0.6mm; E、F = 0.1mm; G = 0.01mm; H = 1mm

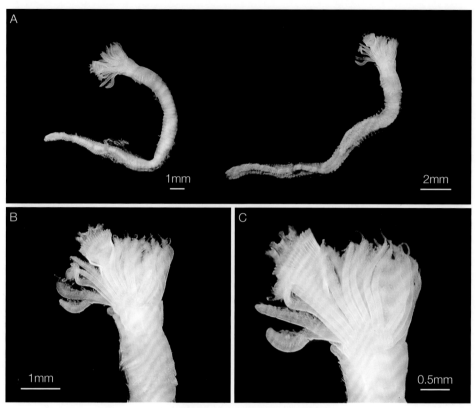

图 136-2 中华盘管虫 *Hydroides sinensis* Zibrowius, 1972
A. 整体；B. 体前端背面观；C. 鳃冠

盘管虫属分种检索表

1.壳盖冠棘刺具 2 ～ 5 对侧小刺；壳盖冠中央齿无或仅呈小突起状 ....华美盘管虫 *H. elegans*

 - 壳盖冠棘刺无侧小刺，具内小刺 2

2.壳盖冠棘刺具多根内小刺 3

 - 壳盖冠棘刺仅具 1 根内小刺 4

3.壳盖冠棘刺尖锥状 ....内刺盘管虫 *H. ezoensis*

 - 壳盖冠棘刺瓶棒状 ....中华盘管虫 *H. sinensis*

4.壳盖冠棘刺仅 1 ～ 3 根内弯 .... 基刺盘管虫 *H. basispinosa*

 - 壳盖冠棘刺不内弯 5

5.壳盖冠棘刺尖锥状 .... 小刺盘管虫 *H. fusicola*

 - 壳盖冠棘刺梭状（末端尖或钝圆）....................................棒棘盘管虫 *H. novaepommeraniae*

哈氏龙介虫
Serpula hartmanae (Reish, 1968)

标本采集地： 山东青岛。

形态特征： 鳃冠的两鳃叶各具 14 ～ 15 根放射状排列的鳃丝。壳盖漏斗浅杯状，具 11 ～ 16 个钝圆的缘齿，与壳盖柄间具紧缩部。壳盖柄光滑，近圆柱形，无翼，端部具瘤或半环状突起。胸区具胸膜，7 个刚节。第 1 刚节的领 3 叶，为 1 个背叶和 2 个腹叶，后伸与胸膜相连并达胸区最后 1 个胸刚节，具有 2 或 3 个大齿和数个小齿的枪刺状领刚毛与翅毛状刚毛。胸区其余 6 个刚节具翅毛状背刚毛和单排 8 个齿的锯齿腹齿片。腹区刚节数多于胸区，腹区的锯齿腹齿片与胸区相似但较小，呈单排 8 个齿的锯齿状。后腹区的背齿片为纵排约 8 个齿、横排 1 ～ 4 个齿的锉状。前腹区的腹刚毛扁喇叭状，后腹区仅具长的毛状腹刚毛。虫管白色或灰白色，呈不规则的盘状，前壁较薄，具 2 条低的纵脊。体长 4 ～ 12mm，宽 0.2 ～ 0.5mm。

生态习性： 栖息于粗沙、细沙、泥质沙中或附着生长，水深 0 ～ 106m。

地理分布： 黄海，南海；印度太平洋岛屿。

参考文献： 刘瑞玉，2008；杨德渐和孙瑞平，1988；孙瑞平和杨德渐，2014。

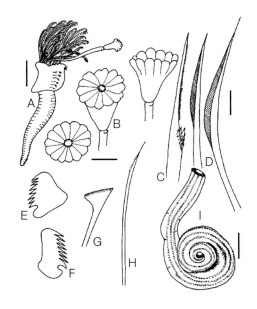

图 137-1 哈氏龙介虫 *Serpula hartmanae* (Reish, 1968)（引自孙瑞平和杨德渐，2014）
A. 虫体侧面观；B. 壳盖；C. 枪刺状领刚毛；D. 胸区翅毛状背刚毛；E. 胸区腹齿片；F. 腹区背齿片；G. 腹区喇叭状腹刚毛；H. 后腹区毛状刚毛；I. 虫管
比例尺：A = 0.5mm；B = 0.25mm；C ～ H = 0.01mm；I = 1mm

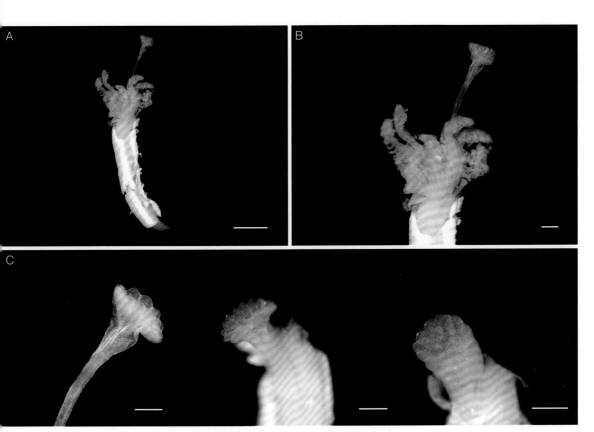

图 137-2　哈氏龙介虫 *Serpula hartmanae* (Reish, 1968)
A. 整体；B. 体前端背面观；C. 壳盖
比例尺：A = 1mm；B = 0.5mm；C = 200μm

四脊管龙介虫
Serpula tetratropia Imajima & ten Hove, 1984

标本采集地： 南海。

形态特征： 鳃冠的两鳃叶各具 16 ～ 17 根放射状排列的鳃丝。壳盖漏斗具 18 ～ 26 个钝圆的缘齿。壳盖柄光滑，近圆柱形，与壳盖漏斗间具紧缩部。常具伪壳盖。胸区具胸膜，7 个刚节。第 1 刚节的领 3 叶，为 1 个腹叶和 2 个侧背叶，后伸与胸膜相连并达胸区最后 1 个胸刚节。领刚毛为基部具 2 ～ 4 个大锥形齿和若干小齿的枪刺状与具细刺的毛状。胸区其余 6 个刚节具翅毛状背刚毛和单排 5 或 6 个齿的锯齿腹齿片。腹区刚节数多于胸区。前腹区具单排 4 或 5 个齿的锯齿背齿片，后腹区的背齿片为纵排 5 或 6 个齿、横排 2 或 3 个齿的锉状。前腹区的腹刚毛扁喇叭状，后腹区仅具长的毛状刚毛。虫管白色，壁厚，呈不规则的盘状，壳面具 3 或 4 条细的纵脊和很多生长横纹。虫管横切面近梯形，管口为圆形。体长（包括鳃冠）7 ～ 10mm，宽（胸区最宽处）1.0 ～ 1.2mm。

生态习性： 栖息于粗沙贝壳和泥沙底质中，水深 40 ～ 106m。

地理分布： 黄海，南海北部；日本，加罗林群岛。

参考文献： 刘瑞玉，2008；杨德渐和孙瑞平，1988；孙瑞平和杨德渐，2014。

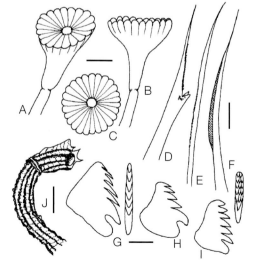

图 138-1　四脊管龙介虫 *Serpula tetratropia* Imajima & ten Hove, 1984（引自孙瑞平和杨德渐，2014）

A、B. 壳盖侧面观；C. 壳盖顶面观；D. 枪刺状领刚毛；E. 毛状领刚毛；F. 胸区翅毛状背刚毛；G. 胸区腹齿片；H. 前腹区背齿片；I. 后腹区锉状齿片；J. 虫管

比例尺：A ～ C = 0.5mm；D ～ F = 0.05mm；G ～ I = 0.01mm；J = 1mm

图 138-2　四脊管龙介虫 *Serpula tetratropia* Imajima & ten Hove，1984
A. 鳃冠；B. 壳盖
比例尺：A = 0.5 mm；B = 200μm

龙介虫科分属检索表

1. 具壳盖，壳柄无鳃羽枝；虫管象牙状，不附着生活 .... 角管虫属 *Ditrupa*（角管虫 *D. arietina*）

- 具壳盖，壳柄无鳃羽枝；虫管非象牙状，附着生活 2

2. 粗领刚毛近基部具 2 或多个大齿；壳盖双层，具漏斗部和冠部 .... 盘管虫属 *Hydroides*

- 粗领刚毛近基部具 2 或多个大齿；壳盖仅具漏斗部，壳盖基部无明显的突起 ....
 .... 龙介虫属 *Serpula*（哈氏龙介虫 *S. hartmanae*，四脊管龙介虫 *S. tetratropia*）

缨鳃虫科 Sabellidae Latreille, 1825

真旋虫属 *Eudistylia* Bush, 1905

凯氏真旋虫

Eudistylia catharinae Banse, 1979

标本采集地： 山东青岛。

形态特征： 鳃冠的两鳃叶排成螺旋状，具 30～60 对放射状排列的鳃丝。每根鳃丝上具不成对（单排或少数双排）的复合眼 10～25 个，个别标本鳃丝基部具数个成对的复合眼。胸区和腹区的腹面具腺盾。胸区 8 个刚节。领节长于其后的胸节，领的背中央、侧面和腹面皆具深凹或裂隙。领 4 叶，1 对靠近背叶为三角形，1 对腹叶为半圆形。领刚毛为双翅毛状。胸区的其余刚节疣足的背上刚毛为双翅毛状，背下刚毛为末端尖的秤片状。胸区的腹齿片枕宽，具 2 排刚毛，一排为主齿上的鸟头状齿片，另一排为小旗状的伴随腹刚毛。腹区具很多刚节。腹区的第 1 背齿片枕短于胸区最后 1 个刚节的腹齿片枕，腹区背齿片与胸区类似，但较小且柄长，无伴随腹刚毛，腹区腹刚毛为双翅毛状。虫管棕色，硬膜质，易碎，其上具很多细沙。固定标本鳃冠及其基部具棕色带。体长（不含鳃冠）100～200mm，鳃冠长 8～20mm，体宽 5～10mm，具 100～300 个刚节。沙子口活标本虫管长 480mm，鳃冠长 28mm，体宽 6～8mm，虫管末端封闭状。

生态习性： 栖息于潮间带泥沙滩中。

地理分布： 黄海；加拿大哥伦比亚、温哥华。

参考文献： 刘瑞玉，2008；杨德渐和孙瑞平，1988；孙瑞平和杨德渐，2014。

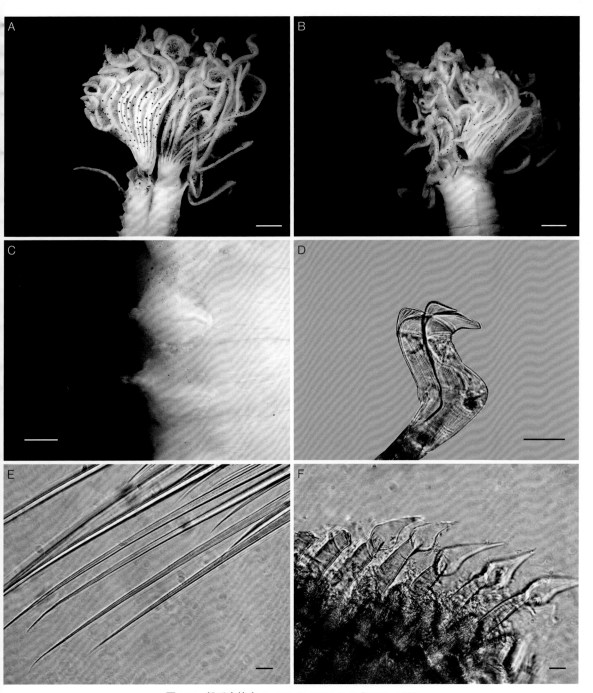

图 139　凯氏真旋虫 *Eudistylia catharinae* Banse, 1979

A. 体前端背面观；B. 体前端腹面观；C. 疣足；D. 鸟头状齿片；E. 双翅毛状刚毛；F. 胸区伴随腹刚毛

比例尺：A = 2mm；B = 2mm；C = 0.5mm；D = 50μm；E = 20μm；F = 20μm

温哥华真旋虫
Eudistylia vancouveri (Kinberg, 1866)

标本采集地：山东青岛。

形态特征：鳃冠的鳃丝为螺旋状排列，鳃羽枝呈单行，外突起基部有深咖啡色斑，眼点清楚，为单排或双排。领背面分离，腹面有缺陷，两侧有缺刻，故领为4叶。胸区背、腹面有深棕色斑，具双翅毛状刚毛和匙状背稃刚毛；腹刚毛2排，一排为鸟头状齿片，另一排为掘斧状伴随刚毛。腹区背齿片与胸区相似，腹刚毛为双翅毛状。砂革质栖管。体长85～300mm，鳃冠长10～30mm，体宽10～20mm。

生态习性：栖息于低潮带泥沙滩中。

地理分布：黄海；加拿大温哥华岛，美国阿拉斯加、加利福尼亚。

参考文献：刘瑞玉，2008；杨德渐和孙瑞平，1988；孙瑞平和杨德渐，2014。

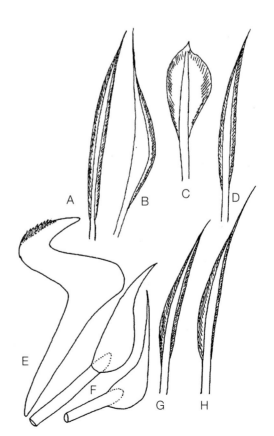

图140-1 温哥华真旋虫 *Eudistylia vancouveri* (Kinberg, 1866)（引自孙瑞平和杨德渐，2014）

A. 胸区双翅毛状背上刚毛；B. 胸区单翅毛状背上刚毛；C. 胸区匙状背稃刚毛；E. 胸区鸟头状齿片；F. 胸区伴随腹刚毛；G、H. 腹区双翅毛状腹刚毛

比例尺：A、B = 2mm；C ～ H = 0.02mm

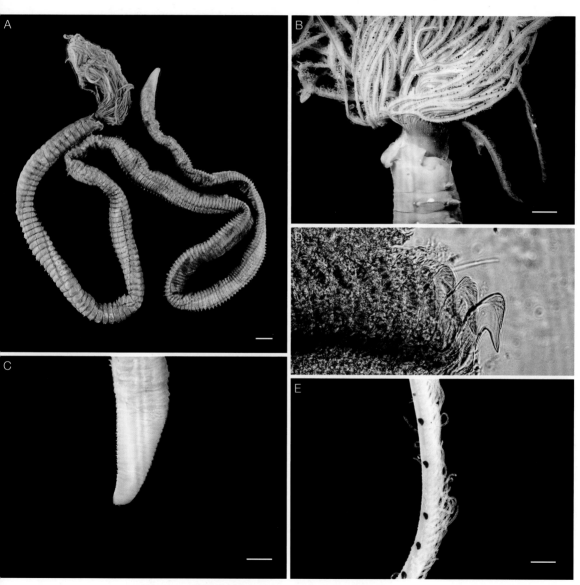

图 140-2　温哥华真旋虫 *Eudistylia vancouveri* (Kinberg, 1866)
A. 整体；B. 体前端侧面观；C. 尾部；D. 鸟头状齿片；E. 鳃
比例尺：A = 2mm；B = 2mm；C = 2mm；E = 2mm

胶管虫
Myxicola infundibulum (Montagu, 1808)

标本采集地： 黄海。

形态特征： 虫体锥形，具 1 对半圆形鳃叶，20 ～ 40 对鳃丝放射状排列，鳃丝之间薄膜相连几乎达顶部。领不明显，但形成两个低的很靠近的背叶，腹面中央为三角形的突起。胸区 8 个刚节，具很多翅毛状背刚毛和长柄钩状腹齿片（其弯角上有数个小齿）；腹区有很多刚节，背刚毛齿片状，具 2 个齿，很多齿片形成一条几乎达背面中线的连续齿带，腹区腹刚毛为翅毛状，与胸区相似。尾部具斑点（与视觉有关）。栖管胶质状。固定标本为肉色或肉褐色。最大标本长约 130mm，宽 10mm，一般 18 ～ 50mm 长。

生态习性： 栖息于潮间带、泥沙滩中。

地理分布： 渤海，黄海；北极，大西洋，格陵兰岛 - 苏格兰，地中海，北太平洋，白令海。

参考文献： 刘瑞玉，2008；杨德渐和孙瑞平，1988；孙瑞平和杨德渐，2014。

图 141-1　胶管虫 *Myxicola infundibulum* (Montagu, 1808)（引自孙瑞平和杨德渐，2014）
A. 双翅毛状领刚毛；B. 胸区翅毛状背刚毛；
C. 胸区钩状腹齿片；D. 腹区鸟头状背齿片；
E. 腹区双翅毛状腹刚毛

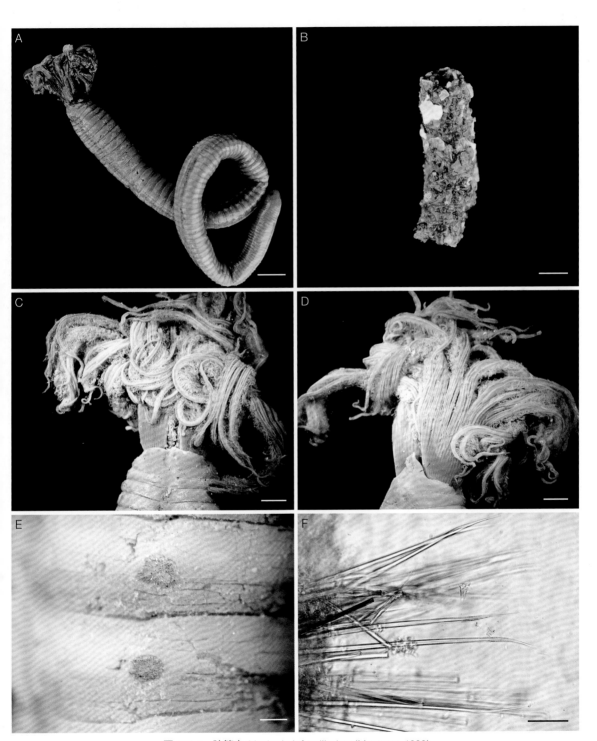

图 141-2　胶管虫 *Myxicola infundibulum* (Montagu, 1808)

A. 整体；B. 栖管；C. 体前端背面观；D. 体前端腹面观；E. 疣足；F. 双翅毛状刚毛

比例尺：A = 2mm；B = 2mm；C = 2mm；D = 2mm；E = 0.5mm；F = 50μm

结节刺缨虫
Potamilla torelli (Malmgren, 1866)

标本采集地：山东青岛。

形态特征：鳃冠具 10 ～ 15 对鳃丝，无眼点，有长而分散的棕色斑。领 2 叶，背腹中央分离，背面窄、有缺刻，腹面为宽的三角形叶。领刚毛翅毛状。胸区背刚毛为翅毛状和较窄、末端尖细的秤片刚毛；腹刚毛为鸟头状齿片和掘斧状伴随刚毛。腹区背齿片同胸部的鸟头状腹齿片，腹刚毛翅毛状，有的标本尾部末端有 2 堆色斑。栖管角膜半透明。标本长 14 ～ 65mm，鳃冠长 4 ～ 15mm，宽 2 ～ 5mm，具 60 ～ 120 个刚节。

生态习性：栖息于泥、泥砂砾或石头间，水深 24 ～ 44m。

地理分布：黄海，南海；欧洲南部和中部海域，地中海，南非，日本。

参考文献：刘瑞玉，2008；杨德渐和孙瑞平，1988；孙瑞平和杨德渐，2014。

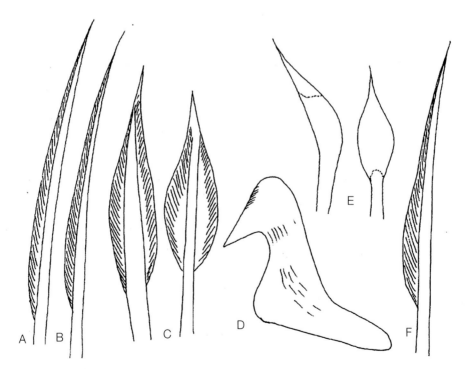

图 142-1　结节刺缨虫 *Potamilla torelli* (Malmgren, 1866)（引自孙瑞平和杨德渐，2014）
A. 胸区单翅毛状领刚毛；B. 胸区单翅毛状背上刚毛；C. 胸区匙状秤片刚毛；D. 胸区鸟头状腹齿片；
E. 胸区伴随腹刚毛；F. 腹区单翅毛状腹刚毛

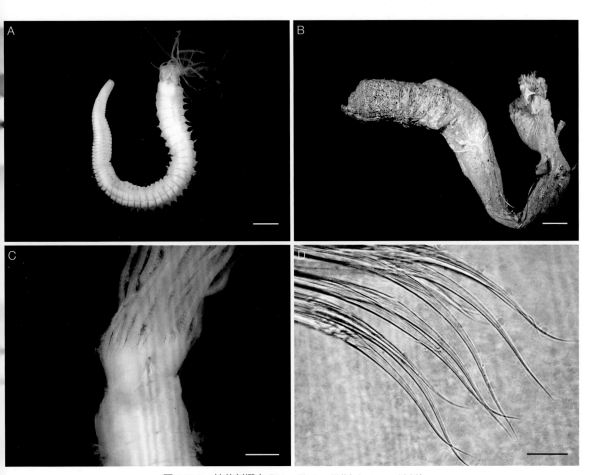

图 142-2　结节刺缨虫 *Potamilla torelli* (Malmgren, 1866)

A. 整体；B. 栖管；C. 体前端背面观；D. 双翅毛状刚毛

比例尺：A = 2mm；B = 2mm；C = 1mm；D = 50μm

巨伪刺缨虫
Pseudopotamilla myriops (Marenzeller, 1884)

标本采集地： 山东青岛。

形态特征： 鳃冠为 2 个半圆形的鳃叶，鳃叶上各具 30 ～ 38 根鳃丝。鳃丝无鳃膜、外突起和鳃丝镶边，具 7 ～ 20 个复合眼。胸区和腹区的腹面具腺盾。第 1 刚节的腹腺盾为横的四边形，前缘稍凹。疣足基部无内肢眼点。胸区 8 ～ 13 个刚节。领的背、腹面中央具凹裂，背叶低，为 2 个三角形叶，腹叶较高，为 2 个钝三角形叶。领刚毛为双翅毛状。胸区的其余刚节背上刚毛为双翅毛状或单翅毛状，背下刚毛为具尖顶的稃片状。胸区腹齿片枕上具 2 排腹刚毛，一排为"S"形鸟头状腹齿片，另一排为掘斧状伴随腹刚毛。腹区的刚节多。腹区背齿片与胸区类似，但较小且柄长，腹区腹刚毛为单翅毛状和双翅毛状。虫管长 270mm，宽 10mm，为黄褐色角质膜状管，其上附有沙粒、碎贝屑和苔藓虫等。固定标本为浅棕色。有的标本鳃冠具 36 条褐色带，但烟台、青岛沧口者无色带。体长（不含鳃冠）22 ～ 100mm，鳃冠长 10 ～ 25mm，体宽（胸区最宽处）5 ～ 6mm，具 100 ～ 280 个刚节。

生态习性： 栖息于潮间带泥沙滩中。

地理分布： 黄海；日本。

参考文献： 刘瑞玉，2008；杨德渐和孙瑞平，1988；孙瑞平和杨德渐，2014。

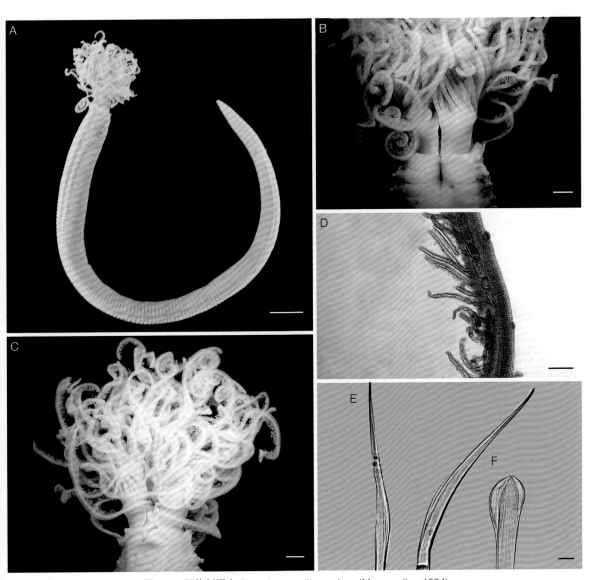

图 143　巨伪刺缨虫 *Pseudopotamilla myriops* (Marenzeller, 1884)

A. 整体；B. 体前端背面观；C. 体前端腹面观；D. 鳃；E. 双翅毛状刚毛；F. 匙状秸片刚毛

比例尺：A = 2mm；B = 1mm；C = 1mm；D = 0.5mm；E、F = 20μm

欧伪刺缨虫
Pseudopotamilla occelata Moore, 1905

标本采集地： 山东烟台。

形态特征： 鳃冠为 2 个半圆形的鳃叶，背面基部愈合，两鳃叶近基部背内侧具凹裂。鳃叶上各具 17 ～ 20 对鳃丝，鳃丝无鳃膜、外突起和鳃丝镶边。几乎每根鳃丝外侧均具不成对且大的复合眼 2 个。胸区和腹区的腹面具腺盾。疣足基部无内肢眼点。胸区 7 ～ 8 刚节。除胸区领的腹腺盾前缘具凹裂外，其余的腹腺盾皆为矩形。领的背、腹面中央均具凹裂，背叶较低，为 2 个半圆形叶，腹叶较高，为 2 个钝三角形叶。领刚毛为双翅毛状和单翅毛状。胸区的其余刚节背上刚毛与领刚毛相似，背下刚毛为具细尖的稃片状。胸区腹齿片枕上具 2 排腹刚毛，一排为"S"形鸟头状腹齿片，另一排为掘斧状伴随腹刚毛。腹区的刚节多。腹区背齿片与胸区类似，但较小且柄长。腹区腹刚毛为弯曲的双翅毛状。虫管角质，其上附有粗沙。体长（不含鳃冠）15 ～ 90mm，鳃冠长 2 ～ 18mm，体宽 2 ～ 6mm，具 100 多个刚节。有的鳃丝上具有 2 ～ 7 条浅紫色或棕色斑带。

生态习性： 栖息于潮间带、泥质沙中。

地理分布： 黄海，东海；日本，加拿大西部，美国加利福尼亚北部到阿拉斯加，巴拿马。

参考文献： 刘瑞玉，2008；杨德渐和孙瑞平，1988；孙瑞平和杨德渐，2014。

图 144-1　欧伪刺缨虫 *Pseudopotamilla occelata* Moore，1905（引自孙瑞平和杨德渐，2014）
A. 双翅毛状领刚毛；B. 单翅毛状领刚毛；C. 胸区双翅毛状背上刚毛；D. 胸区单翅毛状背上刚毛；E. 胸区稃片状背下刚毛；F. 胸区鸟头状腹齿片；G. 胸区伴随腹刚毛；H. 腹区双翅毛状腹刚毛

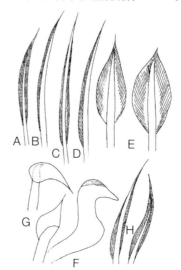

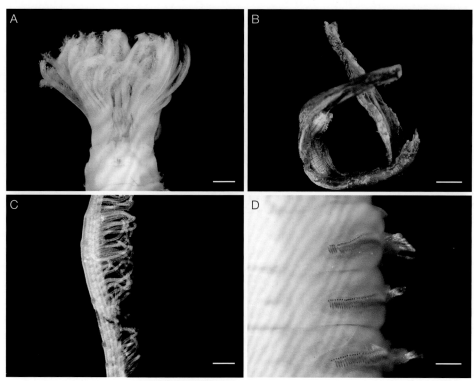

图 144-2　欧伪刺缨虫 *Pseudopotamilla occelata* Moore, 1905
A. 体前端腹面观；B. 栖管；C. 鳃；D. 疣足
比例尺：A = 1mm；B = 2mm；C = 20μm；D = 200μm

缨鳃虫科分属检索表

1. 腹区齿片近完整地环绕身体 ....胶管虫属 *Myxicola*（胶管虫 *M. infundibulum*）

　- 腹区齿片不环绕身体 2

2. 鳃丝无眼 ....刺缨虫属 *Potamilla*（结节刺缨虫 *P. torelli*）

　- 鳃丝具非亚端复合眼 3

3. 鳃丝非螺旋状排列；少数鳃丝具复眼且少于 5 个 ....

　　　............................伪刺缨虫属 *Pseudopotamilla*（欧伪刺缨虫 *P. occelata*，巨伪刺缨虫 *P. myriops*）

　- 鳃丝螺旋状排列；多数鳃丝具复眼且多于 5 个 ....

　　　....................真旋虫属 *Eudistylia*（凯氏真旋虫 *E. catharinae*，温哥华真旋虫 *E. vancouveri*）

后稚虫
Laonice cirrata (M. Sars, 1851)

标本采集地： 厦门、香港海域。

形态特征： 口前叶前缘钝，后伸为脑后脊，上具 1 个后头触手，脑后脊后伸达第 9 ～ 10 刚节。鳃 34 ～ 41 对，始于第 2 刚节，第 2 ～ 4 刚节鳃不发达，不与背足叶相连；从第 5 刚节开始鳃长于背足叶，有鳃的背足叶很大，叶片状，以后慢慢变小，腹足叶椭圆形。腹巾钩刚毛始于第 35 ～ 43 刚节，双齿。肛须 8 对。

生态习性： 栖息于泥沙或碎贝壳沉积物中。

地理分布： 渤海，黄海，东海，南海；世界性分布。

参考文献： 杨德渐和孙瑞平，1988。

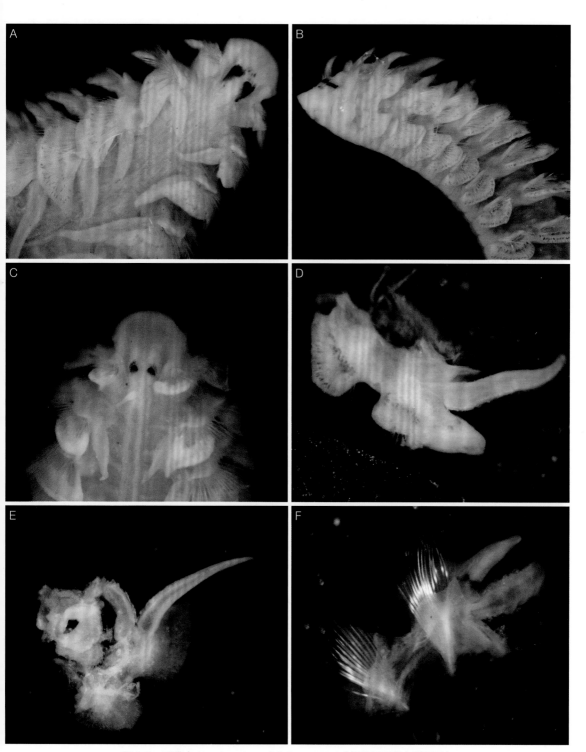

图 145　后稚虫 *Laonice cirrata* (M. Sars, 1851)（杨德援和蔡立哲供图）

A. 体前部背面观；B. 体前部侧面观；C. 口前叶；D. 第 10 刚节疣足；E. 第 22 刚节疣足；F. 第 40 刚节疣足

奇异稚齿虫属 *Paraprionospio* Caullery, 1914

冠奇异稚齿虫
Paraprionospio cristata Zhou, Yokoyama & Li, 2008

标本采集地： 厦门海域，广东大亚湾。

形态特征： 口前叶前端圆钝，向后形成不明显的脑后脊至第 1 刚节。2 对眼，等大，梯形排列，前对眼常被围口节遮盖，之间间距宽。围口节发达，在两侧侧翼状包围着口前叶，两侧后缘无乳突。触手表面有沟槽，基部有鞘，常脱落。鳃 3 对，始于第 1 刚节，皆羽状。前 2 对鳃较长，向后至第 9 刚节；第 3 对鳃较短，向后至第 6 刚节。鳃表面有很多羽片，几乎覆盖整个鳃，鳃前侧和基部裸露，基部羽片为双叶型，中部、端部羽片为扇形。第 1 对鳃基部无附加羽片，第 3 对鳃的基部各有 1 根细长的附属鳃。前 4 个刚节疣足背叶刚毛后叶发达，长三角形，顶端尖，随后刚节疣足背叶刚毛后叶变小，圆钝，第 22 刚节以后疣足背叶刚毛后叶毛状。第 1 刚节疣足背叶刚毛后叶基部连接成横脊，第 1～3 刚节疣足腹叶刚毛后叶矛形，第 4～8 刚节的逐渐宽圆，横脊状，随后刚节的逐步退化，第 21～29 刚节背前刚叶基部相互连接，形成明显的腹褶结构。

生态习性： 常见于泥沙沉积环境。

地理分布： 黄海，东海，南海；安哥拉，美国，智利。

参考文献： 周进，2008。

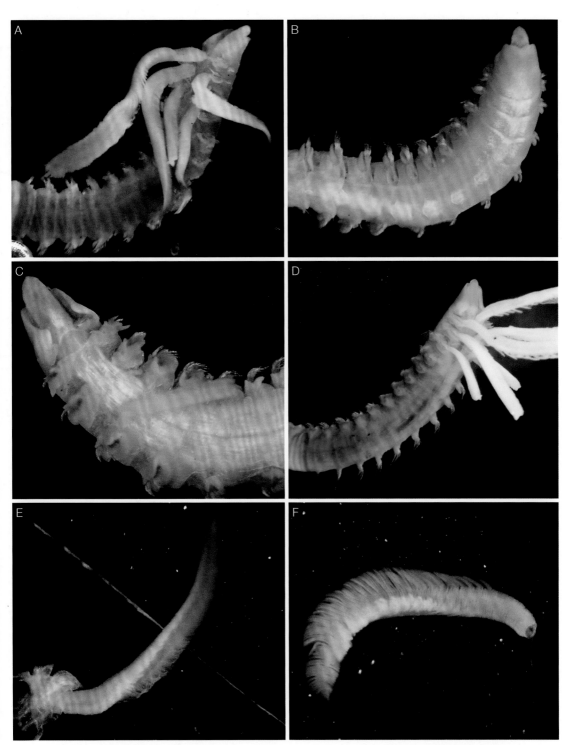

图 146　冠奇异稚齿虫 *Paraprionospio cristata* Zhou, Yokoyama & Li, 2008（杨德援和蔡立哲供图）
A. 体前部侧面观；B. 体前部腹面观；C. 体前部背面观；D. 体前部背面观（染色）；E、F. 第 2 对鳃

鳞腹沟虫
Scolelepis (*Scolelepis*) *squamata* (O. F. Müller, 1806)

标本采集地： 厦门海域，广东大亚湾。

形态特征： 酒精标本为黄色，有的背面有咖啡色横斑。体长 25～40mm，宽 1～2mm。口前叶前端尖，脑后脊可达第 2 刚节，无后头触手，4～6 对眼（有的标本眼不清楚）。围口节形成侧翼围着口前叶。鳃始于第 2 刚节，部分与疣足背叶刚毛后叶愈合。体中后部鳃与疣足背叶刚毛后叶稍分离。双齿巾钩刚毛始于第 70 多刚节后的背足叶和第 35～41 刚节腹足叶。背、腹毛状刚毛具窄边。肛部盘状，宽大于长，边缘中间有凹裂。

生态习性： 栖息于高潮带至 25m 水深的泥砂、细砂或石块下沉积物中。

地理分布： 渤海，黄海，南海；北大西洋，加拿大，美国。

参考文献： 杨德渐和孙瑞平，1988；孙瑞平和杨德渐，2004。

海稚虫科分属检索表

1. 口前叶尖；鳃始于第 2 刚节，延伸到体后部，与疣足背叶刚毛后叶部分愈合 .... 腹沟虫属 *Scolelepis*（鳞腹沟虫 *S.* (*S.*) *squamata*）

- 口前叶圆或具缺刻；鳃始于体前部 2

2. 仅体前几节具 3 对羽状鳃 .... 奇异稚齿虫属 *Paraprionospio*（冠奇异稚齿虫 *P. cristata*）

- 大部分刚节具鳃，始于第 2 刚节 .... 后稚虫属 *Laonice*（后稚虫 *L. cirrata*）

图 147　鳞腹沟虫 Scolelepis (Scolelepis) squamata (O. F. Müller, 1806)（杨德援和蔡立哲供图）

A. 体前部背面观（染色）；B. 体前部背面观；C. 体前部侧面观；D. 第 21 刚节疣足；E. 第 39 刚节疣足；F. 体后部疣足刚毛

日本中磷虫
Mesochaetopterus japonicus Fujiwara, 1934

标本采集地： 黄海。

形态特征： 口前叶小，圆锥形，无色斑。围口节扁圆，内表面棕褐色，具 1 对细长的有沟触角。躯干部分为 3 区：前区扁平，具 9 个刚节，其中第 4 刚节疣足叶短圆，上具数根斜截粗刚毛，其余刚节具矛状背刚毛；中区具 3 个刚节，疣足多退化，第 1 刚节正方形，具 1 对须状突起的背叶和 1 对腹叶，整个背面被分泌发光物的褐色腺体所覆盖，第 2 刚节为圆柱形，并具一舟状吸盘；后区具 20～45 个刚节，每节长为中区刚节长的 1/4，背叶小，乳突状，具 1 束刺状刚毛，腹叶具齿片，其上有 8～9 个齿。栖管细长，薄膜状，垂直埋于地下深达 1m 多。体长 200～250mm。

生态习性： 栖息于潮下带、多细沙的沙滩中。

地理分布： 渤海，黄海；日本。

参考文献： 刘瑞玉，2008；杨德渐和孙瑞平，1988；孙瑞平和杨德渐，2004；王跃云，2017。

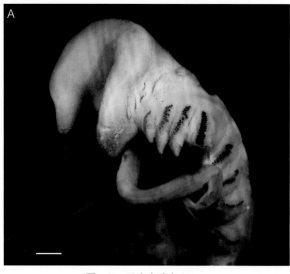
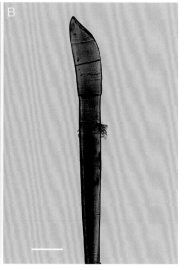

图 148　日本中磷虫 *Mesochaetopterus japonicus* Fujiwara, 1934
A. 体前端侧面观（缺损）；B. 粗刚毛
比例尺：A = 1mm；B = 0.5mm

杂毛虫科 Poecilochaetidae Hannerz, 1956

杂毛虫属 *Poecilochaetus* Claparède in Ehlers, 1875

蛇杂毛虫
Poecilochaetus serpens Allen, 1904

标本采集地： 广西防城港。

形态特征： 口前叶圆，具前伸的指状触手和 2 对眼，3 个指状项器向后延伸至第
3～4 刚节。第 1 刚节疣足背须小，腹须须状，简单毛状刚毛前伸形成
头笼；第 2～3 刚节疣足背、腹须为圆锥状，具毛状背刚毛和稍向前伸
的 2～4 根粗弯足刺状刚毛；第 4～6 刚节背、腹须仍为圆锥状，腹须
常长于背须，乳突状的侧感觉器位于背、腹须之间；第 7～13 刚节疣
足背、腹须瓶状；第 14 刚节后背、腹须仍为圆锥状。鳃出现于后区疣
足背面，线头状，2～4 对。刚毛有光滑毛状、羽毛状、刺状、弯足刺状、
具瘤锯齿状。体长约 55mm，宽 2～5mm，具 44～110 个刚节。

生态习性： 栖息于软泥中。

地理分布： 渤海，黄海，东海；太平洋，美国。

参考文献： 刘瑞玉，2008；杨德渐和孙瑞平，1988；孙瑞平和杨德渐，2004。

图 149　蛇杂毛虫 *Poecilochaetus serpens* Allen, 1904
A. 体前端背面观；B. 体前端腹面观；C. 疣足；D. 毛状刚毛
比例尺：A = 0.5mm；B = 0.5mm；C = 0.5mm；D = 50μm

强壮顶须虫
Acrocirrus validus Marenzeller, 1879

标本采集地: 东海。

形态特征: 口前叶五边形,位于第 1 刚节背面,前端具 1 对基部相近的触角,其背表具隆起的脊和 2 对眼点。鳃 4 对,始于第 2 刚节背侧。所有体表面具皱褶,除第 2 节外,皆具稀疏小乳突。疣足双叶型,除前 2 个刚节无背刚毛外,其余刚节皆具多根背、腹刚毛。背刚毛毛状,具细小的侧齿;腹刚毛为金黄色复型粗足刺状钩刚毛,且与足刺刚毛依次排列。第 14 刚节无简单的粗大钩刚毛。酒精标本黄褐色。体长 40 ~ 90mm,宽 3 ~ 4mm,具 94 ~ 98 个刚节。

生态习性: 栖息于潮间带和潮下带,水深 47.5m。

地理分布: 黄海,东海;太平洋,日本海。

参考文献: 刘瑞玉,2008;杨德渐和孙瑞平,1988;孙瑞平和杨德渐,2004。

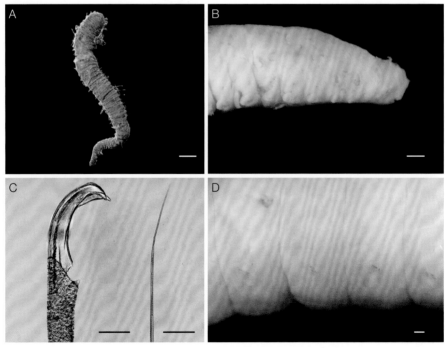

图 150 强壮顶须虫 *Acrocirrus validus* Marenzeller, 1879
A. 整体背面观;B. 体前端侧面观;C. 复型钩刚毛;D. 毛状刚毛
比例尺:A = 1mm;B = 0.5mm;C = 50μm;D = 200μm

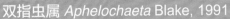

细双指虫
Aphelochaeta filiformis (Keferstein, 1862)

同物异名： 细丝鳃虫 *Cirratulus filiformis* Keferstein, 1862

标本采集地： 东海。

形态特征： 体细长。口前叶圆锥形，无眼点。围口节具 3 个环轮，稍膨大。触角 2 ~ 8 对，始于第 1 刚节。鳃丝直达体后部。体中部鳃丝与背刚叶的距离为背、腹刚叶间距的一半。背、腹刚叶稍突起，皆具毛状刚毛，无足刺状刚毛。体长约 50mm，宽 7 ~ 8mm。

生态习性： 栖息于黄海水深 13.6m 软泥底质中；东海水深 24 ~ 46m 软泥底质中；南海水深 26m 软泥底质中。

地理分布： 黄海，东海，南海；大西洋，地中海，波斯湾，印度洋。

参考文献： 刘瑞玉，2008；杨德渐和孙瑞平，1988；孙瑞平和杨德渐，2004。

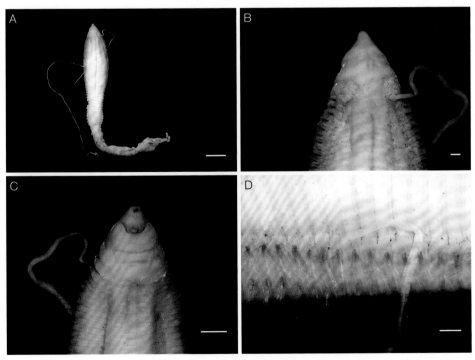

图 151　细双指虫 *Aphelochaeta filiformis* (Keferstein, 1862)
A. 整体；B. 体前端背面观；C. 体前端腹面观；D. 疣足
比例尺：A = 2mm；B = 0.2mm；C = 0.5mm；D = 200μm

多丝双指虫
Aphelochaeta multifilis (Moore, 1909)

同物异名： 多丝独毛虫 *Tharyx multifilis* (Moore, 1909)

标本采集地： 山东青岛。

形态特征： 口前叶圆锥形，无眼。围口节具明显的 3 个环轮。较粗大的 1 对触角位于第 1 刚节。鳃始于第 1 或第 2 刚节，分布至体中部；鳃位于背刚叶上，其间距小于背、腹刚节的间距。前部刚节节宽为长的 6 ～ 8 倍；体后部不变扁仍为圆锥状。毛状刚毛，光滑无锯齿。背刚毛稍长于腹刚毛。

生态习性： 栖息于潮间带泥沙滩中。

地理分布： 黄海；美国加利福尼亚，印度马德拉斯。

参考文献： 刘瑞玉，2008；杨德渐和孙瑞平，1988；孙瑞平和杨德渐，2004。

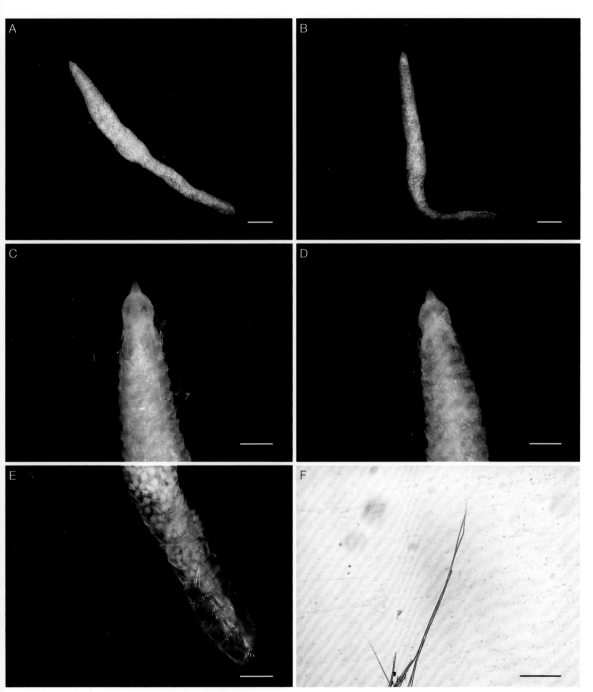

图 152　多丝双指虫 *Aphelochaeta multifilis* (Moore, 1909)

A、B. 整体；C. 体前端腹面观；D. 体前端背面观；E. 体后部侧面观；F. 毛状刚毛

比例尺：A = 2mm；B = 2mm；C = 0.5mm；D = 0.5mm；E = 0.5mm；F = 100μm

毛须鳃虫
Cirriformia filigera (Delle Chiaje, 1828)

标本采集地：广西防城港。

形态特征：体细长，口前叶尖锥形，无眼。围口节具明显的 3 个环轮。触角密集成束，位于第 3 或第 4 刚节背面，且在背中间稍分开。鳃丝出现于第 1 刚节并延续至体后。在体中部，鳃丝与背刚叶的间距等于或稍长于背、腹刚叶的间距。弯足刺状刚毛约始于第 12 刚节，体后刚节腹刚叶仅具足刺状钩刚毛。毛状刚毛始于第 1 刚节，至体后部腹刚叶消失。酒精标本紫褐色。最大标本长 60mm，宽 4mm，具 200 多个刚节。

生态习性：潮间带和浅海广布种；栖息于渤海水深 46m、南海 43m 水深砂质泥中。

地理分布：渤海，黄海，南海；大西洋，太平洋，南极，地中海。

参考文献：刘瑞玉，2008；杨德渐和孙瑞平，1988；孙瑞平和杨德渐，2004。

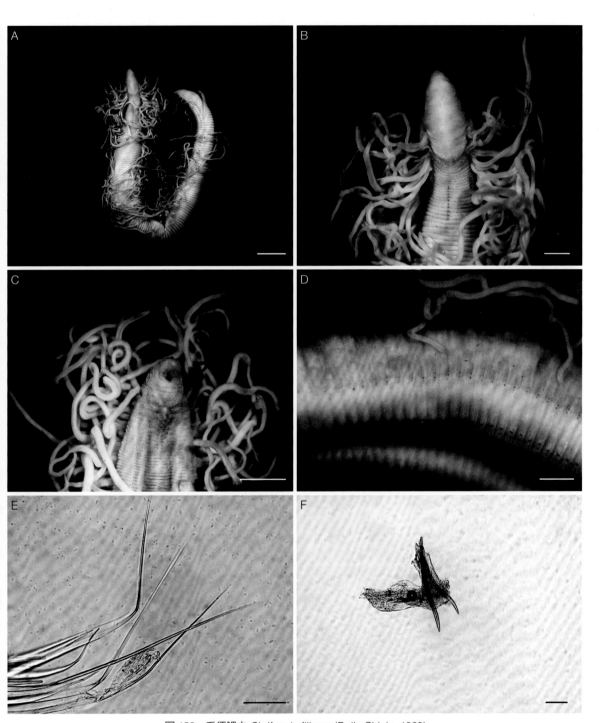

图 153　毛须鳃虫 *Cirriformia filigera* (Delle Chiaje, 1828)

A. 整体；B. 体前端背面观；C. 体前端腹面观；D. 疣足；E. 毛状刚毛；F. 足刺状刚毛

比例尺：A = 2mm；B = 0.5mm；C = 1mm；D = 0.5mm；E = 50μm；F = 100μm

须鳃虫
Cirriformia tentaculata (Montagu, 1808)

标本采集地：山东青岛。

形态特征：口前叶圆锥形，围口节具 3 个环轮。有沟的细触角密集成 2 束，位于第 5 或第 6、第 7 刚节背面，且在背中线相遇。圆柱形的细长鳃丝始于第 1 刚节，一直延续到体后，鳃丝紧靠背刚叶，鳃丝与背刚叶的间距短于背、腹刚叶的间距。刚节多窄细。毛状刚毛分布于所有刚节的背、腹刚叶上；4 ～ 5 根背、腹足刺状刚毛始于第 40 ～ 50 刚节。尾部尖锥形，肛门位于背面。活体鳃丝鲜红色。酒精固定标本乳白色或黄色。触须和鳃丝均为浅黄色。体长 20 ～ 98mm，宽 4 ～ 7mm，具 300 多个刚节。

生态习性：潮间带广布种；穴居于低潮区结实的底质或岩石中。

地理分布：黄海，东海，南海；加拿大西海岸以南至美国南加利福尼亚。

参考文献：刘瑞玉，2008；杨德渐和孙瑞平，1988；孙瑞平和杨德渐，2004。

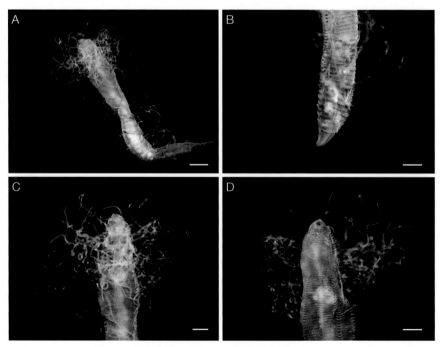

图 154　须鳃虫 *Cirriformia tentaculata* (Montagu, 1808)
A. 整体；B. 尾部；C. 体前端背面观；D. 体前端腹面观
比例尺：A = 2mm；B = 1mm；C = 1mm；D = 1mm

绒毛足丝肾扇虫
Bradabyssa villosa (Rathke, 1843)

同物异名： 绒毛肾扇虫 *Brada villosa* (Rathke, 1843)

标本采集地： 江苏盐城。

形态特征： 体无花纹，头笼不发达。多对鳃。口前叶鳃内收，少膜。无领。体表多小乳突。疣足基部常具乳突环轮。腹刚毛简单型。刚毛具横纹，腹刚毛稍比背刚毛粗。第 3 刚节具成束刺状腹刚毛。体长达 15mm 或更大，宽大于 6mm，一般虫体的大小是该尺寸的一半。身体发白。通过身体的左右摇摆扭动来快速地挖洞或者游泳。当其被捕获时，体后部容易断裂，之后重新长出。

生态习性： 潮下带穴居。

地理分布： 黄海，东海，南海。

参考文献： 刘瑞玉，2008；杨德渐和孙瑞平，1988；孙瑞平和杨德渐，2004。

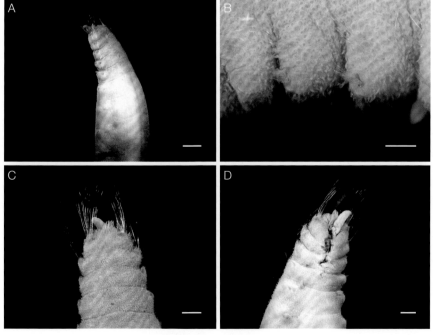

图 155　绒毛足丝肾扇虫 *Bradabyssa villosa* (Rathke, 1843)

A. 体前端侧面观；B. 疣足；C. 头部背面观；D. 头部腹面观

比例尺：A = 2mm；B = 0.5mm；C = 1mm；D = 1mm

孟加拉海扇虫
Pherusa bengalensis (Fauvel, 1932)

标本采集地: 山东青岛。

形态特征: 体前部粗圆柱状,体后部突变细成向前弯曲的尾部。鳃丝螺旋状地排列成数排,位于膜状鳃叶上,2个有沟触角具波状边缘,口开于背、腹唇之间。前2个刚节的刚毛粗毛状,具美丽彩虹色及横纹,数目很多且排成环,前伸形成头笼;第3刚节刚毛较前2个刚节的刚毛细短,5~7根;第4~5刚节背、腹刚毛为细毛状,数目少;约第6刚节始背刚毛为细毛状,上具横纹,腹刚毛3~5根,镰刀状,棕色,有稀疏横纹。体前部分节不明显,体表乳突少,之后分节明显,体表布满铁锈色球状乳突,且黏附有不牢固的砂粒。尾部无疣足突起和刚毛。体长60~90mm,宽7~12mm,尾长25~32mm,具60~130个刚节。

生态习性: 栖息于水深40m的软泥中。

地理分布: 黄海,东海;印度沿海。

参考文献: 刘瑞玉,2008;杨德渐和孙瑞平,1988;孙瑞平和杨德渐,2004。

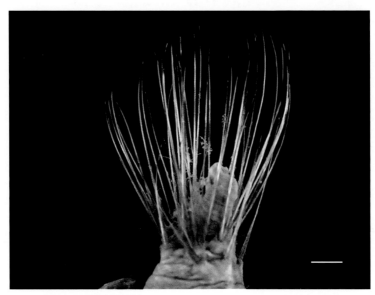

图 156　孟加拉海扇虫 *Pherusa bengalensis* (Fauvel, 1932) 头部
比例尺: 2mm

双栉虫
Ampharete acutifrons (Grube, 1860)

标本采集地： 山东青岛。

形态特征： 口前叶三角形，具 1 对眼点，口触手有乳突，常缩入口中。4 对光滑鳃前伸为棒状。鳃分成 2 组，中间有 1 ～ 2 个鳃粗的间隙；前 3 对排成 1 横排，第 4 对位于前排中间 1 对鳃的后面。前几节愈合，稃片状刚毛位于第 3 刚节，比背刚毛粗长，呈锥状，10 ～ 15 根。从第 4 刚节开始有胸腹齿片枕节，共有 12 个，每个齿片有 6 个齿为梳状，共 2 纵排齿。腹区无背足叶，腹齿片枕具腹须，尾节有 3 对肛须，中央对肛须细长。体长 12 ～ 80mm，宽 3 ～ 10mm。具泥沙栖管。

生态习性： 栖息于潮间带、潮下带 36 ～ 48m 水深。

地理分布： 黄海；北极，北大西洋，地中海，北太平洋，白令海 - 日本，美国南加利福尼亚。

参考文献： 刘瑞玉，2008；杨德渐和孙瑞平，1988；孙瑞平和杨德渐，2004；隋吉星，2013。

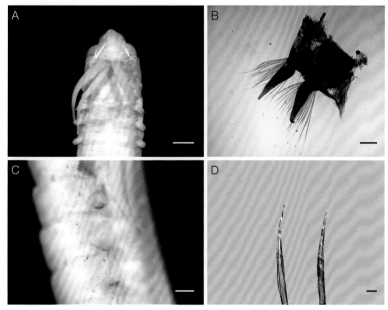

图 157　双栉虫 *Ampharete acutifrons*（Grube，1860）
A. 体前端背面观；B. 疣足；C. 腹区侧面观；D. 双翅毛状背刚毛
比例尺：A = 0.5mm；B = 0.5mm；C = 200μm；D = 20μm

扇栉虫
Amphicteis gunneri (M. Sars, 1835)

标本采集地： 上海长江口。

形态特征： 口前叶有腺脊，口触手短，光滑，常部分缩入口中。4 对光滑棒状鳃，末端稍细，分 2 组：2 对在前，2 对在后。稃片状刚毛顶端弯曲，具尖端，长出口前叶顶端，位于第 3 刚节，每侧 8 ～ 20 根。第 4 ～ 6 刚节仅具翅毛状刚毛。共 17 个胸刚节，有 14 个胸区齿片枕节，胸区齿片枕节始于第 7 刚节（第 4 刚节，不包括稃刚毛节），齿片具 5 ～ 6 个齿，排成 1 排。腹区约有 15 个腹齿片枕节，具原始的乳突状背须。尾节具 1 对细肛须。体长 15 ～ 46mm，宽 3 ～ 5mm。泥沙栖管，管外常有碎贝壳。

生态习性： 栖息于含贝壳灰色泥沙、泥质沙中。

地理分布： 渤海，黄海，东海，南海；大西洋。

参考文献： 刘瑞玉, 2008; 杨德渐和孙瑞平, 1988; 孙瑞平和杨德渐, 2004; 隋吉星, 2013。

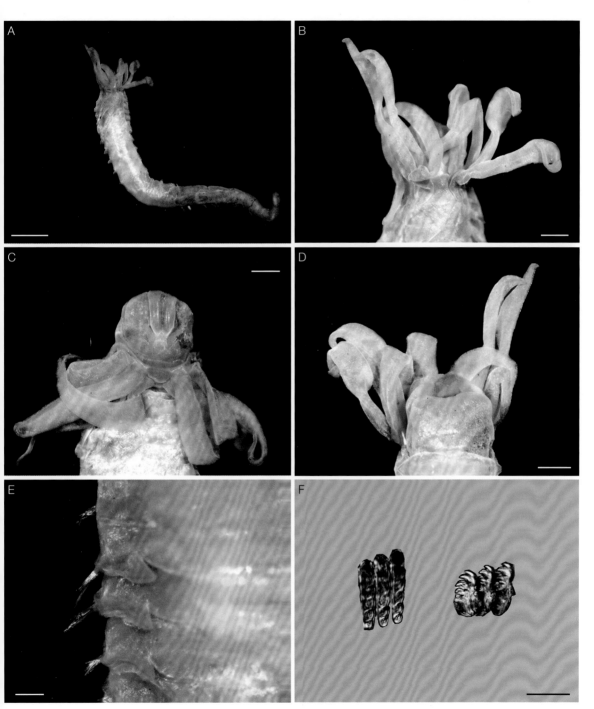

图 158　扇栉虫 *Amphicteis gunneri* (M. Sars, 1835)

A. 整体；B. 体前端背面观；C. 头部背面观；D. 体前端腹面观；E. 疣足；F. 齿片侧面观和正面观

比例尺：A = 2mm；B = 0.5mm；C = 0.5mm；D = 0.5mm；E = 200μm；F = 20μm

西方似蛰虫
Amaeana occidentalis (Hartman, 1944)

标本采集地: 山东青岛。

形态特征: 身体背面突起,腹面具一纵沟,内具按刚节分开的小横沟。口前叶分
3 叶,中间叶最大,为圆形叶片状。围口节在腹面形成低唇,其背面有
很多触手,触手 2 种,为细长的须状和末端突然变粗的柳叶状。无鳃,
无侧瓣。背疣足始于第 3 刚节,共 12 对。疣足圆柱状,非常长,具很
短的背刚毛,背刚毛刺毛状。胸、腹区之间具 5 ~ 6 个无刚毛节。腹
区不少于 33 个刚节,疣足不明显,仅具圆头状内足刺,无齿片。肾乳
突位于胸区腹足基部,前 1 对最大,之后很小,一直分布到后胸区。
体最长约 50mm,宽 6mm。胸区有乳突状花斑,之后体表光滑。在胸、
腹区之间第 5 ~ 6 刚节常无疣足突起。

生态习性: 栖息于潮间带、潮下带岩石上。

地理分布: 黄海,东海;美国加利福尼亚。

参考文献: 刘瑞玉,2008; 杨德渐和孙瑞平,1988; 孙瑞平和杨德渐,2004; 隋吉星,
2013。

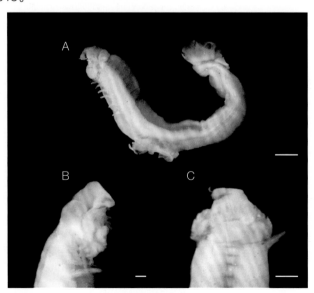

图 159　西方似蛰虫 *Amaeana occidentalis* (Hartman, 1944)

A. 整体; B. 体前端侧面观; C. 体前端腹面观

比例尺: A = 1mm; B = 200μm; C = 0.5mm

长鳃树蛰虫
Pista brevibranchia Caullery, 1915

标本采集地： 东海。

形态特征： 口前叶触手多、细长，前几节有侧瓣，第 3 节侧瓣大并覆盖第 2 节大部分，以致第 2 节只看到小的腹侧瓣。2 对大小约相等的鳃，每个鳃具粗短的柄和长于柄的鳃束，其上鳃丝似螺旋状排列。17 个胸区刚节，背刚毛翅毛状，第 1 齿片枕始于第 2 刚节，仅前胸齿片具长柄，之后齿片具短柄，齿片为鸟嘴状，1 个大齿上有数个小齿排成数排。体长 20～80mm，宽 2～5mm，具 50～100 多个刚节。栖管为泥沙膜质管。

生态习性： 栖息于潮间带、潮下带泥沙中。

地理分布： 黄海，东海；印度尼西亚。

参考文献： 刘瑞玉，2008；杨德渐和孙瑞平，1988；孙瑞平和杨德渐，2004。

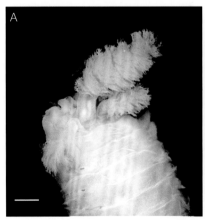
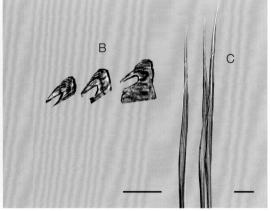

图 160　长鳃树蛰虫 *Pista brevibranchia* Caullery, 1915
A. 体前端背面观；B. 鸟嘴状齿片；C. 翅毛状背刚毛
比例尺：A = 1mm；B = 50μm；C = 50μm

太平洋树蛰虫
Pista pacifica Berkeley & Berkeley, 1942

标本采集地： 山东青岛。

形态特征： 鳃3对，树枝状，位于第2～4节，第1节侧叶较大，包着围口节，第2节侧叶半月状。有17个胸区刚节具背刚毛，背刚毛为窄的双翅毛状，末端具细锯齿，始于第2刚节的第1齿片为钩状，具粗长柄，齿冠光滑，之后为鸟嘴状，具较短细的柄，前6个刚节齿片为单排，之后为双排。体长60～90mm，宽3～5mm。膜质栖管附着砂和碎壳。

生态习性： 栖息于潮间带泥沙滩中。

地理分布： 黄海；印度 - 西太平洋，红海，日本。

参考文献： 刘瑞玉，2008；杨德渐和孙瑞平，1988；孙瑞平和杨德渐，2004。

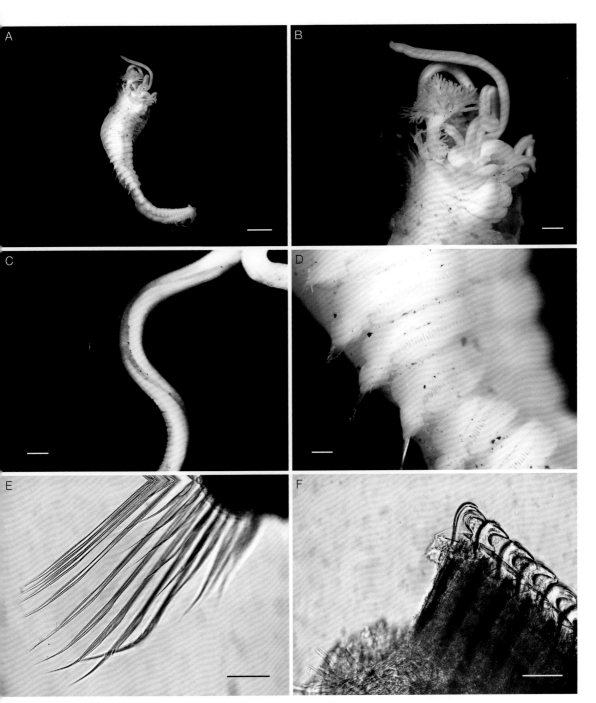

图 161　太平洋树蛰虫 *Pista pacifica* Berkeley & Berkeley, 1942
A. 整体；B. 体前端背面观；C. 有沟触手；D. 疣足；E. 翅状背刚毛；F. 鸟嘴状齿片
比例尺：A = 2mm；B = 0.5mm；C = 200μm；D = 200μm；E = 100μm；F = 50μm

埃氏蛰龙介
Terebella ehrenbergi Grube, 1869

标本采集地： 山东青岛。

形态特征： 口前叶具大量口触手。3 对分枝状的鳃位于第 2～4 刚节，第 1 对较大，位于第 2 刚节的后面，第 2 对稍向腹侧移动，位于第 3 刚节的后面，第 3 对位于第 4 刚节近背面中间的位置。背刚毛始于第 4 刚节，延续到尾节前 20～40 节。肾乳突位于第 1 和第 2 对鳃之间，较大，以后变小。有 13 个腹腺垫。前胸背刚毛为双翅毛状，末端有细锯齿，以后背刚毛无翅。腹齿片大，主齿上方有数个小齿。标本长 28～35mm，宽 3～4mm，具 70～80 个刚节。

生态习性： 栖息于潮间带。

地理分布： 黄海；印度 - 西太平洋，红海，日本。

参考文献： 刘瑞玉，2008；杨德渐和孙瑞平，1988；孙瑞平和杨德渐，2004；隋吉星，2013。

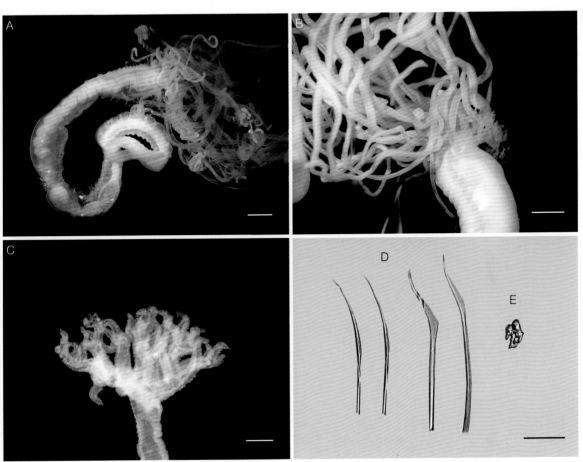

图 162　埃氏蛰龙介 *Terebella ehrenbergi* Grube, 1869

A. 整体；B. 体前端侧面观；C. 鳃；D. 双翅毛状背刚毛；E. 鸟嘴状齿片

比例尺：A = 2mm；B = 1mm；C = 200μm；D = 100μm；E = 100μm

蛰龙介科分属检索表

1.齿片单排（在体中部和后部齿片排成 1 环）或无齿片；无鳃；体前几节具刚毛，腹区具长柄

　足刺 ··似蛰虫属 *Amaeana*（西方似蛰虫 *A. occidentalis*）

　- 齿片为双排或至少在某些刚节上交替排列；有鳃···2

2.胸区背刚毛末端有齿；背刚毛始于第 4 刚节，齿片始于第 5 刚节，2 或 3 对鳃；多于 25 个胸刚节，

　无侧瓣 ···蛰龙介属 *Terebella*（埃氏蛰龙介 *T. ehrenbergi*）

　- 胸区背刚毛末端光滑，多于 13 个胸刚节，1～3 对鳃···

　····························树蛰虫属 *Pista*（长鳃树蛰虫 *P. brevibranchia*，太平洋树蛰虫 *P. pacifica*）

毛鳃虫科 Trichobranchidae Malmgren, 1866

梳鳃虫属 *Terebellides* Sars, 1835

梳鳃虫
Terebellides stroemii Sars, 1835

标本采集地： 厦门海域，广东大亚湾。

形态特征： 体长，蛆状，前端宽扁，后端尖。口前叶与围口节愈合形成 1 个大的
皱褶状头罩（触手叶）。头罩直立，具皱褶，其背面有很多须状触手，
腹面愈合成领状唇。无眼。1 个具粗柄的鳃位于第 2～4 刚节，柄上有
4 个梳状瓣鳃。胸区 18 个刚节，第 1 刚节始于第 3 体节，背刚毛为翅
毛状，腹刚毛为单齿足刺状，末端弯曲，之后腹刚毛具长柄，主齿弯曲，
其上有数个小齿。腹区齿片鸟嘴状，主齿上具多行小齿。

生态习性： 常栖息于潮下带软泥或泥沙底质。

地理分布： 渤海，黄海，南海。

参考文献： 孙瑞平和杨德渐，2004。

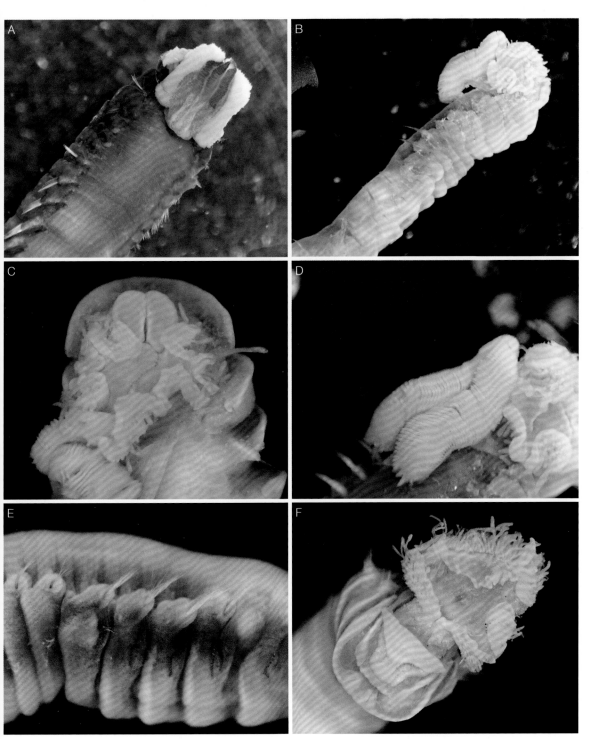

图 163　梳鳃虫 *Terebellides stroemii* Sars, 1835（杨德援和蔡立哲供图）

A. 体前部背面观（染色）；B. 体前部侧面观；C. 头部；D. 鳃；E. 体前部疣足；F. 头罩

中华不倒翁虫
Sternaspis chinensis Wu, Salazar-Vallejo & Xu, 2015

标本采集地： 黄海。

形态特征： 体色苍白或淡黄，体中部收缩，第 7 和第 8 刚节之间有 2 个生殖乳突，体前部可外翻的部分大多是光滑的，腹部有微小乳突。口前叶为白色半球状突起，口前叶后是一个倒 "U" 形的边界。围口节圆形，没有乳突，向侧面和腹面几乎延伸至第 1 刚节。口圆形，比口前叶更宽，有微小乳突。前 3 个刚节每节有 14 ～ 16 根镰刀状内钩刚毛，内钩刚毛在腹侧变得非常短小，刚毛末端没有黑色区域。腹侧盾板为橙红色或砖红色，中央区域颜色更深，有环状同心带，肋条明显；前边缘有角或稍圆，前部凹陷深，前端龙骨被一层半透明的表皮覆盖，侧边缘稍圆，光滑，后侧角明显；缝明显贯穿盾板或左右 2 块盾板在后部愈合；扇面达到或略超过后侧角，边缘具小齿，有宽浅的中央缺刻。不同大小的个体盾板的颜色和形状存在差别。随个体增大，盾板颜色由橙红色变为砖红色或红棕色，在相对较小的个体中，环状同心带不明显，缝贯通整个盾板，前端凹陷深，龙骨暴露，扇面边缘明显超过后侧角，扇面中央缺刻相对深。每块盾板边缘有 10 束侧刚毛和 5 束后刚毛。鳃丝丰富，细长卷曲，着生在 2 块分开的鳃盘上，鳃盘上的鳃间乳突长、卷曲。鳃盘长，两个鳃盘呈 "V" 形，末端扩展为圆形。

生态习性： 栖息于潮下带水深 7m。

地理分布： 渤海，黄海，东海。

参考文献： Wu et al., 2015。

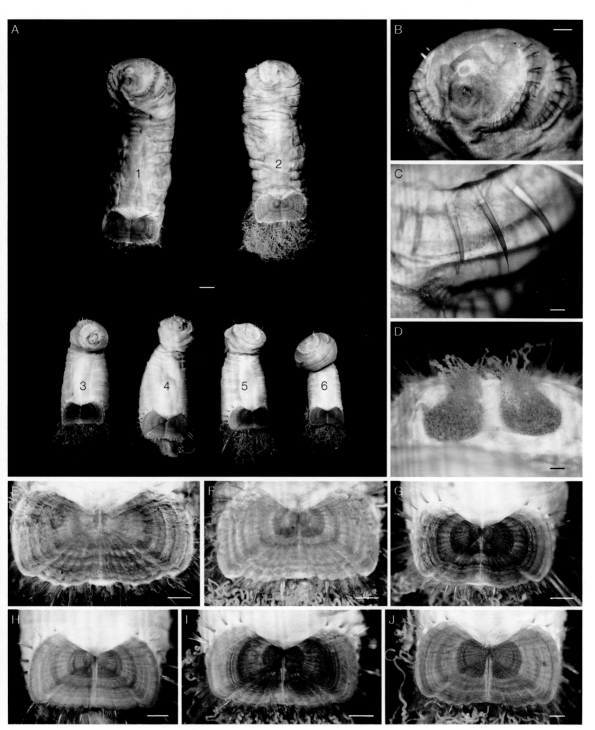

图 164　中华不倒翁虫 *Sternaspis chinensis* Wu, Salazar-Vallejo & Xu, 2015

A1～A6. 整体腹面观；B. 体前部；C. 刚毛；D. 鳃盘；E～J. A1～A6 的盾板

比例尺：A = 2mm；B = 1mm；C = 200μm；D = 500μm；E～I = 1mm；J = 500μm

321

多毛纲 Polychaeta / 游走亚纲 Errantia

小瘤隐虫
Cryptonome parvecarunculata (Horst, 1912)

同物异名： 小瘤犹帝虫 *Eurythoe parvecarunculata* Horst，1912

标本采集地： 山东胶州湾。

形态特征： 虫体细长，横截面近矩形。口前叶分 2 叶，前叶半圆形，后叶心形或倒三角形。3 个触手和 1 对触角，触角位于前叶腹侧面；侧触手位于前叶背侧，圆锥状，粗短，中央触手位于口前叶后叶，处于第 2 对眼点中央稍靠前侧，末端尖细；2 对眼点位于中央触手两侧。口前叶后部具一椭圆形突起，中触手和肉瘤位于其上，肉瘤小，椭圆形，后伸至第 2 刚节，并被第 2 刚节覆盖。鳃丛生状，始于第 3 刚节到体后部。背须较粗壮，具不规则环纹，腹须短，圆锥状。背刚毛具 3 种类型：二叉刚毛、锯齿状刚毛和细长叉状刚毛。二叉刚毛仅位于体前端第 1～3 刚节；锯齿状刚毛粗壮，数目较多，始于第 2 刚节；细长叉状刚毛末端具不明显锯齿，体前区刚节短支为长支长的 1/7～1/6，后逐渐退化为不明显的小刺，具 3～4 个足刺，末端膨大，矛状。腹刚毛为粗短型二叉刚毛，光滑，体前区短支明显，约为长支长的 1/3，后逐渐退化为小刺；具 3 个足刺，末端膨大，矛状。酒精标本肉色或灰白色。体长 50～60mm，宽 4mm，具 100 多个刚节。

生态习性： 栖息于泥质沙中。

地理分布： 黄海，南海；非洲大西洋沿岸，孟加拉湾。

参考文献： 刘瑞玉，2008；杨德渐和孙瑞平，1988；孙瑞平和杨德渐，2004；孙悦，2018。

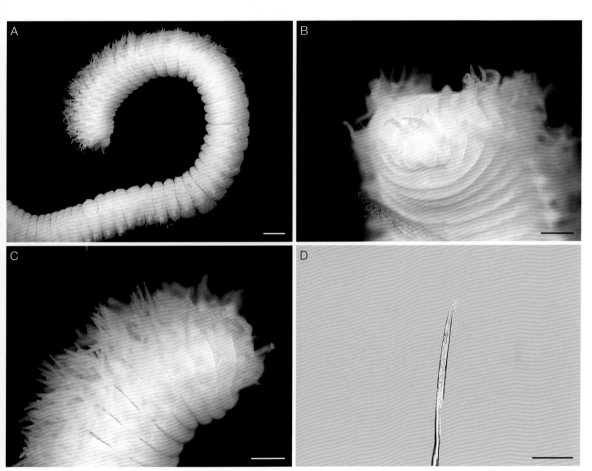

图 165　小瘤隐虫 *Cryptonome parvecarunculata* (Horst, 1912)

A、C. 体前端侧面观；B. 头部；D. 细长叉状刚毛

比例尺：A = 1mm；B = 0.5mm；C = 0.5mm；D = 50μm

含糊拟刺虫
Linopherus ambigua (Monro, 1933)

标本采集地：山东青岛。

形态特征：口前叶分 2 叶，前叶圆形，后叶近方形，具 2 对红色眼点。中触手位于后叶中后区，较侧触手稍长。肉瘤方形，显著，位于口前叶后侧，中央具有一退化的不明显脊。所有疣足双叶型，发达。刚毛囊形成一个低的圆形叶。前 2 个刚节背、腹须较后部刚节更长。鳃始于第 3 刚节，位于背疣足叶后侧，成束，分枝状，分布至体中后区（30 ～ 70 对）。背刚毛具 3 种类型：粗壮锯齿状刚毛、细长毛状刚毛（具细锯齿、无基部刺）和背足刺；腹刚毛二叉，具细长和粗短 2 种类型，长叉内缘具细锯齿。

生态习性：常栖息于潮下带软泥底质。

地理分布：渤海，黄海，东海，南海；巴拿马，墨西哥湾。

参考文献：孙悦，2018。

图 166　含糊拟刺虫 *Linopherus ambigua* (Monro, 1933) 体前端背面观（引自孙悦，2018）

比例尺：0.5mm

伪豆维虫
Dorvillea pseudorubrovittata Berkeley, 1927

标本采集地： 山东青岛。

形态特征： 口前叶扁半球形，长大于宽。眼 2 对，前对大，位于触手基部，后对小。触角具端节，粗，短于触手，具 8 ～ 12 个环轮。第 1 对疣足小而简单，无背须，其他疣足亚双叶型，具内足刺，发达的背须具长的须基，腹足叶宽，具 1 个前叶和 2 个锥形后叶，无叉状刚毛，足刺上方具简单的双齿刺状刚毛，下方具复型双齿镰刀状刚毛。酒精标本刚节具宽的黑色横带。标本长 6 ～ 15mm，宽 1.3 ～ 2mm，具 40 ～ 50 个刚节。

生态习性： 栖息于中国黄海潮间带岩岸。

地理分布： 黄海；大西洋北部。

参考文献： 刘瑞玉，2008；杨德渐和孙瑞平，1988；孙瑞平和杨德渐，2004。

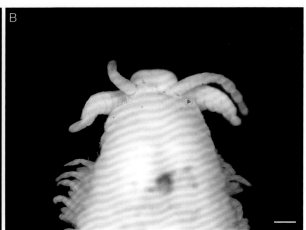

图 167　伪豆维虫 *Dorvillea pseudorubrovittata* Berkeley, 1927

A. 整体背面观；B. 头部背面观

比例尺：A = 1mm；B = 200μm

日本叉毛豆维虫
Schistomeringos japonica (Annenkova, 1937)

标本采集地： 山东崂山区。

形态特征： 口前叶宽，扁圆。2 对黑色眼，前对稍大于后对。触角、触手近等长，触角具明显的端节，触手环轮多达 6 ～ 11 个。上颚具 4 排齿片。2 个围口节，无附肢。除第 1 对疣足无背须外，其余疣足皆具 2 节的背须和内足刺、1 个前刚叶与 1 个后刚叶。足刺上方具 3 ～ 4 根有细侧齿的毛状刚毛、2 根两臂不等长的叉状刚毛，下方具复型双齿镰刀状刚毛。叉状刚毛始于第 1 刚节。酒精标本肉黄色。体长 14 ～ 58mm，宽 1.5mm，具 60 多个刚节。

生态习性： 栖息于黄海潮间带。

地理分布： 黄海；日本。

参考文献： 刘瑞玉，2008；杨德渐和孙瑞平，1988；孙瑞平和杨德渐，2004。

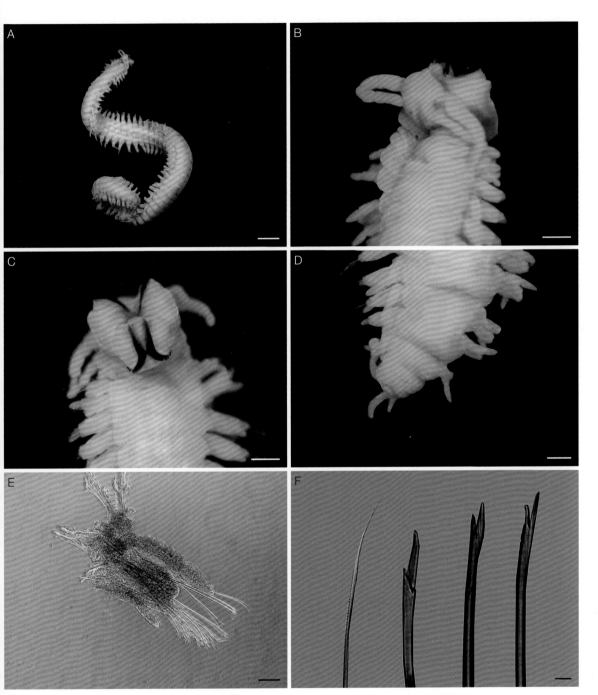

图 168　日本叉毛豆维虫 *Schistomeringos japonica* (Annenkova, 1937)

A. 整体；B. 体前端背面观；C. 翻吻（带颚齿）；D. 尾部；E. 疣足；F. 毛状刚毛

比例尺：A = 1mm；B = 200μm；C = 200μm；D = 100μm；E = 100μm；F = 20μm

哥城矶沙蚕
Eunice kobiensis (McIntosh, 1885)

标本采集地：广东大亚湾。

形态特征：口前叶宽大于长，前端具缺刻。5 个后头触手具环轮，但非念珠状，中央触手后伸可达第 8 刚节，内侧触手后伸达第 6 刚节。眼位于触角和侧触手之间稍后的位置。第 1 围口节宽约为第 2 围口节的 2 倍，2 根触须位于第 2 围口节的后缘，具 5～6 个环轮。疣足背须在体前部为指状，至体后部细长；腹须在前 6 个刚节为圆锥状，其后腹须膨大为卵圆形，端部呈明显较细的短锥形，至第 45 刚节恢复为圆锥形。鳃始于第 3 刚节，具鳃丝 1 根，至第 15 刚节鳃丝达 13 根，约在第 44 刚节消失。亚足刺状钩刚毛黄色，始于第 30 刚节，每个疣足仅具 1 根；刷状刚毛具 6 个内齿，外齿不对称；复型双齿镰刀状刚毛具巾；毛状刚毛一侧具细齿。

生态习性：常栖息于软泥底质。

地理分布：黄海，东海；美国阿拉斯加，日本。

参考文献：Hsueh and Li，2014；Wu et al.，2013a，2013b。

图 169　哥城矶沙蚕 *Eunice kobiensis* (McIntosh, 1885)（杨德援和蔡立哲供图）
A. 整体；B. 体前部背面观；C. 体前部腹面观；D. 第 18 刚节疣足

扁平岩虫
Marphysa depressa (Schmarda, 1861)

标本采集地： 山东青岛。

形态特征： 口前叶双叶形，5 个光滑的后头触手皆长于口前叶。围口节和体前 5 个刚节圆柱形，其后背腹面逐渐扁平，体宽逐渐增大，至第 20 刚节达到最大体宽，之后逐渐减小。体表淡黄色，具虹彩。上颚齿式：1+1，4+4，6+0，3+8，1+1。鳃始于第 16～25 刚节，止于肛前第 20 刚节。鳃掌状，鳃束多具 2 根鳃丝。腹须在前 6 个刚节为锥形，之后基部膨大为卵圆形或球形，端部较小为指状或锥形，体后部其基部不再膨大。足刺在体前部疣足多达 5 根，为深褐色，体中部疣足多为 2～3 根，肛前附近为 1～2 根。足刺上方具毛状刚毛和不对称的刷状刚毛，下方具复型刺状和端片双齿的镰刀状刚毛。亚足刺钩状刚毛色浅、双齿，具小的巾部。

生态习性： 栖息于岩岸潮间带、潮下带泥沙底质。

地理分布： 黄海，南海；南非，新西兰。

参考文献： 刘瑞玉，2008；杨德渐和孙瑞平，1988；孙瑞平和杨德渐，2004；吴旭文，2013。

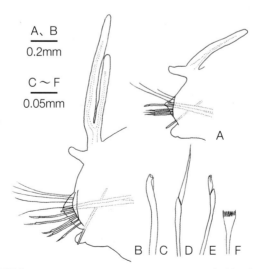

图 170　扁平岩虫 *Marphysa depressa* (Schmarda, 1861)（引自吴旭文，2013）
A. 第 67 疣足；B. 体后部疣足；C. 第 67 疣足亚足刺钩状刚毛；D. 第 67 疣足复型刺状刚毛；E. 第 67 疣足复型镰刀状刚毛；F. 第 67 疣足梳状刚毛

岩虫
Marphysa sanguinea (Montagu, 1813)

标本采集地： 山东青岛。

形态特征： 围口节和体前刚节为圆柱形，体后部背腹面逐渐扁平，横截面为卵圆形。2个围口节分界明显，后围口节长为前围口节的2～3倍。体表颜色多样，具虹彩。口前叶双叶形，前端圆，中央沟明显。5个后头触手，以中央者最长，长为口前叶的2倍。上颚齿式：1+1，3+3，5+0，5+6，1+1。体前部疣足具发达的后叶、稍长的指状背须和稍短的圆锥状腹须，随后背、腹须皆缩小为突指状。鳃始于第14～27刚节，止于体后端。最初鳃为一结节状突起，至体中部最发达，每束达4～7根鳃丝，体后部减少为1根。足刺上方具毛状刚毛、梳状刚毛，下方具复型刺状刚毛。亚足刺钩状刚毛始于第20～76刚节，每疣足1根，体后端某些疣足可能具2根或缺失。亚足刺钩状刚毛双齿、具巾，明显较足刺细，远端齿指向末端，近端齿圆钝、指向侧面。

生态习性： 栖息于岩岸潮间带、潮下带。

地理分布： 渤海，黄海，东海，南海。

参考文献： 孙瑞平和杨德渐，2004；吴旭文，2013。

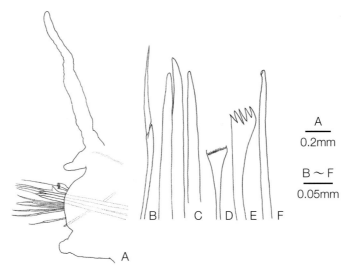

图 171　岩虫 *Marphysa sanguinea* (Montagu, 1813)（引自吴旭文，2013）
A. 体后部疣足；B. 复型刺状刚毛；C. 足刺；D. 细齿梳状刚毛；E. 粗齿梳状刚毛；F. 亚足刺钩状刚毛

索沙蚕科 Lumbrineridae Schmarda, 1861

科索沙蚕属 *Kuwaita* Mohammad, 1973

异足科索沙蚕
Kuwaita heteropoda (Marenzeller, 1879)

同物异名： 异足索沙蚕 *Lumbrineris heteropoda* (Marenzeller, 1879)

标本采集地： 山东青岛。

形态特征： 口前叶圆锥形，长稍大于宽。前围口节稍长于后围口节。下颚黑褐色，前端切断缘宽直，后端细长。上颚基长且宽，基部稍尖具侧缺刻，上颚齿式：1-4-2-1。体前部几节疣足小，具圆形或斜截形的前叶和稍大的圆锥形后叶，体中部疣足前、后叶皆发达，几乎等大，体后部疣足后叶变长，叶状向上斜伸。体中后部疣足背部近体壁处具乳突。体前 35 个刚节仅具翅毛状刚毛，简单多齿巾钩刚毛始于第 36 个刚节，足刺淡黄色。体后端 30 余个刚节密集变小，肛节具 4 根肛须。体黄褐色，体长可达 295mm，宽 7mm，约具 330 个刚节。

生态习性： 栖息于潮间带及潮下带泥沙滩。

地理分布： 渤海，黄海，东海，南海；世界性分布。

参考文献： 刘瑞玉，2008；杨德渐和孙瑞平，1988；孙瑞平和杨德渐，2004。

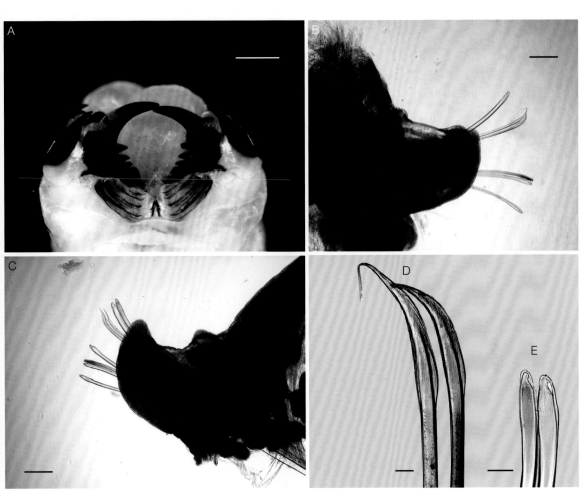

图 172　异足科索沙蚕 *Kuwaita heteropoda* (Marenzeller, 1879)
A. 颚齿；B. 体前部疣足；C. 体后部疣足；D. 翅毛状刚毛；E. 巾钩刚毛
比例尺：A = 0.5mm；B = 0.5mm；C = 0.5mm；D = 20μm；E = 20μm

日本索沙蚕
Lumbrineris japonica (Marenzeller, 1879)

标本采集地： 山东青岛。

形态特征： 口前叶圆形，长与宽等长，具1对项器，腹面具1对发达的颊唇。围口节短于口前叶，前围口节是后围口节的2倍长。疣足发达，前5对疣足小于后面的疣足。所有疣足的前刚叶均不明显。后刚叶从第1刚节起发达，为指状，第5～11对疣足的后刚叶最发达。所有疣足均具短圆的背须和背足刺。复型多齿巾钩刚毛分布于第1～15刚节，巾短，7个齿，近端齿最大。简单多齿巾钩刚毛始于第16刚节，巾短，11个齿，近端齿最大、钝状。背翅毛状刚毛分布于第1～24刚节，腹翅毛状刚毛分布于第1～10刚节。足刺黑色，刺状，前部疣足3根，后部疣足2根。

生态习性： 潮间带、潮下带均有分布，栖息于各类底质类型中。

地理分布： 黄海，东海。

参考文献： 刘瑞玉，2008；杨德渐和孙瑞平，1988；孙瑞平和杨德渐，2004。

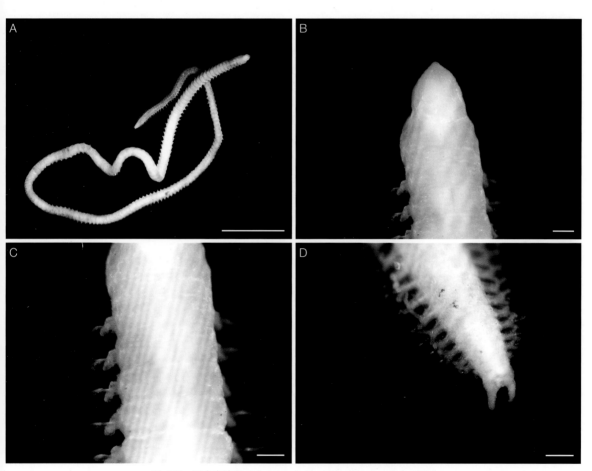

图 173　日本索沙蚕 *Lumbrineris japonica* (Marenzeller, 1879)
A. 整体；B. 体前端背面观；C. 疣足；D. 尾部
比例尺：A = 5mm；B = 200μm；C = 200μm；D = 200μm

短叶索沙蚕
Lumbrineris latreilli Audouin & Milne Edwards, 1833

标本采集地： 山东青岛。

形态特征： 口前叶圆锥形，长大于宽。前围口节长于后围口节。上颚基稍长具缺刻，上颚齿式：1-4（5）-2-1；下颚具宽扁的前端和稍细的后部。体前、后疣足同形，后叶圆锥形，稍长于前叶，唯体中部疣足后叶稍小。复型巾钩刚毛始于第 1 刚节，止于第 21 刚节，随后由简单巾钩刚毛替代，复型巾钩刚毛端片长为宽的 6～7 倍，具 1 个主齿和 4～6 个小齿。简单巾钩刚毛约具 9 个逐渐增大的小齿。翅毛状刚毛始于第 1 刚节，止于第 50 刚节。足刺黑色，2～3 根。活标本橘黄色，体长 7mm，宽 3mm，具 200 个刚节。

生态习性： 栖息于潮下带砾石下。

地理分布： 黄海，东海；大西洋，太平洋，印度洋，地中海，日本。

参考文献： 刘瑞玉，2008；杨德渐和孙瑞平，1988；孙瑞平和杨德渐，2004。

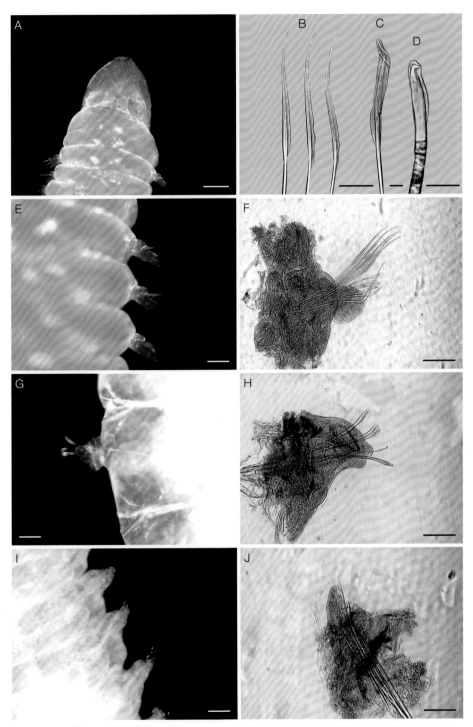

图 174　短叶索沙蚕 *Lumbrineris latreilli* Audouin & Milne Edwards, 1833

A. 体前端背面观；B. 翅毛状刚毛；C. 体前部巾钩刚毛；D. 体后部巾钩刚毛；E、F. 体前部疣足；G、H. 体中部疣足；I、J. 体后部疣足
比例尺：A = 0.5mm；B = 100μm；C = 20μm；D = 50μm；E = 200μm；F = 200μm；G = 200μm；H = 200μm；I = 200μm；J = 200μm

长叶索沙蚕
Lumbrineris longiforlia Imajima & Higuchi, 1975

标本采集地： 黄海。

形态特征： 口前叶扁，圆锥形，长稍短于最宽处，前端稍突。前、后两围口节近等长。下颚薄，半透明，前端具明显的半圆形黑色环，后部分叉。上颚齿式：1-4-2-1。第 10 对疣足具短圆的斜截形前叶和叶状后叶，第 21 刚节至体中部疣足前、后叶圆锥形、近等长，体后部疣足后叶变长为须状且向上伸。前 20 余个刚节具翅毛状刚毛和简单巾钩刚毛，其后巾钩刚毛巾部变宽短，除具 8 个小齿外还具明显的主齿。足刺黄褐色。不完整标本长 23mm，宽不足 1mm，约具 200 个刚节。

生态习性： 栖息于潮下带泥沙底质。

地理分布： 黄海；日本海。

参考文献： 刘瑞玉，2008；杨德渐和孙瑞平，1988；孙瑞平和杨德渐，2004。

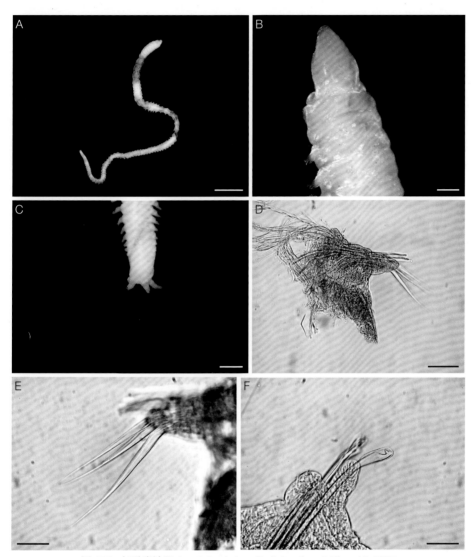

图 175　长叶索沙蚕 *Lumbrineris longiforlia* Imajima & Higuchi, 1975

A. 整体；B. 体前端背面观；C. 尾部；D. 疣足；E. 体前部翅毛状刚毛；F. 体后部巾钩刚毛

比例尺：A = 2mm；B = 200μm；C = 200μm；D = 100μm；E = 50μm；F = 50μm

索沙蚕属分种检索表

1. M Ⅲ 两齿；简单巾钩刚毛始于第 1 刚节 ....长叶索沙蚕 *L. longiforlia*

- M Ⅲ 两齿或多齿；具复型巾钩刚毛 2

2. 口前叶圆形，长与宽等长..日本索沙蚕 *L. japonica*

- 口前叶圆锥形，长大于宽..短叶索沙蚕 *L. latreilli*

掌鳃索沙蚕
Ninoe palmata Moore, 1903

标本采集地： 黄海。

形态特征： 口前叶钝圆，锥形，长与基部最宽处近等长。2 个无附肢的围口节，前节宽于后节。上颚齿式：1-6（5）-1-1，M IV 除具一大齿外还具排成一排的 14 余个细小齿。第 1 对疣足前叶稍圆，后叶长矛形，无鳃。鳃始于第 4 刚节，为一短叶，至第 12 刚节增多，具 4 个分枝，第 32 刚节变小为一短叶，消失于第 36 刚节。第 62 刚节疣足前、后两叶指状，后叶稍细长。疣足具翅毛状刚毛和巾钩刚毛。巾钩刚毛简单，始于第 1 刚节，体前端巾部窄长，具 5～8 个小齿，体中后部巾钩刚毛巾部稍短而宽，约具 10 个小齿。足刺黑色。标本长 30mm，宽 2mm，约具 76 个刚节。

生态习性： 栖息于潮下带泥质沙碎壳中。

地理分布： 黄海，东海。

参考文献： 刘瑞玉，2008；杨德渐和孙瑞平，1988；孙瑞平和杨德渐，2004。

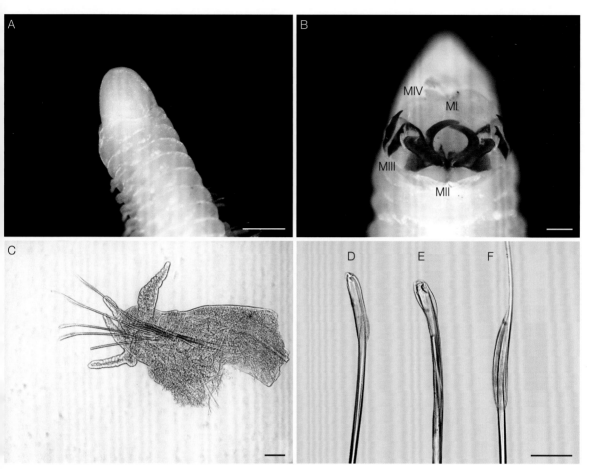

图 176　掌鳃索沙蚕 *Ninoe palmata* Moore, 1903

A. 体前端背面观；B. 颚齿；C. 疣足；D. 体前部巾钩刚毛；E. 体中后部巾钩刚毛；F. 体前部翅毛状刚毛

比例尺：A = 0.5mm；B = 200μm；C = 100μm；D = 20μm；E = 20μm；F = 20μm

索沙蚕科分属检索表

1.体前部疣足后叶具鳃 .... 鳃索沙蚕属 *Ninoe*（掌鳃索沙蚕 *N. palmata*）

- 体前部疣足后叶无鳃 2

2.项触手 0～2 根；MⅡ与MⅠ等长 .... 索沙蚕属 *Lumbrineris*

- 项触手 3 根；MⅡ长度是MⅠ的 1/2 .... 科索沙蚕属 *Kuwaita*（异足科索沙蚕 *K. heteropoda*）

花索沙蚕
Arabella iricolor (Montagu, 1804)

标本采集地：山东烟台。

形态特征：体细长线状，具虹彩。口前叶钝圆，锥形，4个眼排成一排位于口前叶后缘。前围口节稍长于后围口节。下颚粗壮，黑色，呈"H"形。上颚具5对对称的齿片：MⅠ（第1对齿片）明显镰刀形、基部具9～11个小齿，MⅡ左6～7个、右12～14个齿，MⅢ左6个、右4～6个小齿，MⅣ具5～6个齿，MⅤ具1个齿；上颚基细长，3片。疣足单叶型，所有刚节疣足皆具短圆形的前叶和很发达的长圆锥形后叶。体前部疣足具乳突状的背须，无腹须。翅毛状刚毛，翅基部具细锯齿。足刺黄色。体长150～200mm，宽2～2.5mm，具200～350个刚节。

生态习性：温带和热带水域的广布种；栖息于潮间带和潮下带浅水区石块下的泥中。

地理分布：黄海；大西洋，南非，地中海，红海，波斯湾，澳大利亚，印度沿海，墨西哥湾，日本海。

参考文献：刘瑞玉，2008；杨德渐和孙瑞平，1988；孙瑞平和杨德渐，2004。

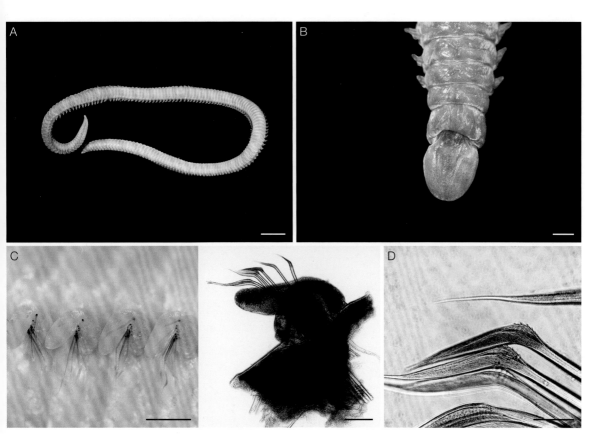

图 177　花索沙蚕 *Arabella iricolor* (Montagu, 1804)

A. 整体；B. 尾部；C. 疣足；D. 翅毛状刚毛

比例尺：A = 2mm；B = 1mm；C = 0.5mm；D = 50μm

智利巢沙蚕
Diopatra chiliensis Quatrefages, 1866

标本采集地： 黄海北部。

形态特征： 体前端圆柱状，中后部扁平。口前叶具 2 个短的圆锥形前触手和 5 根长的、基部具环轮的后头触手，中央触手后伸达第 7～14 刚节，具 8～12 个环轮。1 对短的触须位于围口节后侧缘。前 5～6 对疣足发达，具 1 个圆锥形、有缺刻的前刚叶和 2 个指状后刚叶，前刚叶为后刚叶的 2 倍长。鳃始于第 4～5 刚节，止于第 47～56 刚节。鳃丝螺旋状排列，以第 6～10 刚节最多。腹须在第 6～7 刚节前为指状，后为短指状，再后为垫状突。体前几节具伪复型刚毛、单齿或小的第 2 齿，巾有或无。刷状刚毛具 20 余个细齿，多位于鳃较少或无鳃疣足上。足刺刚毛棕色，始于第 12～18 刚节，双齿、无巾。体长达 250mm，宽 10mm。

生态习性： 牛皮纸样的栖管直埋于泥沙中，外露部分具碎贝壳和碎海藻片，管下段具粗沙。栖息于潮间带沙滩中下区，常为区域优势种。

地理分布： 黄海，东海，南海；智利。

参考文献： 刘瑞玉，2008；杨德渐和孙瑞平，1988；孙瑞平和杨德渐，2004。

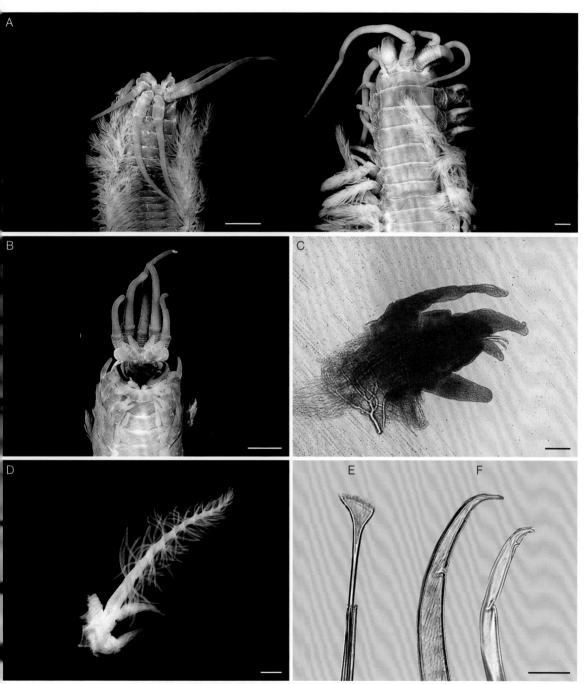

图 178 智利巢沙蚕 *Diopatra chiliensis* Quatrefages, 1866
A. 体前端背面观；B. 体前端腹面观；C. 疣足；D. 鳃；E. 刷状刚毛；F. 伪复型钩状刚毛
比例尺：A = 2mm；B = 1mm；C = 0.5mm；D = 1mm；E = 1μm；F = 50μm

欧努菲虫
Onuphis eremita Audouin & Milne Edwards, 1833

标本采集地： 东海。

形态特征： 5 个后头触手的基节明显长于口前叶，尤以内侧触手最长，后伸达第 4 刚节，具 9 个环轮。前部疣足具长须状背、腹须和一尖叶状后刚叶。须状腹须位于第 1～6 刚节。鳃始于第 1 刚节，至第 30 刚节，6 根鳃丝呈梳状。亚足刺钩状刚毛双齿，始于第 8～11 刚节。伪复型巾钩刚毛 3 个齿，始于第 1 刚节，梳状刚毛稍扁斜。体具黄褐色斑。标本不完整，前 10 节体长 3.5mm，宽 1.6mm。

生态习性： 栖息于潮下带软泥中。

地理分布： 黄海，东海，南海；地中海，大西洋，美国南加利福尼亚，印度。

参考文献： 刘瑞玉，2008；杨德渐和孙瑞平，1988；孙瑞平和杨德渐，2004。

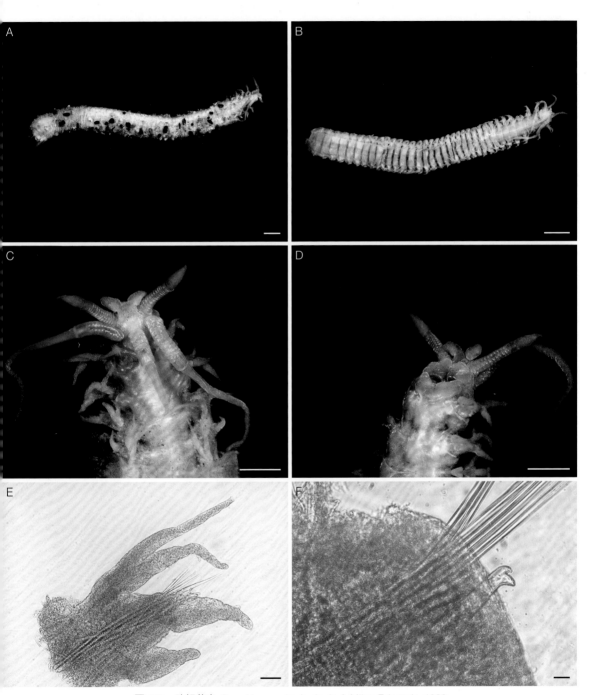

图 179　欧努菲虫 Onuphis eremita Audouin & Milne Edwards, 1833
A. 整体（带栖管）；B. 整体（不带栖管）；C. 体前端背面观；D. 体前端腹面观；E. 疣足；F. 亚足刺钩状刚毛
比例尺：A = 1mm；B = 1mm；C = 0.5mm；D = 0.5mm；E = 100μm；F = 20μm

微细欧努菲虫
Onuphis eremita parva Berkeley & Berkeley, 1941

标本采集地：渤海。

形态特征：口前叶近三角形，前端圆，前唇锥形。未观察到眼。触角基节具 25 个环轮，端节较短，长为基节的 1/2；侧触手具 26 个环轮，向后可伸至第 18 刚节；中央触手具 17 个环轮，可伸至第 10 刚节。围口节短，长为第 1 刚节的 2/3。1 对触须位于围口节前缘，稍长于围口节。下颚柄部细长，切割板钙质化。上颚齿式：1+1，7+10，11+0，7+11，1+1。前 3 个刚节为变型疣足，伸向前方，稍大于其后疣足。腹须在前 6 个刚节为须状，从第 7 刚节始为腺垫状。背须在体前部为须状，较后刚叶长，其后逐渐变细，至体后部为丝状。疣足后刚叶在体前 15 个刚节明显较长，须状，其后逐渐缩短为短锥形。鳃始于第 1 刚节，前 23 个刚节具简单鳃丝，其后鳃出现分枝，至第 29 刚节排列成梳状，最大鳃丝数 4。伪复型钩状刚毛具 3 个齿，钝巾，分布于前 4 个刚节。梳状刚毛端片具 8 ～ 9 个小齿，排成一斜排。亚足刺钩状刚毛双齿，具巾，始于第 12 刚节。

生态习性：栖息于砂泥、砂质底。

地理分布：渤海，黄海（水深 19 ～ 42m），东海（水深 34 ～ 89m）；日本土佐湾，美国南加利福尼亚。

参考文献：吴旭文，2013。

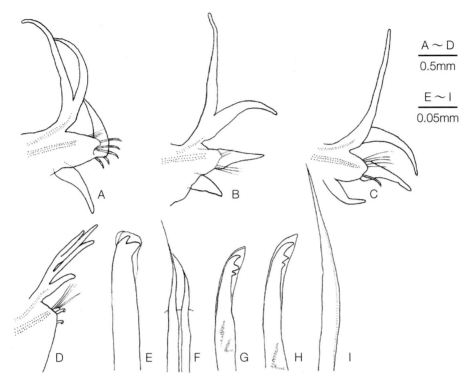

图 180-1 微细欧努菲虫 *Onuphis eremita parva* Berkeley & Berkeley, 1941（引自吴旭文，2013）
A. 第 1 疣足后面观；B. 第 5 疣足后面观；C. 第 4 疣足前面观；D. 第 39 疣足前面观；E. 第 39 疣足亚足刺钩状刚毛；F. 第 39 疣足足刺；
G. 第 1 疣足最下方的伪复型钩状刚毛；H. 第 2 疣足中间的伪复型钩状刚毛；I. 第 5 疣足下方的翅毛状刚毛

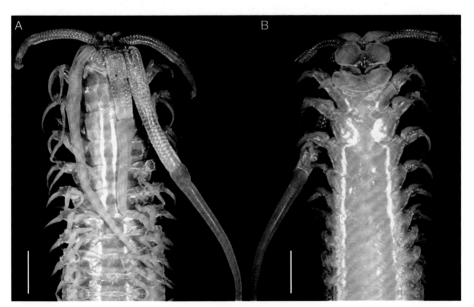

图 180-2 微细欧努菲虫 *Onuphis eremita parva* Berkeley & Berkeley, 1941（吴旭文供图）
A. 体前端背面观；B. 体前端腹面观
比例尺：1mm

四齿欧努菲虫
Onuphis tetradentata Imajima, 1986

标本采集地：东海。

形态特征：口前叶近三角形，前端圆，前唇卵圆形。未观察到眼点。触角基节具 8 个环轮，向后可伸至第 1 刚节；侧触手具 8 个环轮，可伸至第 12 刚节；中央触手具 6 个环轮，可伸至第 5 刚节。围口节短于第 1 刚节。1 对触须位于围口节前缘，与围口节等长。下颚柄部细长，切割板钙质化。上颚齿式：1+1，9+8，9+0，8+9，1+1。前 3 个刚节为变型疣足，伸向前方，大小与其后疣足相等。腹须在前 5 个刚节为须状，经过第 6 刚节和第 7 刚节过渡后，变为腺垫状。背须在体前部为须状，较后刚叶长，其后逐渐变细，至体后部为丝状。疣足后刚叶至少在体前 10 个刚节较长，为须状，其后缩短为短锥形。鳃始于第 4 刚节，简单，仅具 1 根鳃丝；鳃丝带状，在第 4 刚节稍长于背须，其后逐渐变长，至第 10 刚节达到最大长度。伪复型钩状刚毛具 3 个齿和 4 个齿，巾末端钝，分布于前 4 个刚节；某些个体的第 4 齿甚至分裂出第 5 齿。梳状刚毛端片扁平，约具 15 个小齿，排成一斜排。亚足刺钩状刚毛双齿，具巾，始于第 12 刚节。

生态习性：栖息于泥砂底质中。

地理分布：渤海（水深 13.5～25m），黄海（水深 18～83m），东海（水深 16～98m）；日本东北部沿岸。

参考文献：吴旭文，2013。

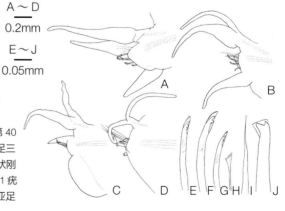

A～D
0.2mm

E～J
0.05mm

图 181-1　四齿欧努菲虫 *Onuphis tetradentata* Imajima, 1986（引自吴旭文，2013）
A. 第 1 疣足背面观；B. 第 4 疣足前面观；C. 第 40 疣足前面观；D. 第 40 疣足背面观；E. 第 3 疣足三齿伪复型钩状刚毛；F. 第 4 疣足三齿伪复型钩状刚毛；G. 第 1 疣足四齿伪复型钩状刚毛；H. 第 21 疣足梳状刚毛；I. 第 24 疣足足刺；J. 第 24 疣足亚足刺钩状刚毛

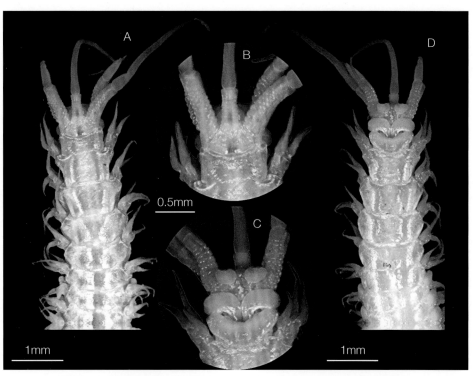

图 181-2　四齿欧努菲虫 *Onuphis tetradentata* Imajima, 1986（吴旭文供图）
A. 体前端背面观；B. 头部背面观；C. 头部腹面观；D. 体前端腹面观

欧努菲虫属分种检索表

1.鳃简单，仅具 1 根鳃丝，鳃始于第 4 刚节或其后；前 4 个刚节具三齿和四齿伪复型钩状刚毛......
....四齿欧努菲虫 *O. tetradentata*

- 鳃丝 2 根或 2 根以上排列成梳状，始于第 1 刚节；仅具三齿伪复型钩状刚毛..............................2

2.伪复型钩状刚毛位于前 3 个刚节...欧努菲虫 *O. eremita*

- 伪复型钩状刚毛位于前 4 个刚节..微细欧努菲虫 *O. eremita parva*

蠕鳞虫科 Acoetidae Kinberg, 1856

蠕鳞虫属 *Acoetes* Audouin & Milne Edwards, 1832

黑斑蠕鳞虫
Acoetes melanonota (Grube, 1876)

标本采集地： 厦门海域，广东大亚湾。

形态特征： 口前叶分 2 叶，眼 2 对，前对大豆形、具眼柄，后对小、无柄。中央触手位于口前叶缺刻处，与口前叶近等长；侧触手位于眼柄下方，稍短。触手和触角皆具黑色斑。鳞片褐色、平滑、卵圆形，外侧卷曲成小袋，在体中部不相连。第 1 刚节疣足具 2 根足刺，背、腹须比中央触手粗而长。第 2 刚节具第 1 对鳞片，腹须与第 1 刚节相似，疣足大于后面刚节的疣足，锥状背叶具成束的毛状刚毛，腹叶呈三角形，较宽大，具带锯齿的毛状刚毛。第 3 刚节具 1 对背须，背叶具成束的毛状刚毛，腹叶除具毛状刚毛外，还有带芒刺的粗足刺状刚毛。第 3～8 刚节与第 2 刚节类似。从第 9 刚节起，疣足背叶变得宽而圆，具足刺、纺织腺和 1 排短刚毛；腹叶上部刚毛有 2 种，一种是带锯齿的长毛状刚毛，另一种为较粗短的足刺状刚毛。中部和下部刚毛与前几节相似。体后部疣足具简单指状囊鳃。肛节具 1 对肛须，肛门位于肛节末端。

生态习性： 栖息于浅水至深水区。

地理分布： 黄海，东海，浙江沿岸，台湾岛，福建沿岸，南海，北部湾；菲律宾，泰国，印度尼西亚，印度洋。

参考文献： 杨德渐和孙瑞平，1988；吴宝铃等，1997。

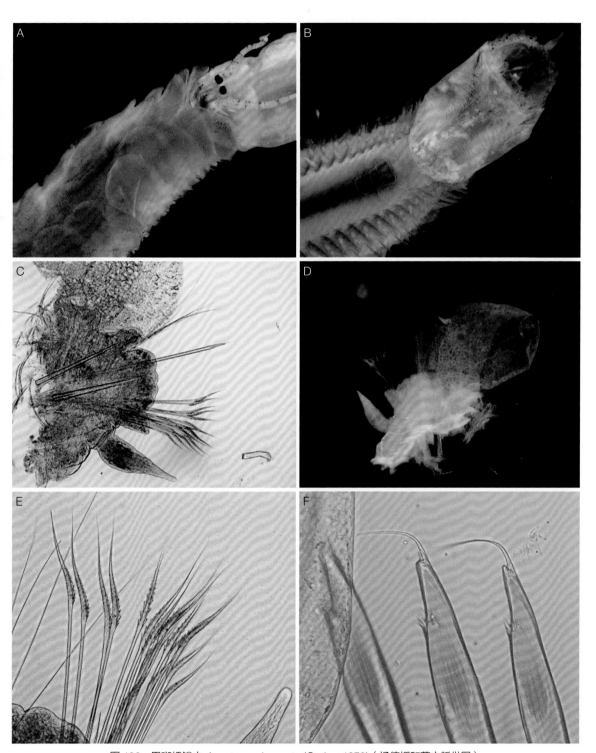

图 182　黑斑蠕鳞虫 *Acoetes melanonota* (Grube, 1876)（杨德援和蔡立哲供图）

A. 体前部背面观；B. 体前部腹面观；C. 第 2 刚节疣足；D. 第 2 刚节疣足鳞片；E. 第 2 刚节疣足腹刚毛；F. 体后部刚毛

日本镖毛鳞虫
Laetmonice japonica McIntosh, 1885

标本采集地： 东海。

形态特征： 口前叶前端宽圆，中央触手长约为口前叶的 4 倍，触角长为中央触手的 2～3 倍。眼柄球状，眼点不明显。触须比触手短。半透明的鳞片有 15 对，其上有少量黑点。背叶鱼叉状刚毛黑褐色，端部具 3～4 对齿；毛状刚毛形成少量的背毡毛，不能完全覆盖体表面。腹刚毛具 1 排硬的长毛状缘，但无马刺。长 35mm，宽 14mm，具 32～46 个刚节。

生态习性： 栖息于潮下带。

地理分布： 黄海，东海，台湾岛；日本东西岸。

参考文献： 刘瑞玉，2008；杨德渐和孙瑞平，1988；孙瑞平和杨德渐，2004；吴宝铃等，1997。

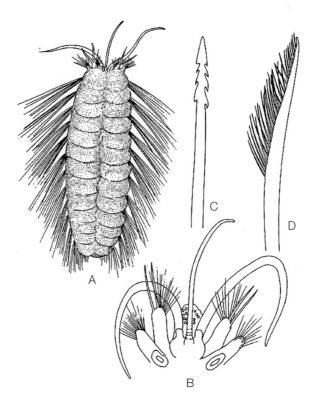

图 183-1　日本镖毛鳞虫 *Laetmonice japonica* McIntosh, 1885（引自吴宝铃等，1997）

A. 整体背面观；B. 头部背面观；C. 背面鱼叉状刚毛；D. 腹刚毛

图 183-2　日本镖毛鳞虫 *Laetmonice japonica* McIntosh, 1885
A. 整体；B. 体前端背面观；C. 具毛状缘腹刚毛；D. 鱼叉状背刚毛
比例尺：A = 2mm；B = 1mm；C = 100μm；D = 50μm

须优鳞虫
Eunoe oerstedi Malmgren, 1865

标本采集地：山东青岛。

形态特征：口前叶具额角，侧触手位于中央触手下腹方且短于中央触手。触手、触须和疣足背须皆具丝状乳突，近末端具膨大部。眼 2 对，前对位于口前叶最宽处的侧缘，后对位于口前叶后缘，几乎被第 2 刚节的背褶部分覆盖。鳞片 15 对，把体背面完全盖住。鳞片外侧缘具大小不等的分枝状或星状结节，多为黑色，其外缘具缘穗。疣足双叶型，背刚毛束状排列，粗棒状，较直，其上具小刺状横带。腹刚毛单齿，具 10～12 行粗侧齿。体长 15～35mm，宽 7～16mm，具 38 个刚节。

生态习性：栖息于潮下带软泥、砂质泥中。

地理分布：渤海，黄海。

参考文献：刘瑞玉，2008；杨德渐和孙瑞平，1988；孙瑞平和杨德渐，2004；吴宝铃等，1997。

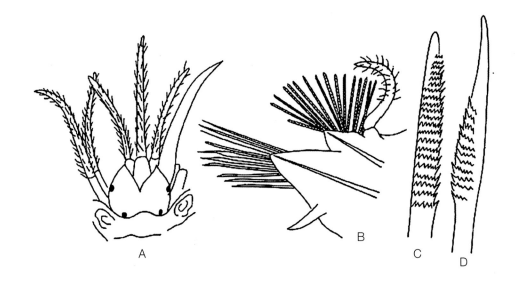

图 184-1　须优鳞虫 *Eunoe oerstedi* Malmgren, 1865（引自吴宝铃等，1997）
A. 头部背面观；B. 疣足；C. 背刚毛；D. 腹刚毛

图 184-2　须优鳞虫 *Eunoe oerstedi* Malmgren, 1865
A. 整体；B. 体前端背面观；C. 体前端腹面观；D. 鳞片；E. 疣足（双叶型）；F. 背刚毛；G 腹刚毛
比例尺：A = 2mm；B = 0.5mm；C = 0.5mm；D = 0.5mm；E = 0.5mm；F = 50μm；G = 50μm

臭伪格鳞虫
Gaudichaudius cimex (Quatrefages, 1866)

同物异名： 蜂窝格鳞虫 *Gattyana deludens* Fauvel, 1932

标本采集地： 东海。

形态特征： 口前叶哈鳞虫型，具小的圆形额角。中央触手位于 1 个大的基节上。
触角粗短。触须基部具 1 小束长刚毛。头部附肢除触角外其余覆有小毛。
背鳞 15 对，黄色，平滑，表面具很多小的六角形结构，如蜂窝一样。
靠近每个背鳞的后缘处有 1 个较大的小胞，此外沿着背鳞的后缘还有
1 行长方形的小胞。背鳞的前缘凹入，边缘薄而软，不具任何胞状结构。
背鳞侧缘的表面具有小的缘穗。疣足双叶型。带有触须的疣足在背须上
方具 1 个大而长的突起，此长突起的内缘具长的纤毛。背须平滑，位
于比较膨大的基节上。腹须小，具数目不多的长纤毛。刚毛数目很多，
背刚毛为细毛状，末端细而长为丝状；腹刚毛较短，末端具一圆形端齿。
体长 16mm，宽 6mm，具 36 个刚节。

生态习性： 栖息于软泥底、砂质泥中。

地理分布： 黄海，东海浅海；印度沿岸，孟加拉湾。

参考文献： 刘瑞玉，2008；杨德渐和孙瑞平，1988；孙瑞平和杨德渐，2004；吴
宝铃等，1997。

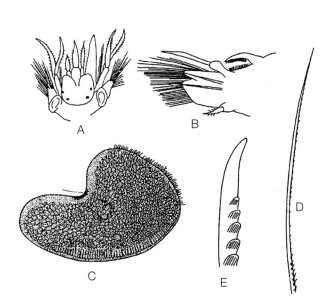

图 185-1 臭伪格鳞虫 *Gaudichaudius
cimex* (Quatrefages, 1866)（引自吴宝铃
等，1997）
A. 头部背面观；B. 疣足；C. 鳞片；D. 背刚毛；
E. 腹刚毛

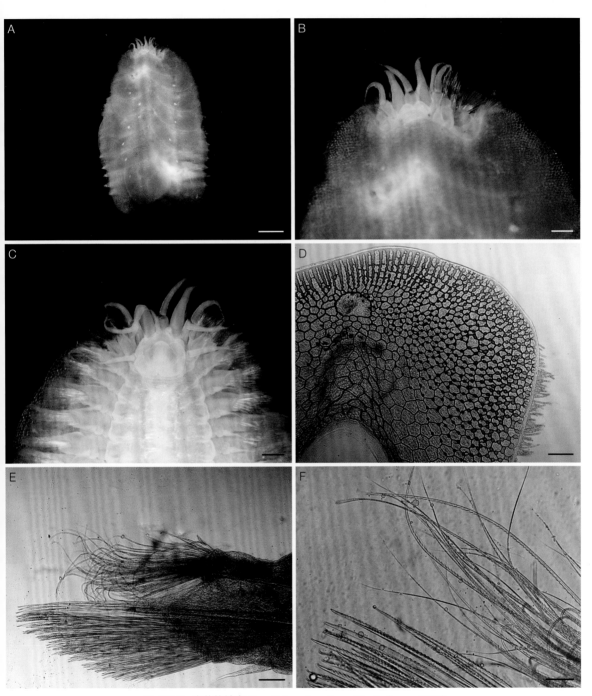

图 185-2　臭伪格鳞虫 *Gaudichaudius cimex* (Quatrefages, 1866)

A. 整体；B. 体前端背面观；C. 体前端腹面观；D. 鳞片；E. 疣足（双叶型）；F. 细毛状背刚毛

比例尺：A = 2mm；B = 0.5mm；C = 0.5mm；D = 0.5mm；E = 0.5mm；F = 100μm

格鳞虫属 *Gattyana* McIntosh, 1897

渤海格鳞虫
Gattyana pohaiensis Uschakov & Wu, 1959

标本采集地： 山东青岛。

形态特征： 口前叶哈鳞虫型，额角不显著。头瓣呈不太明显的黄褐色，其上有许多小颗粒。吻具 9+9 个缘突。中央触手约为侧触手长的 2 倍。头部附肢及疣足背须均不具长的乳突。触须基部无刚毛。背鳞 15 对，上缘具小的缘穗，表面上还密覆有很多像长乳突一样的小刺，刺的大小不同，顶端钝或尖锐。背鳞薄而嫩，容易脱落。疣足双叶型，背须细长。刚毛密集成束，背刚毛及腹刚毛均具细长尖锐的末端。刚节背面可看到灰色的横条纹。体长约 15mm，宽 5mm，具 36 个刚节。

生态习性： 栖息于潮间带泥沙滩中。

地理分布： 渤海，黄海。

参考文献： 刘瑞玉，2008；杨德渐和孙瑞平，1988；孙瑞平和杨德渐，2004；吴宝铃等，1997。

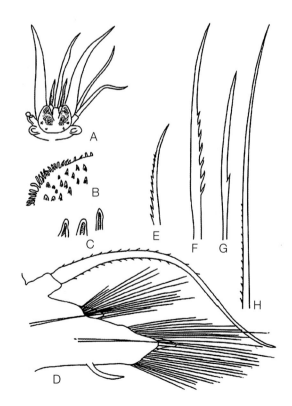

图 186-1　渤海格鳞虫 *Gattyana pohaiensis* Uschakov & Wu, 1959（引自吴宝铃等，1997）
A. 头部；B. 背刚毛；C. 背鳞片表面的刺状乳突放大；D. 疣足；E. 上部背刚毛；F. 中部腹刚毛；G. 下部腹刚毛；H. 中部背刚毛

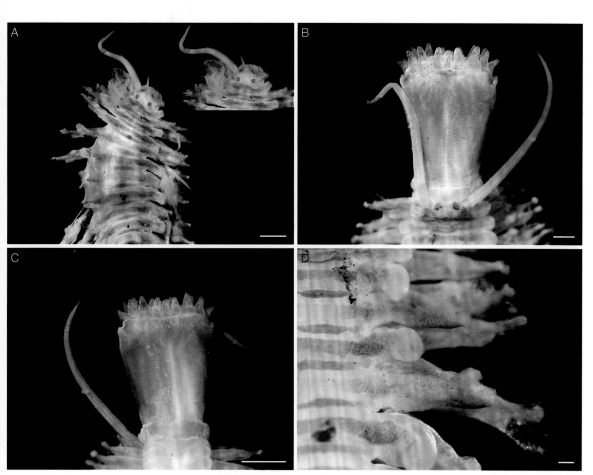

图 186-2　渤海格鳞虫 *Gattyana pohaiensis* Uschakov & Wu, 1959

A. 体前端背面观；B. 头部背面观（吻翻出）；C. 头部腹面观（吻翻出）；D. 疣足

比例尺：A = 1mm；B = 0.5mm；C = 1mm；D = 0.2mm

亚洲哈鳞虫
Harmothoe asiatica Uschakov & Wu, 1962

标本采集地： 山东青岛。

形态特征： 口前叶哈鳞虫型，具明显的额角。前对眼比后对大，位于头部中央最宽处的两侧；后对相距较近，位于头部后缘，并且部分被第 2 刚节的半圆形突起掩盖。触手和触须有长的乳突，其末端光滑且很长。背鳞在体前部为圆形，其后变为肾圆形，背鳞外侧缘和后面具长丝状突起，这种突起末端稍膨胀。背鳞结实，前端光滑、半透明，其他部分则有小刺，小刺的基部为圆形，顶端大多数分叉，位于背鳞外侧的刺最大。背鳞表面分成许多小的多角形部分，似蜂窝状，这种小的多角形部分在背鳞的后缘最为显著，在每一个小的多角形部分上都有 1 或数根小刺，多角形部分的边缘具有极其显著的颜色。疣足双叶型，背须具长丝状突起。背刚毛数目多，具侧锯齿；腹刚毛比背刚毛长，末端双齿。大型的背突位于具背须节上。腹须尖锐，短于疣足叶，上面具短的乳突。体长约 10mm，标本失去体后端。

生态习性： 栖息于泥沙底质，水深 38.5m。

地理分布： 黄海，东海。

参考文献： 刘瑞玉，2008；杨德渐和孙瑞平，1988；孙瑞平和杨德渐，2004；吴宝铃等，1997。

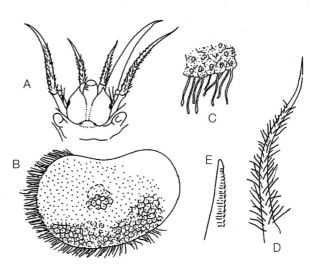

图 187-1 亚洲哈鳞虫 *Harmothoe asiatica* Uschakov & Wu, 1962（引自吴宝铃等，1997）
A. 头部背面观；B. 背鳞片；C. 背鳞片边缘放大；D. 背须；E. 背刚毛

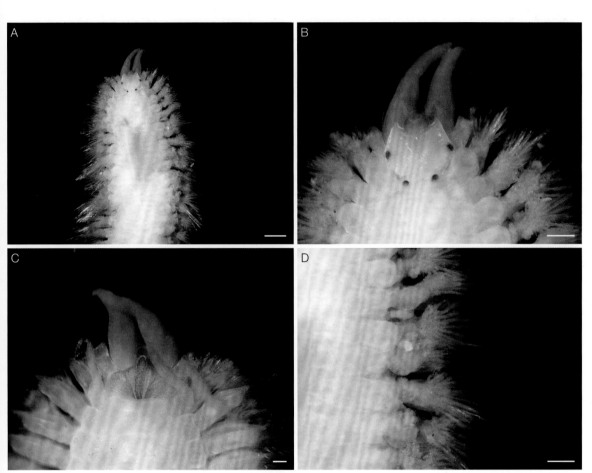

图 187-2　亚洲哈鳞虫 *Harmothoe asiatica* Uschakov & Wu, 1962
A. 体前端背面观；B. 头部背面观；C. 头部腹面观；D. 疣足
比例尺：A = 0.5mm；B = 200μm；C = 100μm；D = 200μm

覆瓦哈鳞虫
Harmothoe imbricata (Linnaeus, 1767)

标本采集地： 黄海。

形态特征： 口前叶哈鳞虫型，前对眼部分位于口前叶额角下方腹面，后对位于口前叶后侧缘。中央触手长约为侧触手的 2 倍。触手、触角、触须和背须皆具稀疏排列的丝状乳突。鳞片 15 对，位于第 2、4、5、7～19、23、27、29 和 32 刚节上。鳞片肾形或椭圆形，具锥形结节、稀疏的缘穗和不同颜色的斑。疣足双叶型。背刚毛稍粗，具侧锯齿；腹刚毛浅黄色，末端具 2 个小齿。

生态习性： 栖息于渤海（水深 16～32m），黄海潮间带和潮下带（水深 0～60m），东海潮间带石块下或海藻间泥沙底质和碎贝壳内及海星纲海盘车步带沟内。

地理分布： 渤海，黄海，东海；北冰洋，英吉利海峡，大西洋，地中海，北太平洋。

参考文献： 刘瑞玉，2008；杨德渐和孙瑞平，1988；孙瑞平和杨德渐，2004；吴宝铃等，1997。

多鳞虫科分属检索表

1.背刚毛具细毛状端；腹刚毛单齿 2

 - 背刚毛无细毛状端；无叉状腹刚毛 3

2.鳞片表面无蜂窝状结构，头触手无乳突 ....格鳞虫属 *Gattyana*（渤海格鳞虫 *G. pohaiensis*）

 - 鳞片表面具蜂窝状结构，头触手具乳突 ......伪格鳞虫属 *Gaudichaudius*（臭伪格鳞虫 *G. cimex*）

3.腹刚毛无细毛状端、单齿 ....优鳞虫属 *Eunoe*（须优鳞虫 *E. oerstedi*）

 - 腹刚毛无细毛状端、双齿 ....

　　　　　　　　哈鳞虫属 *Harmothoe*（亚洲哈鳞虫 *H. asiatica*，覆瓦哈鳞虫 *H. imbricata*）

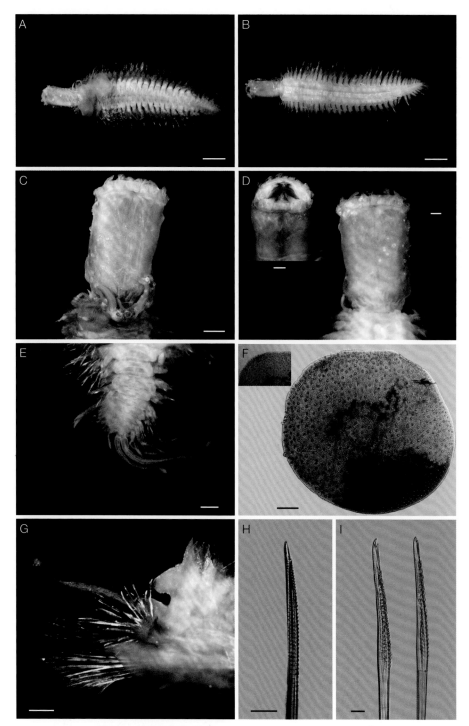

图 188　覆瓦哈鳞虫 *Harmothoe imbricata* (Linnaeus, 1767)

A. 整体背面观；B. 整体腹面观；C. 头部背面观；D. 头部腹面观（颚齿放大图）；E. 尾部；F. 鳞片；G. 疣足；H. 背刚毛；I. 腹刚毛

比例尺：A = 2mm；B = 2mm；C = 1mm；D = 0.5mm；E = 0.5mm；F = 0.5mm；G = 0.5mm；H = 100μm；I = 50μm

锡鳞虫科 Sigalionidae Kinberg, 1856

埃刺梳鳞虫属 *Ehlersileanira* Pettibone, 1970

埃刺梳鳞虫
Ehlersileanira incisa (Grube, 1877)

标本采集地：东海。

形态特征：口前叶卵圆形，与第 1 对疣足部分愈合。中央触手基节较长，游离部分短，基节具耳状突，侧触手位于第 1 疣足的内背侧。眼有或无。半圆形的项器常常较明显。触角大约可延伸至第 16 刚节。鳃开始于第 13～30 刚节，开始很小，以后变大。疣足双叶型，末端唇叶具多个光滑的茎状突，第 3 对疣足无背须和背瘤。背刚毛为简单刺毛状；腹刚毛为简单刺状，端片稍弯，上具横纹。腹须为指状，较疣足叶短，具短的外基节，基节中部无乳突。鳞片光滑，不透明，不具缘穗，开始为卵圆形，以后增大为梨形，体中部鳞片一侧有凹裂，约第 27 刚节后每节皆有，在与鳞茎接触处有 1 个黑色斑。

生态习性：栖息于黄海潮下带、东海浅海处。

地理分布：黄海，东海。

参考文献：刘瑞玉，2008；杨德渐和孙瑞平，1988；孙瑞平和杨德渐，2004；吴宝铃等，1997。

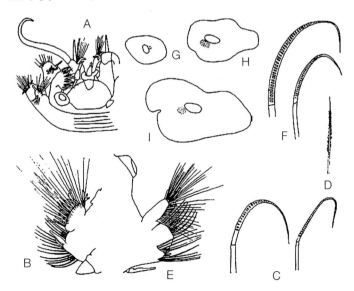

图 189-1 埃刺梳鳞虫 *Ehlersileanira incisa* (Grube, 1877)（引自吴宝铃等，1997）

A. 头部背面观；B. 第 2 疣足背面观；C. 第 2 疣足腹刚毛；D. 体前部疣足简单型腹刚毛；E. 体前部疣足；
F. 体前部疣足腹刚毛；G. 右侧第 2 个鳞片；H. 左侧第 4 个鳞片；I. 左侧体中部鳞片

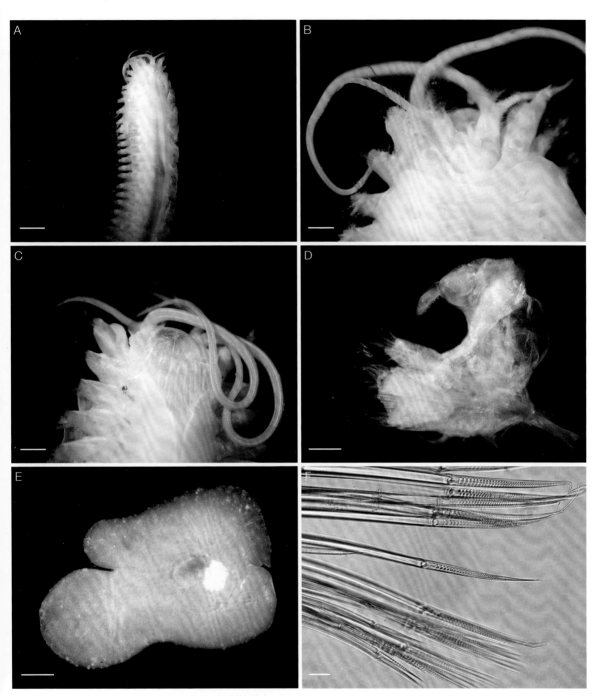

图 189-2　埃刺梳鳞虫 *Ehlersileanira incisa* (Grube, 1877)

A. 体前端背面观；B. 头部背面观；C. 体前端腹面观；D. 疣足；E. 体中部鳞片；F. 复型刺状腹刚毛

比例尺：A = 2mm；B = 0.5mm；C = 0.5mm；D = 0.5mm；E = 0.5mm；F = 50μm

黄海刺梳鳞虫
Ehlersileanira incisa hwanghaiensis (Uschakov & Wu, 1962)

标本采集地：东海。

形态特征：口前叶卵圆形，与第1对疣足部分愈合。中央触手基节短，游离部分长可达头部的近4倍，基节两侧具耳状突。2对眼，前对位于头部前缘，从背面看不见。项器不明显。触角可延伸至约第20刚节。鳃丝状，开始于第13～17刚节，开始很小，以后变大。疣足双叶型，末端唇叶具多个光滑的茎状突，第3对疣足无背须和背瘤。背刚毛为简单型刺毛状；腹刚毛为复型刺状，端片稍弯，上具横纹。背鳞椭圆形，光滑，不具缘穗。鳞片无色至浅黄色。

生态习性：栖息于潮下带、浅海。

地理分布：黄海，东海。

参考文献：刘瑞玉，2008；杨德渐和孙瑞平，1988；孙瑞平和杨德渐，2004；吴宝铃等，1997。

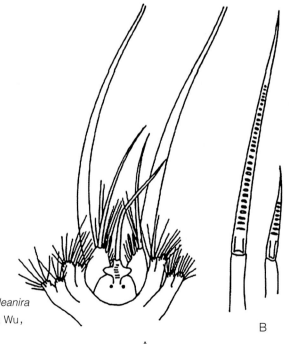

图 190-1　黄海刺梳鳞虫 *Ehlersileanira incisa hwanghaiensis* (Uschakov & Wu, 1962)（引自吴宝铃等，1997）

A. 头部背面观；B. 腹刚毛

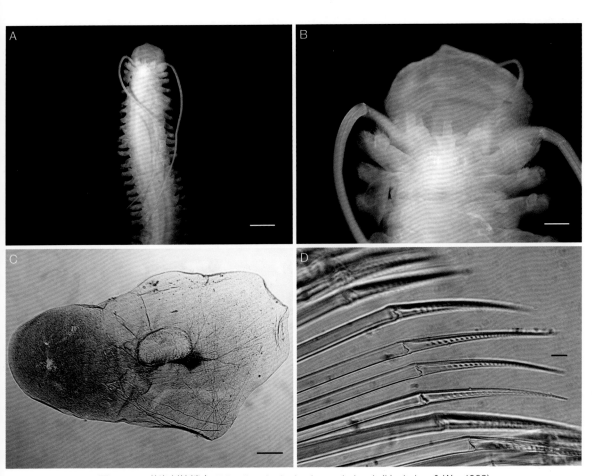

图 190-2　黄海刺梳鳞虫 *Ehlersileanira incisa hwanghaiensis* (Uschakov & Wu, 1962)
A. 体前端背面观；B. 头部背面观；C. 鳞片；D. 复型刺状腹刚毛
比例尺：A = 2mm；B = 0.5mm；C = 0.5mm；D = 20μm

中华怪鳞虫
Pholoe chinensis Wu, Zhao & Ding, 1994

标本采集地： 山东半岛。

形态特征： 体小，背腹扁平，疣足及虫体腹面具乳突。虫体具棕褐色斑，体两侧颜色较深。鳞片多对，圆到椭圆形，边缘具约 9 个细长光滑乳突，背面具锥状乳突，呈放射状排列。口前叶略呈圆形，眼 2 对，位于口前叶两侧。中央触手 1 个，棒状，从口前部伸出。1 对触角较粗大，呈削尖状，从第 1 刚节的腹面向前伸出。第 1 刚节具触须 2 对，位于口前叶腹面，背、腹触须和中央触手近等长。疣足双叶型，无背须，各节疣足皆具腹须，无鳃。背刚毛刺毛状，明显弯曲；腹刚毛复型镰刀状，端片长短不一。

生态习性： 常栖息于潮下带泥、砂、岩相海底。

地理分布： 黄海。

参考文献： 刘瑞玉，2008；杨德渐和孙瑞平，1988；孙瑞平和杨德渐，2004；吴宝铃等，1997。

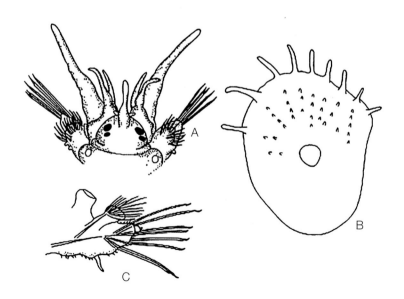

图 191　中华怪鳞虫 *Pholoe chinensis* Wu, Zhao & Ding, 1994（引自吴宝铃等，1997）

A. 头部背面观；B. 第 14 刚节鳞片；C. 疣足

370

微怪鳞虫
Pholoe minuta (Fabricius, 1780)

标本采集地：山东胶州湾。

形态特征：体小，背腹扁平，疣足及虫体腹面具乳突，上常粘有碎屑。鳞片多对，圆到椭圆形，边缘和表面具锥状乳突。口前叶略呈圆形，眼2对，位于口前叶两侧。中央触手1个，从口前叶前部伸出。1对触角较粗大，呈削尖状，从第1刚节的腹面向前伸出。第1刚节具触须2对，位于口前叶腹面，背、腹触须和中央触手近等长。疣足双叶型，无背腹须，各节疣足皆具腹须，无鳃。背刚毛刺毛状，明显弯曲；腹刚毛复型镰刀状，端片长短不一。

生态习性：常栖息于潮下带泥、砂、岩相海底。

地理分布：黄海，东海，南海；北冰洋，大西洋，太平洋。

参考文献：刘瑞玉，2008；杨德渐和孙瑞平，1988；孙瑞平和杨德渐，2004；吴宝铃等，1997。

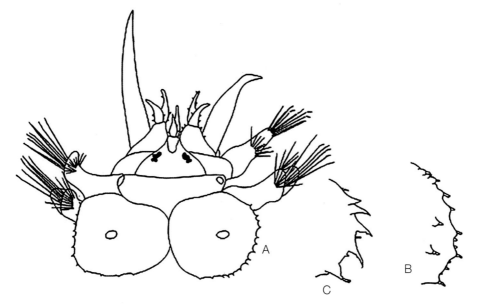

图 192 微怪鳞虫 *Pholoe minuta* (Fabricius, 1780)（引自吴宝铃等，1997）

A. 体前部背面观；B、C. 鳞片外缘缘穗

日本强鳞虫
Sthenolepis japonica (McIntosh, 1885)

标本采集地：山东青岛。

形态特征：虫体较长，蠕虫型。鳞片透明，具黄锈色斑块，覆盖于背面。口前叶圆，黄锈色，2 对眼等大，呈四方形排列，前对位于中央触手基节的前下方，从背部仅见一部分。中央触手基部具耳状突；侧触手位于第 1 疣足的内背侧。项器不明显。疣足双叶型，背部有 3 个栉状突，端部唇叶上有数个茎状突。背刚毛刺毛状；腹刚毛复型长刺状，常伴随有少量的双面简单锯齿状刚毛和复型短刺状刚毛。

生态习性：栖息于潮下带。

地理分布：渤海，黄海，东海，南海；印度 - 太平洋，孟加拉湾，阿拉伯海，日本沿岸。

参考文献：刘瑞玉，2008；杨德渐和孙瑞平，1988；孙瑞平和杨德渐，2004；吴宝铃等，1997。

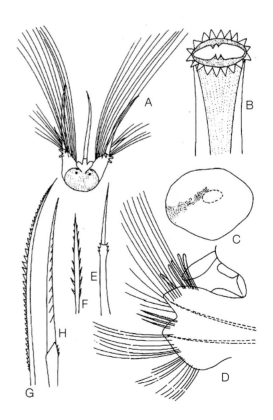

图 193-1　日本强鳞虫 *Sthenolepis japonica* (McIntosh, 1885)（引自吴宝铃等，1997）

A. 头部背面观；B. 吻前部背面观；
C. 左侧第 6 个鳞片；D. 体中部疣足；
E. 锯齿背刚毛；F. 双面锯齿腹刚毛；
G. 等齿复型短刺状腹刚毛；H. 异齿复型长刺状腹刚毛

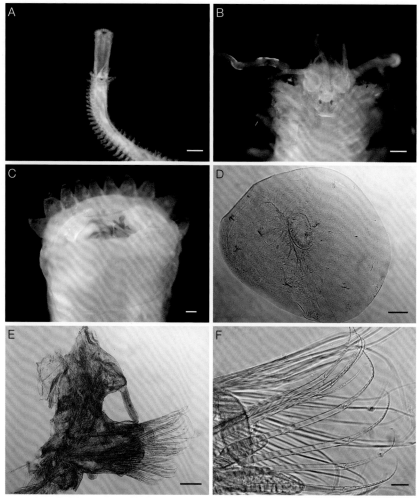

图 193-2　日本强鳞虫 *Sthenolepis japonica* (McIntosh, 1885)

A. 体前端背面观；B. 头部背面观；C. 吻；D. 鳞片；E. 疣足；F. 复型刺状腹刚毛

比例尺：A = 1mm；B = 200μm；C = 100μm；D = 0.5mm；E = 0.5mm；F = 50μm

锡鳞虫科分属检索表

1.1 个头触手..........................怪鳞虫属 *Pholoe*（中华怪鳞虫 *P. chinensis*，微怪鳞虫 *P. minuta*）

- 至少 2 个头触手...2

2.3 个头触手；第 3 刚节无背须、无背瘤 ....埃刺梳鳞虫属 *Ehlersileanira*

（埃刺梳鳞虫 *E. incisa*，黄海刺梳鳞虫 *E. incisa hwanghaiensis*）

- 3 个头触手；第 3 刚节无背须、具背瘤.............强鳞虫属 *Sthenolepis*（日本强鳞虫 *S. japonica*）

白色吻沙蚕
Glycera alba (O. F. Müller, 1776)

标本采集地： 山东烟台。

形态特征： 体前端宽，后端较细。每刚节具双环轮。口前叶圆锥形，有 8 个明显的环轮。吻上的乳突长，具足。鳃位于疣足的背面，为指状，比疣足稍短，不能伸缩。疣足具 2 个前刚叶和 2 个后刚叶，后背刚叶长圆锥形、具尖端，后腹刚叶短、圆钝。体长 56 ～ 75mm，宽 4mm，具 80 ～ 100 个刚节。

生态习性： 栖息于泥底质，水深 100m。

地理分布： 渤海，黄海，东海；日本沿岸，印度洋，大西洋。

参考文献： 刘瑞玉，2008；杨德渐和孙瑞平，1988；孙瑞平和杨德渐，2004；吴宝铃等，1997。

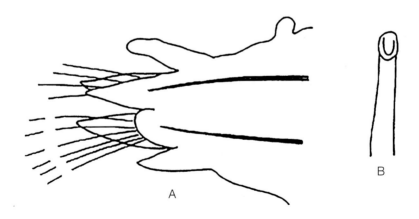

图 194-1　白色吻沙蚕 *Glycera alba* (O. F. Müller, 1776) （引自吴宝铃等，1997）

A. 疣足后面观；B. 吻上乳突

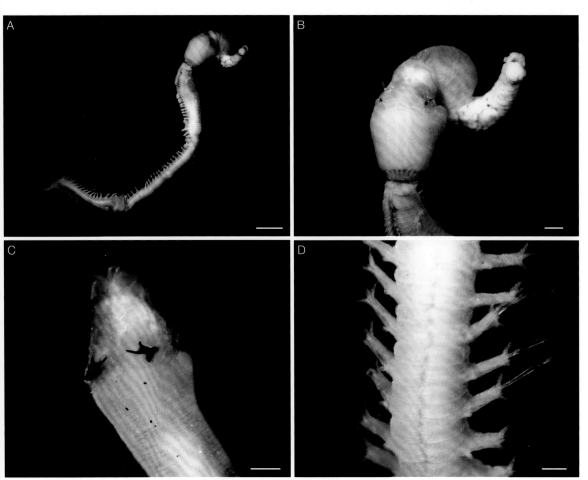

图 194-2　白色吻沙蚕 *Glycera alba* (O. F. Müller, 1776)
A. 整体；B. 体前端背面观；C. 颚齿；D. 疣足
比例尺：A = 2mm；B = 0.5mm；C = 0.5mm；D = 200μm

头吻沙蚕
Glycera capitata Örsted, 1842

标本采集地： 黄海。

形态特征： 口前叶圆锥形，具有 8 个环轮。吻上覆有长杯状和短的圆锥形乳突。疣足具 2 个前刚叶和 1 个圆形后刚叶，背前刚叶圆锥形，短于腹前刚叶。背须短，位于疣足背上方；腹须较长，圆锥形。无鳃。最大的标本体长约 90mm，宽 1～2mm，每个刚节具 3 个环轮。

生态习性： 栖息于潮间带至潮下带，水深 73m。

地理分布： 黄海；大西洋西部，地中海，北冰洋，太平洋东岸，从太平洋西岸、日本至中国南海北部湾，南极。

参考文献： 刘瑞玉，2008；杨德渐和孙瑞平，1988；孙瑞平和杨德渐，2004；吴宝铃等，1997。

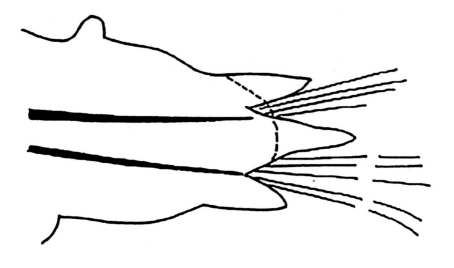

图 195-1　头吻沙蚕 *Glycera capitata* Örsted, 1842 疣足前面观（引自吴宝铃等，1997）

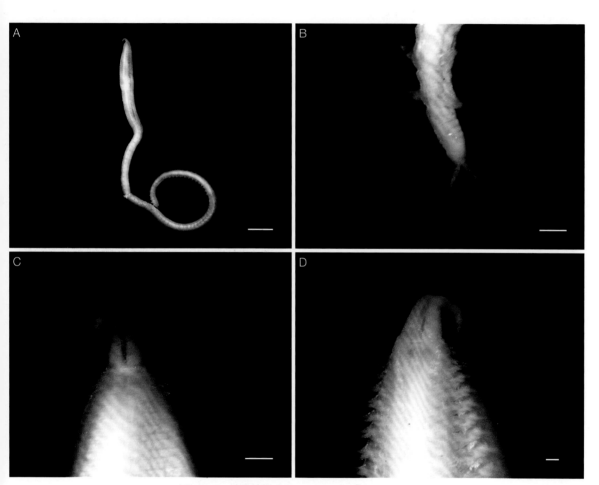

图 195-2　头吻沙蚕 *Glycera capitata* Örsted, 1842
A. 整体；B. 尾部；C. 体前端背面观；D. 体前端腹面观
比例尺：A = 2mm；B = 200μm；C = 200μm；D = 100μm

长吻沙蚕
Glycera chirori Izuka, 1912

标本采集地: 黄海。

形态特征: 体大而粗,每刚节具双环轮。口前叶短,呈圆锥形,具 10 个环轮,末端有 4 个短而小的触手。吻短而粗,上具稀疏的叶状和圆锥状乳突。疣足具 2 个前刚叶和 2 个后刚叶,2 个前刚叶近等长,基部宽圆,前端突然收缩;背后刚叶与前刚叶相似但稍短,而腹后刚叶短而圆。背须瘤状,位于疣足基部上方。鳃细长,位于疣足前唇的前壁中部,能伸缩。最大的标本长达 350mm 以上,刚节数目为 200 个左右。

生态习性: 栖息于潮间带至陆架区水深 130m 的泥质沙或砂质泥海底。

地理分布: 渤海,黄海,东海,南海;日本沿岸。

参考文献: 刘瑞玉,2008;杨德渐和孙瑞平,1988;孙瑞平和杨德渐,2004;吴宝铃等,1997。

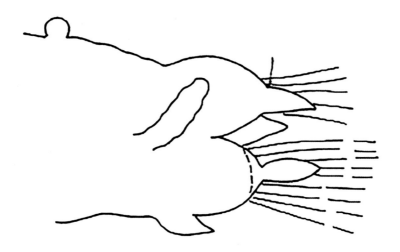

图 196-1 长吻沙蚕 *Glycera chirori* Izuka, 1912 疣足前面观(引自吴宝铃等,1997)

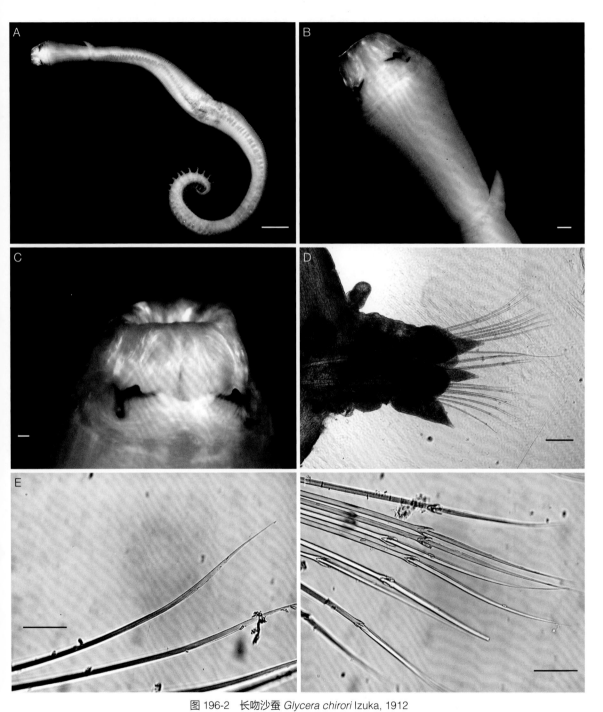

图 196-2　长吻沙蚕 *Glycera chirori* Izuka, 1912

A. 整体；B. 体前端侧面观（吻翻出）；C. 颚齿；D. 疣足；E. 毛状刚毛；F. 等齿刺状刚毛

比例尺：A = 2mm；B = 1mm；C = 0.2mm；D = 0.5mm；E = 100μm；F = 100μm

锥唇吻沙蚕
Glycera onomichiensis Izuka, 1912

标本采集地： 黄海。

形态特征： 口前叶圆锥形，具 10 个环轮。吻器有 2 种乳突：一种细小且末端钝，呈截板状；另一种较大，为圆锥状。疣足具 2 个圆锥形前刚叶和 2 个稍短的圆锥形后刚叶。背须圆锥状，位于疣足基部上方；腹须很发达，与疣足刚叶等大。无鳃。体长约 80mm，宽（含疣足）约 5mm，刚节具双环轮，约 130 节。

生态习性： 栖息于潮下带泥质砂、砂质泥底质。

地理分布： 渤海，黄海，东海；鄂霍次克海，南千岛群岛，萨哈林岛（库页岛），日本海（大彼得湾），日本太平洋沿岸。

参考文献： 刘瑞玉，2008；杨德渐和孙瑞平，1988；孙瑞平和杨德渐，2004；吴宝铃等，1997。

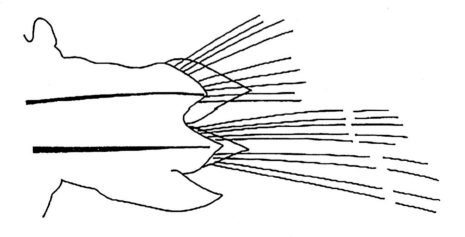

图 197-1 锥唇吻沙蚕 *Glycera onomichiensis* Izuka, 1912 疣足后面观（引自吴宝铃等，1997）

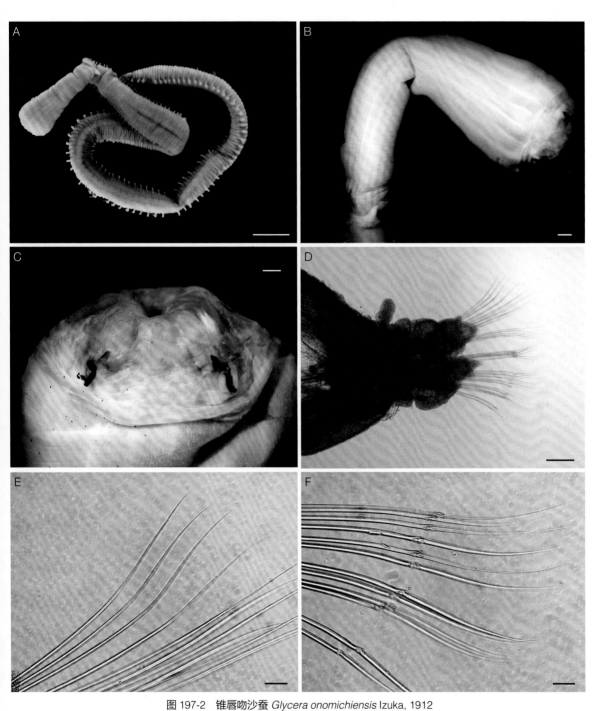

图 197-2　锥唇吻沙蚕 *Glycera onomichiensis* Izuka, 1912

A. 整体；B. 体前端背面观；C. 颚齿；D. 疣足；E. 毛状刚毛；F. 等齿刺状刚毛

比例尺：A = 2mm；B = 1mm；C = 0.5mm；D = 0.5mm；E = 50μm；F = 50μm

浅古铜吻沙蚕
Glycera subaenea Grube, 1878

标本采集地： 山东虎头崖。

形态特征： 口前叶长，圆锥形，具 10 个环轮。吻上的乳突圆锥状，不具足。疣足具 2 个前刚叶和 2 个后刚叶，2 个前刚叶近等长，圆锥形；后背刚叶与前刚叶相似，后腹刚叶短而圆。鳃大，位于疣足的前壁，约开始于第 30 刚节，能伸缩，具 2 ～ 4 个指状分枝，完全伸展时常超出疣足之外。一般体长 60 ～ 70mm，最大标本长达 160mm，宽 6mm，具 135 ～ 150 个刚节，每刚节具 2 个环轮。

生态习性： 栖息于潮间带和潮下带水深 0 ～ 10m 泥质底。

地理分布： 黄海，东海，海南岛；马达加斯加，菲律宾，日本。

参考文献： 刘瑞玉，2008；杨德渐和孙瑞平，1988；孙瑞平和杨德渐，2004；吴宝铃等，1997。

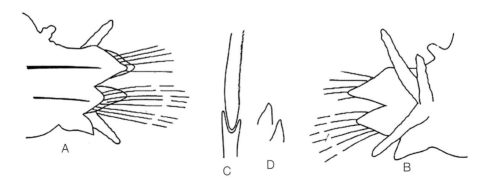

图 198-1　浅古铜吻沙蚕 *Glycera subaenea* Grube, 1878（引自吴宝铃等，1997）
A. 疣足后面观；B. 疣足前面观；C. 腹刚毛；D. 吻上乳突

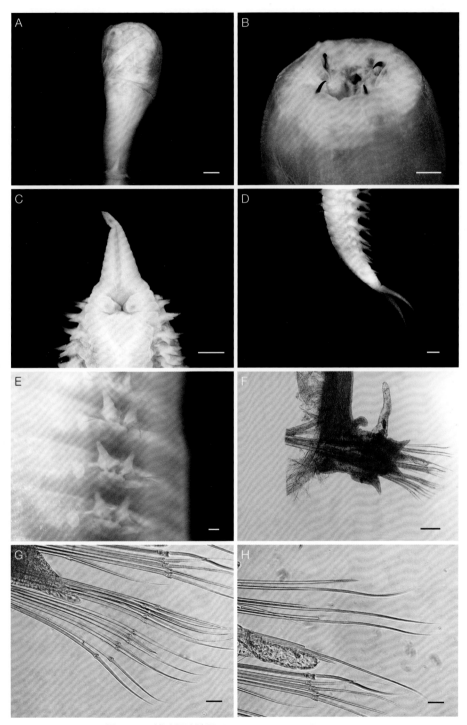

图 198-2　浅古铜吻沙蚕 *Glycera subaenea* Grube, 1878

A. 体前端背面观（吻翻出）；B. 颚齿；C. 体前端腹面观；D. 尾部；E、F. 疣足；G. 等齿刺状刚毛；H. 毛状刚毛

比例尺：A = 1mm；B = 0.5mm；C = 0.5mm；D = 0.2μm；E = 100μm；F = 0.5mm；G = 50μm；H = 50μm

吻沙蚕
Glycera unicornis Lamarck, 1818

同物异名： 中锐吻沙蚕 *Glycera rouxii* Audouin & Milne Edwards, 1833

标本采集地： 山东烟台。

形态特征： 口前叶具 10 个环轮。吻覆盖有不具足的圆锥状或球状乳突。疣足具
2 个前刚叶和 2 个后刚叶；前刚叶近等长，末端渐变尖细；在体中部
2 个后刚叶明显具尖端、稍短、近等长，但在体后部背后刚叶变长、具
尖端，腹后刚叶短而圆。背须卵圆形，位于疣足基部，腹须长、具尖端。
疣足的前壁具单一能伸缩的小鳃。背刚叶具简单型刚毛，腹刚叶具复型
刚毛，端节上带有细锯齿。体长 125 ~ 170mm，宽约 4mm，具 150 ~
200 个刚节，每刚节有 2 个环轮。

生态习性： 常栖息于潮间带泥沙滩中，在潮下带水深 30m 处也可采到，底质为砂
质泥或泥质砂，垂直分布可达水深 100m 以上。

地理分布： 渤海，黄海，东海，广东汕头、大亚湾，南海；日本沿岸，日本海，美
国加利福尼亚沿岸，大西洋北部，地中海，波斯湾，印度沿岸。

参考文献： 刘瑞玉，2008；杨德渐和孙瑞平，1988；孙瑞平和杨德渐，2004。

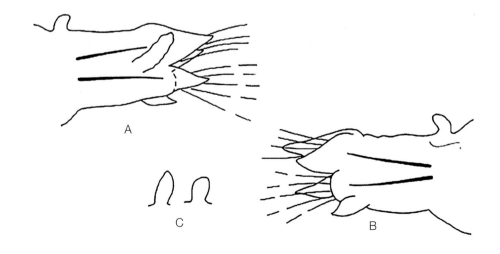

图 199-1 吻沙蚕 *Glycera unicornis* Lamarck, 1818
A. 疣足前面观；B. 疣足后面观；C. 吻上乳突

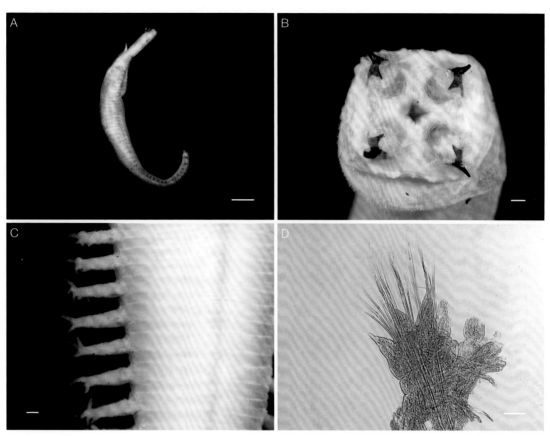

图 199-2　吻沙蚕 *Glycera unicornis* Lamarck, 1818
A. 整体；B. 颚齿；C、D. 疣足
比例尺：A = 2mm；B = 0.2mm；C = 100μm；D = 100μm

吻沙蚕属分种检索表

1. 疣足具 1 个后刚叶；刚节具 3 个环轮 .... 头吻沙蚕 *G. capitata*

 - 疣足具 2 个后刚叶 2

2. 无鳃；前刚叶略长于后刚叶 .... 锥唇吻沙蚕 *G. onomichiensis*

 - 具鳃 3

3. 鳃指状、不能收缩；鳃比疣足短 .... 白色吻沙蚕 *G. alba*

 - 鳃指状、能收缩 4

4. 鳃具 2～4 个分枝；后背刚叶短而尖、后腹刚叶短而圆 .... 浅古铜吻沙蚕 *G. subaenea*

 - 鳃不分枝 5

5. 疣足后背刚叶、前刚叶具收缩部，后腹刚叶短而圆 .... 长吻沙蚕 *G. chirori*

 - 疣足刚叶渐变尖、无收缩部 .... 吻沙蚕 *G. unicornis*

寡节甘吻沙蚕
Glycinde bonhourei Gravier, 1904

标本采集地： 渤海湾。

形态特征： 口前叶尖锥形，具 8 ～ 9 个环轮，末端具 4 个小的头触手。口前叶基部有 1 对小眼，前端部无眼。吻长柱形，前端具软乳突，具 2 个位于腹面的大颚，每个大颚的内缘各具 5 个小齿。小颚齿 4 ～ 14 个，位于吻的背面，排成半圆形。体前端 19 ～ 22 个刚节疣足为单叶型，疣足的前、后刚叶末端窄细，后刚叶又比前刚叶稍大且长。体后部的疣足均为双叶型，疣足的腹叶具 2 个很大的唇瓣，其中前唇瓣具一窄的指状末端部分。背刚毛数目少，有 2 ～ 3 根，呈瘤刺状；腹刚毛复型，具一长的端节。酒精标本为灰褐色或浅灰褐色，在背面具深色斑。大标本长 28mm，宽（含疣足）1mm，刚节数目一般超过 90 个。

生态习性： 栖息于砂滩至潮下带水深 60m。

地理分布： 渤海，黄海。

参考文献： 刘瑞玉，2008；杨德渐和孙瑞平，1988；孙瑞平和杨德渐，2004；吴宝铃等，1997。

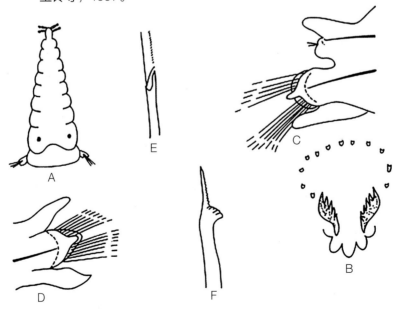

图 200-1　寡节甘吻沙蚕 *Glycinde bonhourei* Gravier, 1904（引自吴宝铃等，1997）

A. 口前叶；B. 大颚及颚齿；C. 后部疣足；D. 前部疣足；E. 腹刚毛；F. 背刚毛

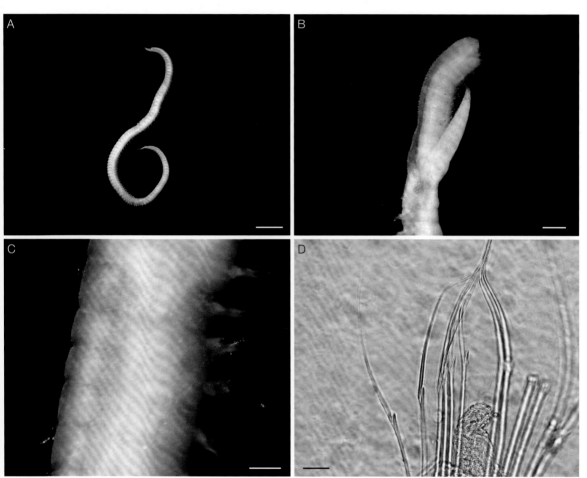

图 200-2 寡节甘吻沙蚕 *Glycinde bonhourei* Gravier, 1904

A. 整体；B. 头部侧面观（带翻吻）；C. 疣足；D. 刚毛

比例尺：A = 2mm；B = 200μm；C = 200μm；D = 20μm

日本角吻沙蚕
Goniada japonica Izuka, 1912

标本采集地： 山东青岛。

形态特征： 口前叶圆锥形，具 9 个环轮和 4 个小触手，其中腹触手稍短于背触手。吻器心形，基部两侧具 13 ～ 22 个 "V" 形齿片，吻前端具 16 ～ 18 个软乳突、2 个大颚（有 2 个大齿和 2 个小齿）、16 个背小颚和 11 个腹小颚（皆 2 齿形）。体前部 76 ～ 80 个刚节具单叶型疣足，体后部具双叶型疣足；上背舌叶三角形，长为腹叶的一半，腹叶具 2 个前刚叶和 1 个后刚叶。背须三角形，腹须指状。疣足具 2 ～ 3 根粗刺状背刚毛和 1 束复型刺状腹刚毛。体黄褐色或深棕色，具珠光。最大标本长 178mm，宽 3mm，具约 200 个刚节。

生态习性： 栖息于黄海潮间带、潮下带 23m 软泥碎壳，东海潮下带 47 ～ 54m 砂质泥中。

地理分布： 渤海，黄海，东海；日本。

参考文献： 刘瑞玉，2008；杨德渐和孙瑞平，1988；孙瑞平和杨德渐，2004；吴宝铃等，1997。

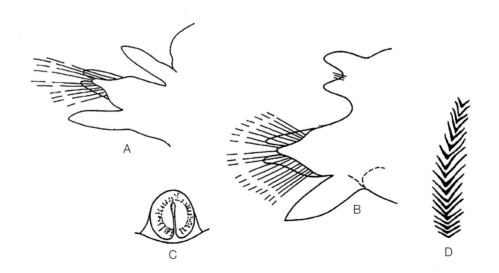

图 201-1 日本角吻沙蚕 *Goniada japonica* Izuka, 1912（引自吴宝铃等，1997）

A. 体前部疣足；B. 体后部第 145 刚节疣足；C. 吻上乳突；D. 吻上齿片

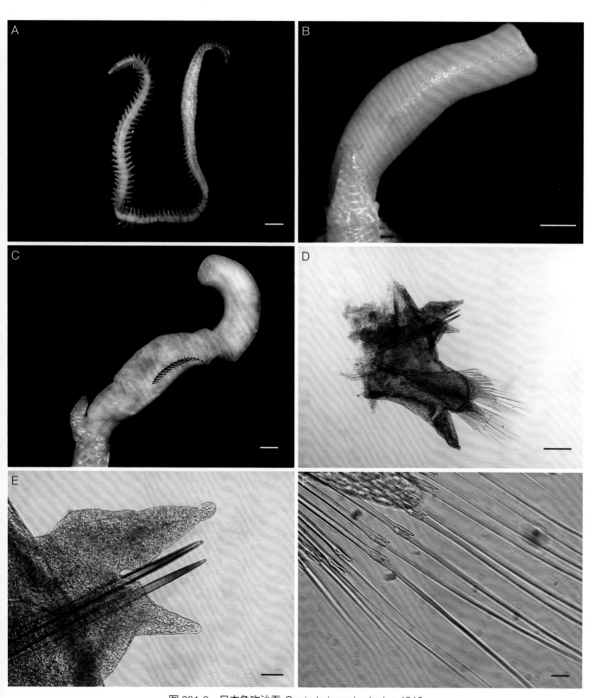

图 201-2　日本角吻沙蚕 Goniada japonica Izuka, 1912

A. 整体；B. 头部背面观（带翻吻）；C. 头部侧面观（带翻吻）；D. 体后部疣足；E. 粗刺状背刚毛；F. 复型刺状腹刚毛

比例尺：A = 1mm；B = 0.5mm；C = 2mm；D = 0.5mm；E = 50μm；F = 20μm

色斑角吻沙蚕
Goniada maculata Örsted, 1843

标本采集地：黄海南部。

形态特征：口前叶锥形，约具 10 个环轮。吻器矮小，心形，基部两侧各具 9 ～ 12 个"V"形小齿片，吻前端侧面具 2 个大颚（4 ～ 8 个侧齿）、4 个背小颚和 3 个腹小颚。体前部 41 ～ 43 个刚节疣足为单叶型，疣足背须叶片状，腹须指状；体后部双叶型疣足扁平，其腹叶具 2 个指状前刚叶和 1 个宽大稍短的后刚叶，腹须指状，背须与上背叶舌之间具 1 束毛状刚毛，腹刚毛复型刺状。体长 21 ～ 30mm，宽 1 ～ 1.8mm。

生态习性：栖息于软泥和砂质泥底质。

地理分布：渤海，黄海，东海，南海；西欧，北美洲东北部，北太平洋。

参考文献：刘瑞玉，2008；杨德渐和孙瑞平，1988；孙瑞平和杨德渐，2004；吴宝铃等，1997。

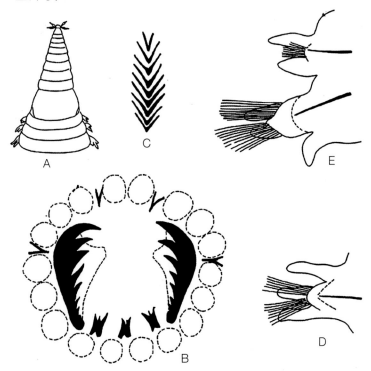

图 202-1　色斑角吻沙蚕 *Goniada maculata* Örsted, 1843（引自吴宝铃等，1997）
A. 头部；B. 颚齿及其排列；C. 吻上齿片；D. 体前部疣足；E. 体后部疣足

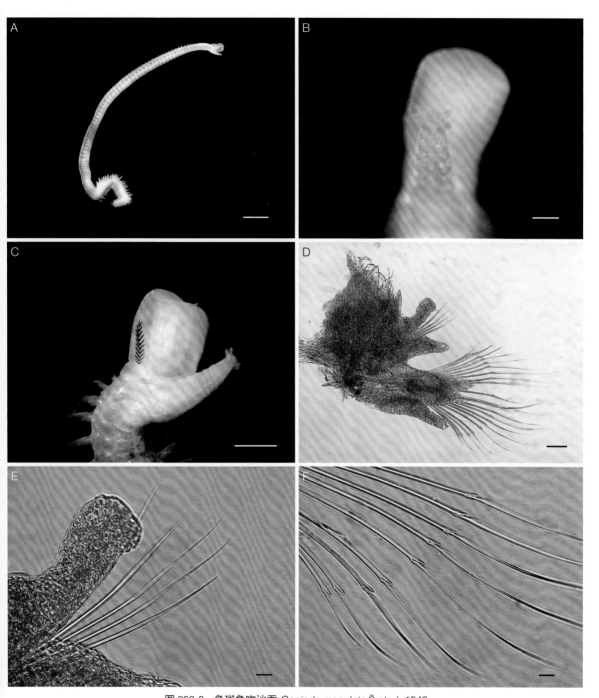

图 202-2　色斑角吻沙蚕 *Goniada maculata* Örsted, 1843

A. 整体；B. 体前端背面观；C. 体前端侧面观（带翻吻）；D. 体后部疣足；E. 毛状背刚毛；F. 复型刺状腹刚毛

比例尺：A = 2mm；B = 200μm；C = 0.5mm；D = 100μm；E = 20μm；F = 20μm

拟特须虫科 Paralacydoniidae Pettibone, 1963

拟特须虫属 *Paralacydonia* Fauvel, 1913

拟特须虫
Paralacydonia paradoxa Fauvel, 1913

标本采集地： 山东青岛。

形态特征： 口前叶椭圆形，长为宽的 2 倍。口前叶背面有 2 条纵沟，无眼。吻短，光滑，无乳突，末端有两片厚唇，外缘有 4 个长的侧乳突，厚唇前后各有一短乳突。头触手分为柄部和端片两部分。第 1 刚节无疣足，第 2 刚节疣足单叶型，具 1 束刚毛，其余疣足皆为双叶型，背、腹须间距宽。背、腹前刚叶椭圆形，足刺位于缺刻内；背、腹后刚叶圆形。背刚毛为短的简单型；腹刚毛复型，下方有 1～2 根简单型刚毛。尾部呈桶状，具 1 对肛须，有的标本肛叶上具小黑点。体长 15mm，宽（含疣足）1.5mm，具 60 个刚节。

生态习性： 广布种。栖息于水深 7～25m。

地理分布： 渤海，黄海，东海，台湾岛，南海；地中海，摩洛哥，南非，北美洲大西洋，太平洋，印度，印度尼西亚，新西兰北部。

参考文献： 刘瑞玉，2008；杨德渐和孙瑞平，1988；孙瑞平和杨德渐，2004；吴宝铃等，1997。

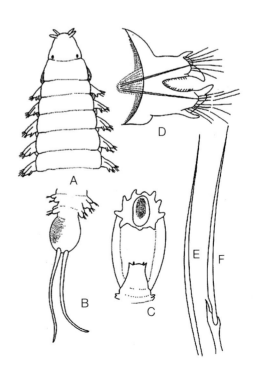

图 203-1 拟特须虫 *Paralacydonia paradoxa* Fauvel, 1913（引自吴宝铃等，1997）
A. 头部；B. 体后部；C. 吻背面观；D. 疣足前面观；
E. 简单型刚毛；F. 复型刚毛

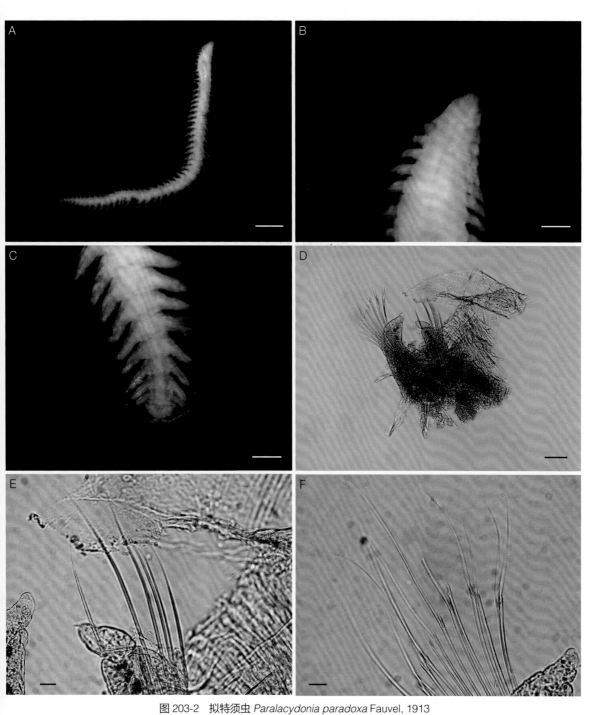

图 203-2　拟特须虫 *Paralacydonia paradoxa* Fauvel, 1913

A. 整体；B. 体前端背面观；C. 尾部；D. 疣足；E. 背刚毛（毛状刚毛）；F. 腹刚毛（异齿刺状刚毛）

比例尺：A = 1mm；B = 200μm；C = 200μm；D = 100μm；E = 20μm；F = 20μm

西方金扇虫
Chrysopetalum occidentale Johnson, 1897

标本采集地： 山东青岛。

形态特征： 虫体很小，标本固定后易断成碎块。体长椭圆形，约 40 多个刚节。口前叶具 2 对红褐色大眼，3 个触手，其基都较宽大，中央触手长为侧触手的 1/2，口前叶腹面具 1 对粗大触角。口前叶后具一球状肉瘤。2 对触须较长。背稃刚毛横排成束，宽叶状，上具 5～6 条纵纹，端刺尖而弯，具侧齿。腹刚叶锥形，具复型异齿镰刀状刚毛。背、腹须指状。标本不完整，体长 6～7mm，宽 1mm。

生态习性： 附生于珊瑚藻和马尾藻上。

地理分布： 黄海，东海，南海；美国加利福尼亚沿岸，日本海，澳大利亚西南沿岸。

参考文献： 刘瑞玉，2008；杨德渐和孙瑞平，1988；孙瑞平和杨德渐，2004；吴宝铃等，1997。

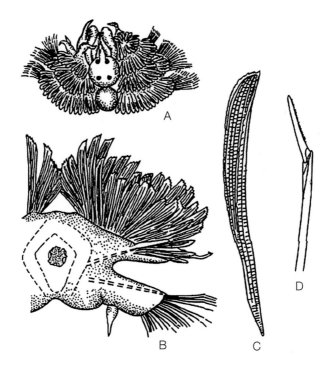

图 204-1　西方金扇虫 *Chrysopetalum occidentale* Johnson, 1897（引自吴宝铃等，1997）
A. 体前部背面观；B. 中部刚节横切面；C. 体中部背稃刚毛；D. 腹刚毛

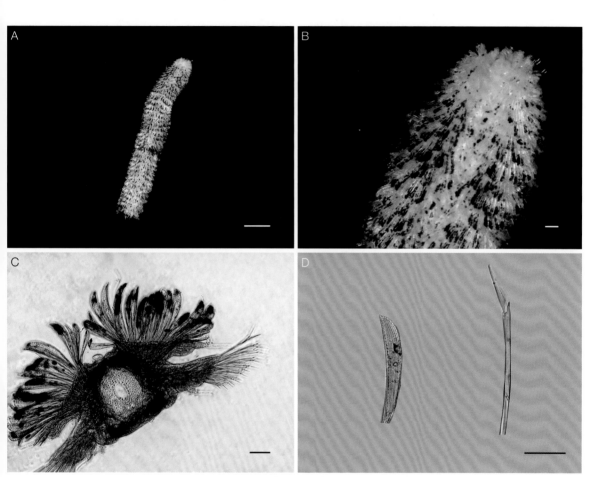

图 204-2　西方金扇虫 *Chrysopetalum occidentale* Johnson, 1897
A. 整体；B. 体前端背面观；C. 中部刚节横切面；D. 背稃刚毛
比例尺：A = 1mm；B = 100μm；C = 100μm；D = 100μm

双小健足虫
Micropodarke dubia (Hessle, 1925)

标本采集地： 香港，广东大亚湾。

形态特征： 口前叶横长方形，前缘平滑，后缘稍凹。2 对红色眼，彼此相距较近，前对豆瓣形，后对椭圆形。1 对触角分节，位于口前叶腹面的两侧。2 个侧触手位于口前叶前缘背面两边，与触角近等长。6 对触须位于前 3 个刚节上。吻末端具 20 ～ 21 个乳突，无颚齿。疣足亚双叶型，背须细长有皱褶且基部具 1 ～ 2 根内足刺，腹须短小、指状，腹刚叶圆锥形，后刚叶稍大于前刚叶。腹刚叶具多根复型双齿镰刀状刚毛，端片长短不一，刚毛束中部具 1 ～ 2 根端片，基部有具 3 ～ 4 个长侧齿的刚毛。该种 Pleijel 和 Rouse（2007）有过系统的研究，将 *Micropodarke trilobata* Hartmann-Schröder, 1983 视为双小健足虫新的同物异名。

生态习性： 在潮间带和潮下带泥沙底质或岩石底质上迅速爬行。

地理分布： 黄海，东海，南海。

参考文献： 杨德渐和孙瑞平，1988；孙瑞平和杨德渐，2004。

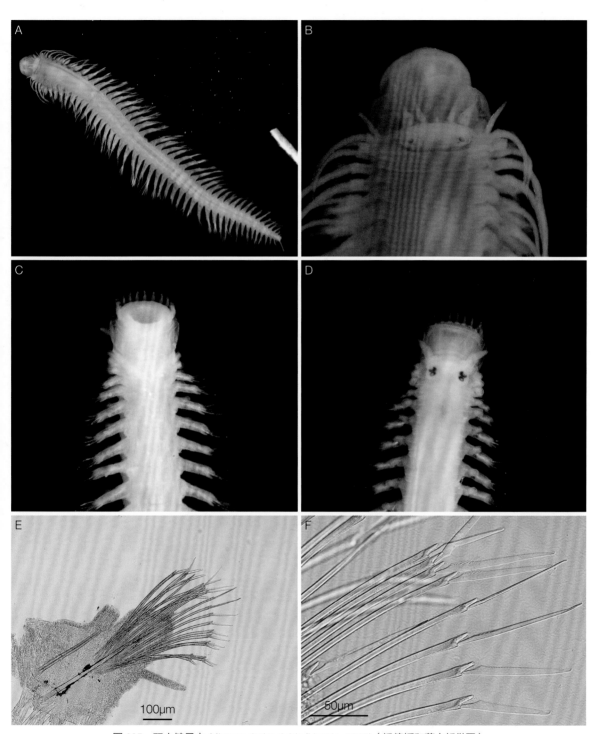

图 205　双小健足虫 *Micropodarke dubia* (Hessle, 1925)（杨德援和蔡立哲供图）

A. 整体背面观；B. 体前部背面观；C. 体前部背面观；D. 体前部腹面观；E. 第 13 刚节疣足；F. 第 13 刚节刚毛

狭细蛇潜虫
Oxydromus angustifrons (Grube, 1878)

标本采集地： 厦门海域，广东大亚湾。

形态特征： 个体较短，体长 8 ～ 16mm。口前叶长方形。3 个头触手，中央触手很短，位于口前叶中部凹处。触角 1 对 2 节。2 对深褐色大眼，前对肾形。6 对触须光滑，位于前 3 个刚节。翻吻末端具一环长乳突。疣足亚双叶型，背须长而光滑，基部有 4 ～ 5 根很细的叉状刚毛，刚毛一侧有细锯齿。腹刚叶圆锥形，前叶宽短、后叶窄长，具很多复型镰刀状刚毛，端片长短不一、末端双齿。

生态习性： 在潮间带和潮下带泥沙底质或岩石底质上迅速爬行。

地理分布： 黄海，南海；日本南部，越南沿海，菲律宾，斯里兰卡，红海，印度，孟加拉湾，澳大利亚，新西兰，南非。

参考文献： 杨德渐和孙瑞平，1988；孙瑞平和杨德渐，2004。

图 206　狭细蛇潜虫 *Oxydromus angustifrons* (Grube, 1878)（杨德援和蔡立哲供图）
A. 体前部背面观；B. 体前部腹面观；C. 体中部疣足；D. 近尾部疣足；E. 复型镰刀状刚毛；F. 整体

环唇沙蚕
Cheilonereis cyclurus (Harrington, 1897)

标本采集地： 辽宁大连。

形态特征： 围口节领状，包围着口前叶后部，长为其后刚节的 2 倍，背面光滑，腹面具纵皱纹。最长触须后伸至第 4 刚节。吻具圆锥状齿；Ⅰ区 3 个纵排，Ⅱ区 12 ～ 30 个排成 3 斜排，Ⅲ区 15 ～ 20 个排成 2 ～ 4 横排，Ⅳ区 15 ～ 24 个排成弓形堆，Ⅴ区无齿，Ⅵ区 14 ～ 18 个排成圆形堆，Ⅶ、Ⅷ区近颚环处具一排大颚齿（向Ⅵ区延伸）和 2 ～ 3 排小颚齿。吻端大颚无侧齿。吻伸出时，宽大呈领状的围口节可把Ⅶ、Ⅷ两区完全遮盖。体前部的刚节后半部有褐色横带。疣足具黑斑。除前 2 对疣足单叶型外，其余疣足均为双叶型。单叶型疣足的背、腹须皆为须状，背、腹舌叶钝圆、指状。体前部双叶型疣足的上背舌叶基部稍膨大，至体中部上背舌叶基部膨大为叶片状、细长的背须位于其凹陷中，体后部疣足的上背舌叶隆起变小、背须细且长于疣足叶。等齿刺状背刚毛，腹足刺上方具等齿刺状和异齿镰刀状刚毛，下方具异齿刺状和异齿镰刀状刚毛。足刺黑色。体长 100 ～ 210mm，宽 9 ～ 11mm，具 100 多个刚节。

生态习性： 北太平洋两岸温带冷水种。栖息于潮下带水深 26 ～ 54m 的软泥或泥沙底质，大寄居蟹（*Pagurus ochotensis*）居住的螺壳内。

地理分布： 渤海，黄海；日本，日本海，千岛群岛，北太平洋东岸的美国阿拉斯加至加利福尼亚。

参考文献： 刘瑞玉，2008；杨德渐和孙瑞平，1988；孙瑞平和杨德渐，2004。

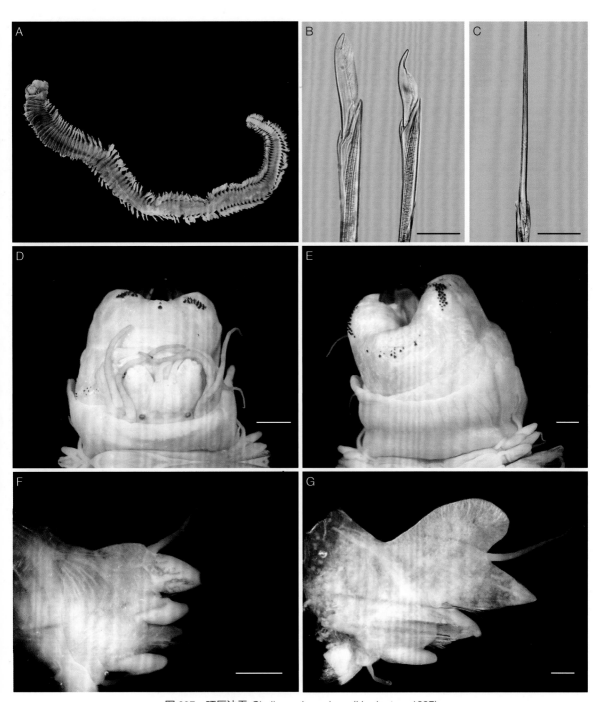

图 207 环唇沙蚕 *Cheilonereis cyclurus* (Harrington, 1897)

A. 整体；B. 异齿镰刀状刚毛；C. 等齿刺状刚毛；D. 体前端背面观；E. 体前端腹面观；F. 体前部疣足；G. 体中部疣足

比例尺：B、C = 50μm；D = 2mm；E = 1mm；F = 1mm；G = 0.5mm

突齿沙蚕属 *Leonnates* Kinberg, 1865

光突齿沙蚕
Leonnates persicus Wesenberg-Lund, 1949

标本采集地： 渤海。

形态特征： 口前叶具 1 对触手、1 对触角和 2 对眼。4 对触须，最长者后伸达第 7 ～ 9 刚节。吻颚环具齿，口环具软乳突：Ⅰ区无齿，Ⅱ区 2 ～ 3 个齿，Ⅲ区无齿，Ⅳ区 3 ～ 4 个齿。Ⅴ区无乳突，Ⅵ区 1 个扁乳突，Ⅶ、Ⅷ区 3 ～ 4 排乳突为一横带。大颚侧齿不明显。体前部双叶型，疣足具 3 个背舌叶，中间者稍小，至体中后部中间背舌叶小或仅为一突起。背、腹须细而短，不及疣足叶长。背刚毛等齿刺状，体前中部腹刚毛均为等齿刺状和镰刀状。体后部腹足刺上方具等齿刺状腹刚毛，下方具 2 种等齿镰刀状刚毛，一种端片宽、具粗齿，另一种端片长、具细齿。酒精标本仅疣足叶具铁锈色斑。体长 80mm，宽（含疣足）10mm，具 110 个刚节。

生态习性： 热带和亚热带广布种。栖息于黄海潮间带和潮下带水深 19 ～ 34m、南海水深 37 ～ 58m。

地理分布： 渤海，黄海，南海；越南南部，印度洋，印度，波斯湾，莫桑比克。

参考文献： 刘瑞玉，2008；杨德渐和孙瑞平，1988；孙瑞平和杨德渐，2004。

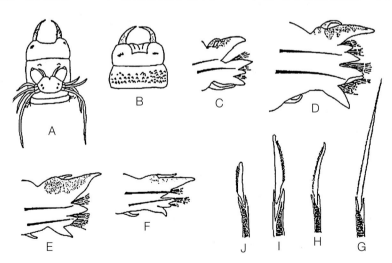

图 208-1　光突齿沙蚕 *Leonnates persicus* Wesenberg-Lund, 1949（引自孙瑞平和杨德渐，2004）
A. 体前端背面观；B. 吻腹面观；C. 第 1 对疣足；D. 第 15 对疣足；E. 体中部疣足；F. 体后部疣足；
G ～ J. 复型等齿刺状刚毛

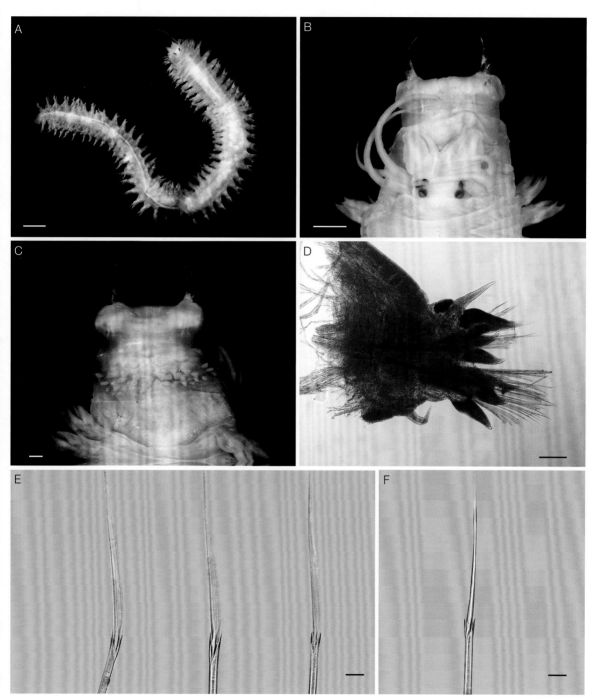

图 208-2　光突齿沙蚕 *Leonnates persicus* Wesenberg-Lund, 1949
A. 整体；B. 体前端背面观；C. 体前端腹面观；D. 疣足；E. 等齿镰刀状刚毛；F. 等齿刺状刚毛
比例尺：A = 1mm；B = 0.5mm；C = 0.2mm；D = 0.5mm；E = 20μm；F = 20μm

全刺沙蚕
Nectoneanthes oxypoda (Marenzeller, 1879)

同物异名： 饭岛全刺沙蚕 *Nectoneanthes ijimai* (Izuka, 1912)

标本采集地： 河北北戴河。

形态特征： 口前叶三角形，触手短小，触角蒴果形。2 对近等大的眼，矩形排列于口前叶后半部。触须 4 对，其中最长 1 对后伸可达第 4～5 刚节。吻各区皆具圆锥形颚齿：I 区 1～5 个纵排，II 区 26～34 个排成 3～4 斜排，III 区 10～20 个聚成一堆，IV 区 29～34 个聚成三角形堆，V 区 1～2 个，VI 区 11～16 个聚成一椭圆形堆，VII、VIII 区竖排小齿不规则地排成宽的横带，部分颚齿可延伸至 VI 区。大颚褐色，具侧齿 8～12 个。除前 2 对疣足单叶型外，余皆为双叶型。单叶型疣足背、腹须和舌叶末端尖细、指状。体前部双叶型疣足背须长但不超过疣足叶，具 3 个尖锥形背舌叶（含背刚叶）；从第 14 对疣足开始，上背舌叶膨大伸长，中部具凹陷，背须位于其中；体中部疣足上背舌叶增大变宽为具凹陷叶片状，背须位于其中；体后部疣足上背舌叶逐渐变小为椭圆形，背须位于其顶端。背、腹刚毛均为复型等齿刺状和非典型的异齿刺状刚毛。肛门位于肛节的背面，具 1 对细长的肛须。大标本体长 260mm，宽 10mm，具 180 个刚节。

生态习性： 广盐性种。可生活于海水、半盐水和河口区，潮间带中区、下区和潮下带水深 0～20m，底质主要为泥沙。

地理分布： 渤海，黄海，东海，南海；日本，朝鲜半岛，澳大利亚，新西兰。

参考文献： 刘瑞玉，2008；杨德渐和孙瑞平，1988；孙瑞平和杨德渐，2004。

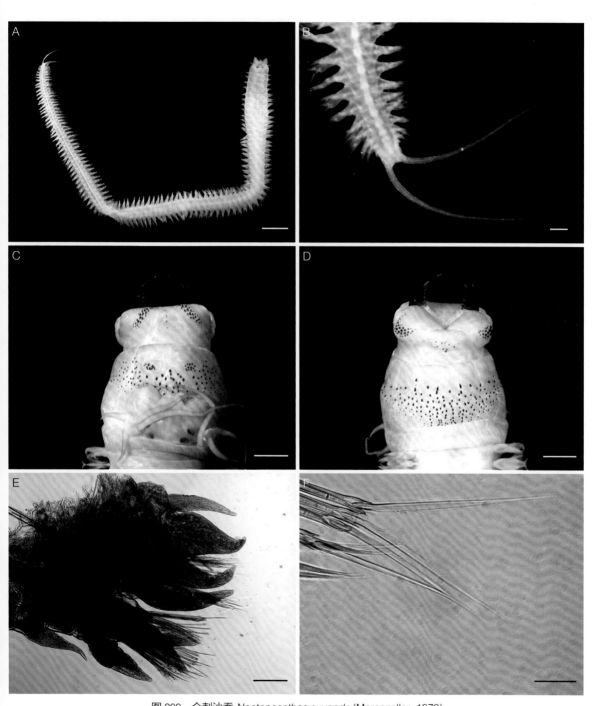

图 209　全刺沙蚕 *Nectoneanthes oxypoda* (Marenzeller, 1879)

A. 整体；B. 尾部；C. 体前端背面观；D. 体前端腹面观；E. 体前部疣足；F. 等齿刺状刚毛

比例尺：A = 2mm；B = 0.2mm；C = 1mm；D = 1mm；E = 0.5mm；F = 50μm

宽叶沙蚕
Nereis grubei (Kinberg, 1865)

标本采集地：辽宁大连。

形态特征：口前叶梨形，前 1/3 窄细、后 2/3 宽，触手比触角短，2 对眼靠近，呈
倒梯形排列于口前叶后半部。吻短，大颚具侧齿。围口节触须 4 对，
皆为长须状，最长者后伸可达第 2～3 刚节。吻仅具颚齿：Ⅰ区 2～4
个排成 2 行，Ⅱ区 18～23 个排成 3 斜排，Ⅲ区 30～38 个排成 4～5
个不正规的横排，Ⅳ区 30～36 个排成 4～5 斜排，Ⅴ区无，Ⅵ区 3～4
个大锥形齿排成一堆，Ⅶ、Ⅷ区具不规则排列的大齿 3～4 排，且在
Ⅷ区大齿间散布着许多小齿，小齿不向Ⅷ区扩散。除前 2 对疣足单叶型
外，余皆为双叶型。第 1 腹触须不变粗为指状（长瓶状）。体前部双
叶型疣足上、下背舌叶和腹刚叶皆呈大小近等的钝圆锥形，背、腹须须
状；体中部疣足背、腹舌叶变细，上背舌叶稍长于下背舌叶；体后部
疣足上背舌叶膨大，背面隆起呈宽叶片状，背须位于其背上方。体前
部疣足背刚毛均为复型等齿刺状，体中后部为 2～4 根端片具侧齿
的复型等齿镰刀状刚毛；腹刚毛在腹足刺上方者为复型等齿刺状和异
齿镰刀状，下方者为复型异齿刺状和异齿镰刀。标本体长 65mm，
宽 5mm，具 85 个刚节。

生态习性：栖息于珊瑚藻 *Corallina*、马尾藻 *Sargassum* 和黏膜藻 *Leathesia* 群
落中。

地理分布：渤海，黄海；美洲太平洋沿岸，加拿大温哥华 - 智利瓦尔帕莱索。

参考文献：刘瑞玉，2008；杨德渐和孙瑞平，1988；孙瑞平和杨德渐，2004。

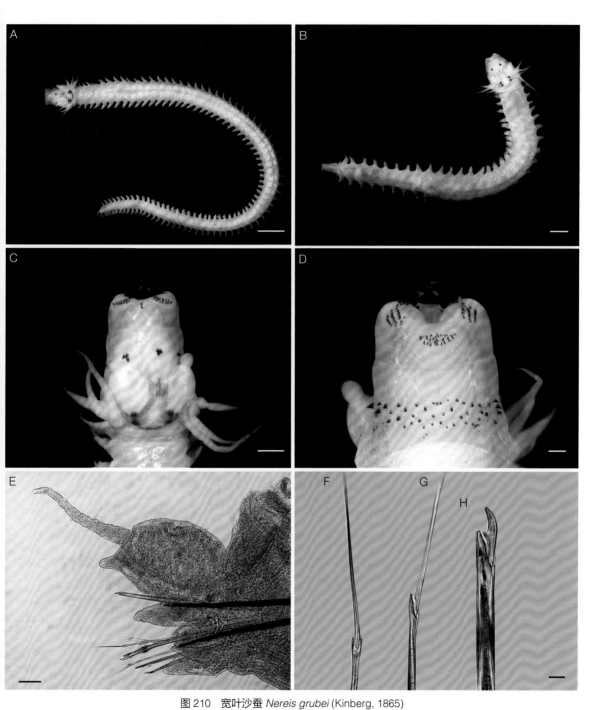

图 210　宽叶沙蚕 *Nereis grubei* (Kinberg, 1865)

A、B. 整体；C. 体前端背面观；D. 体前端腹面观；E. 疣足；F. 等齿刺状刚毛；G. 异齿刺状刚毛；H. 异齿镰刀状刚毛

比例尺：A = 2mm；B = 1mm；C = 2mm；D = 0.2mm；E = 100μm；F ～ H = 20μm

异须沙蚕
Nereis heterocirrata Treadwell, 1931

标本采集地：山东蓬莱。

形态特征：口前叶梨形，触手长为口前叶的一半，2对眼靠近，位于口前叶中后部。围口节触须4对，仅腹面的1对短、粗指状，其他触须长须状，最长者后伸可达第3～4刚节。吻端大，仅具圆锥形颚齿：Ⅰ区2～3个纵排，Ⅱ区26～29个聚成一新月形丛，Ⅲ区约40个排成4～5个不规则的横排，Ⅳ区约40个排成4斜排，Ⅴ区无，Ⅳ区3～4个大锥形齿，Ⅶ、Ⅷ区具不规则排列的大齿3～4排，Ⅶ区大齿间还具许多小齿，并稍向Ⅷ区扩散。大颚具侧齿。除前2对疣足单叶型外，其余皆为双叶型。体前部双叶型疣足背、腹舌叶皆呈大小近等的圆锥形，背、腹须须状；体中部疣足舌叶变细，上背舌叶稍长于下背舌叶；体后部疣足上背舌叶变大为矩形，背须位于其顶端，背须基部附近具一突起。体前部疣足背刚毛均为复型等齿刺状，体中后部被2～4根端片具侧齿的复型等齿镰刀状刚毛替代；腹刚毛在腹足刺上方者为复型等齿刺状和异齿镰刀形，下方者为复型异齿刺状和异齿镰刀状。酒精标本黄褐色，口前叶、触角和体前部背面具浅咖啡色斑。大标本体长100mm，宽（含疣足）8mm，具85～100个刚节。

生态习性：东海岩相潮间带中区和下区的优势种。栖息于牡蛎带和珊瑚藻 *Corallina*、马尾藻 *Sargassum*、黏膜藻 *Leathesia* 群落中。

地理分布：黄海，东海；日本沿海。

参考文献：刘瑞玉，2008；杨德渐和孙瑞平，1988；孙瑞平和杨德渐，2004。

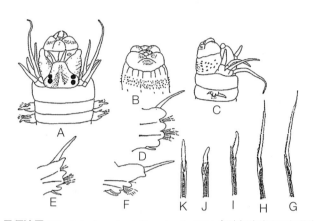

图 211-1　异须沙蚕 *Nereis heterocirrata* Treadwell, 1931（引自孙瑞平和杨德渐，2004）

A. 体前端背面观；B. 吻腹面观；C. 体前端侧面观；D. 体前部疣足；E. 体中部疣足；F. 体后部疣足；G. 复型异齿刺状刚毛；H. 复型等齿刺状刚毛；I. 复型异齿镰刀状刚毛；J、K. 复型等齿镰刀状刚毛

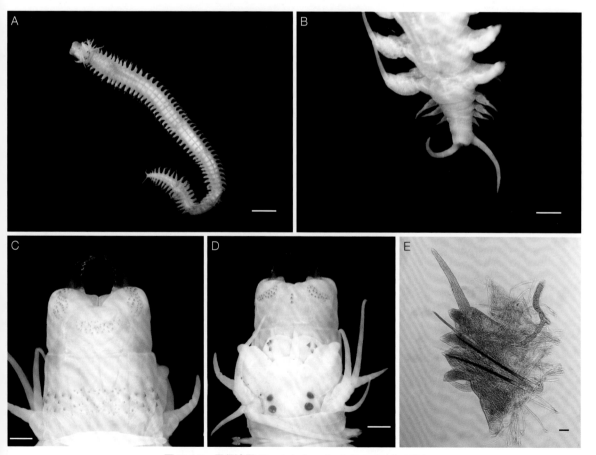

图 211-2　异须沙蚕 *Nereis heterocirrata* Treadwell, 1931

A. 整体；B. 尾部；C. 吻腹面观；D. 体前端背面观；E. 疣足

比例尺：A = 2mm；B = 0.5mm；C、D = 0.5mm；E = 0.2mm

旗须沙蚕
Nereis vexillosa Grube, 1851

标本采集地： 辽宁大连。

形态特征： 口前叶长大于宽，触手短于口前叶，2 对眼呈倒梯形排列于口前叶后半部。围口节触须 4 对，最长者后伸可达第 3～4 刚节。吻端大，除 Ⅴ 区外皆具圆锥形颚齿：Ⅰ 区 1～2 个纵列，Ⅱ 区 14～18 个排成 2～3 斜排，Ⅲ 区大小不等的 32～35 个排成一不规则的横带，Ⅳ 区 37～45 个排成 2～4 斜排，Ⅵ 区一堆 4～6 个，Ⅶ、Ⅷ 区近颚环处具一排大颚齿和 2～3 排小齿。大颚具侧齿。除前 2 对疣足单叶型外，余皆为双叶型。单叶型疣足背、腹须均为指状，背、腹舌叶钝圆、锥形。体前部双叶型疣足背、腹须变长为须状，背须长于背舌叶，背腹舌叶末端钝圆；体中部和体后部双叶型疣足上背舌叶延伸为矩形，背须位于其前端。体前部疣足背刚毛均为复型等齿刺状，至体中部除具复型等齿刺状刚毛外，还具 2～3 根端片一侧具小齿的复型等齿镰刀状刚毛，体后部全为复型等齿镰刀状刚毛。活标本墨绿色，体后部浅褐色。酒精标本淡褐色，体背面浅绿色并具闪烁的珠光。大标本体长 42mm，宽（含疣足）3mm，具 80 个刚节。

生态习性： 栖息于岩相潮间带中区和下区，亦常在泥沙滩的石块下、虾形藻 *Phyllospadix* 和珊瑚藻 *Corallina* 群落中。

地理分布： 黄海；白令海，堪察加半岛沿岸，鄂霍次克海，日本沿岸和日本海，美国阿拉斯加 - 北加利福尼亚。

参考文献： 刘瑞玉，2008；杨德渐和孙瑞平，1988；孙瑞平和杨德渐，2004。

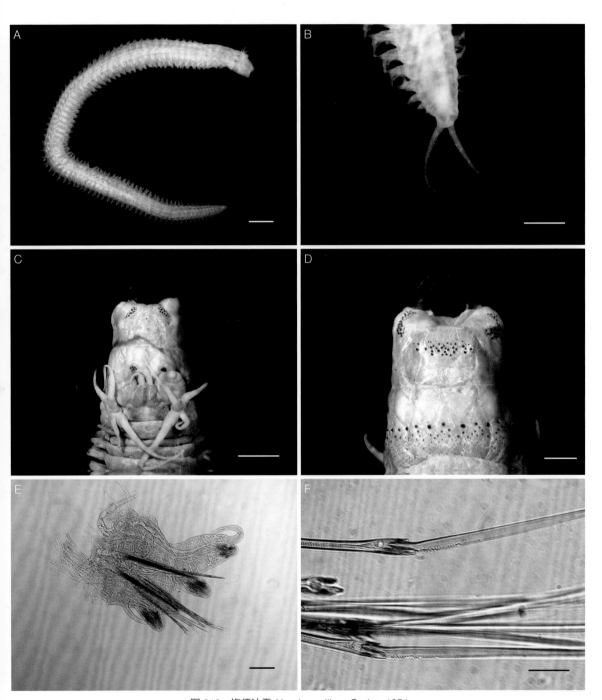

图 212　旗须沙蚕 *Nereis vexillosa* Grube, 1851

A. 整体；B. 尾部；C. 体前端背面观；D. 吻腹面观；E. 疣足；F. 等齿镰刀状刚毛

比例尺：A = 2mm；B = 0.5mm；C = 2mm；D = 1mm；E = 0.5mm；F = 50μm

环带沙蚕
Nereis zonata Malmgren, 1867

标本采集地： 山东青岛。

形态特征： 口前叶梨形，前部窄、后部宽，触手短于触角，2对眼呈矩形排列于口前叶后半部，后对较小。围口节触须4对，最长者后伸可达第2～3刚节。吻端大，除Ⅴ区外皆具圆锥形颚齿：Ⅰ区0～2个，Ⅱ区10～15个排成2斜排，Ⅲ区13～15个排成3～4横排，Ⅳ区15～18个排成2～3弯曲排，Ⅵ区一堆4～6个，Ⅶ、Ⅷ区近颚环处具一排6～11个大齿和2～3排不规则的小齿。大颚具6～9个侧齿。除前2对疣足单叶型外，余皆为双叶型。体前部双叶型疣足背、腹须须状、近等长，背舌叶和腹刚叶近三角形，腹舌叶钝圆；体中部和体后部疣足也皆为尖锥形，背须细长，腹须短。体前部疣足背刚毛为复型等齿刺状，体中部除具复型等齿刺状刚毛外，还具1～3根端片梭形、一侧具锯齿的复型等齿镰刀状刚毛，体后部刚毛全为复型等齿镰刀状；腹刚毛在腹足刺上方者为复型等齿刺状和异齿镰刀状，下方者为复型异齿刺状和异齿镰刀状。

生态习性： 北极北温带种，垂直分布可达水深850m。在水温低的海区常分布于潮间带岩岸下区和潮下带上区的海带、马尾藻和大叶藻群落中。潮下带拖网多采自碎石、贝壳、粗砂或砾石底中。

地理分布： 黄海；日本海，太平洋北部海域，俄罗斯远东海域，北美洲大西洋，英吉利海峡，斯匹次卑尔根岛，格陵兰岛，丹麦。

参考文献： 刘瑞玉，2008；杨德渐和孙瑞平，1988；孙瑞平和杨德渐，2004。

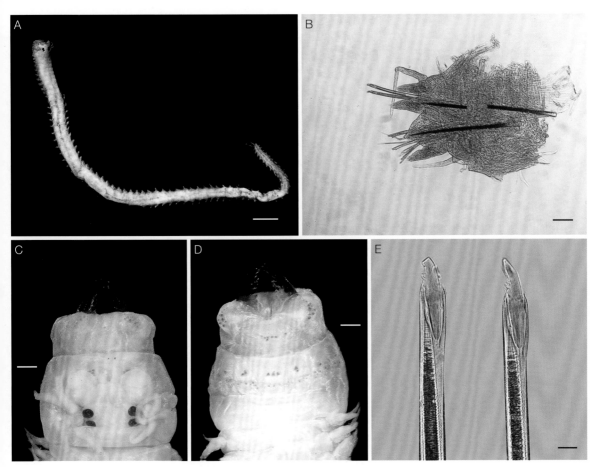

图 213　环带沙蚕 *Nereis zonata* Malmgren, 1867
A. 整体；B. 疣足；C. 体前端背面观；D. 吻腹面观；E. 等齿镰刀状刚毛
比例尺：A = 2mm；B = 100μm；C、D = 200μm；E = 10μm

沙蚕属分种检索表

1.吻Ⅶ、Ⅷ区多排颚齿间杂有细齿 2

 - 吻Ⅶ、Ⅷ区多排颚齿间不杂有细齿 3

2.第 1 腹触须变粗为指状；体后部上背舌叶延伸为矩形 ....异须沙蚕 *N. heterocirrata*

 - 第 1 腹触须不变粗为指状；体后部上背舌叶隆起为宽叶片状..........................宽叶沙蚕 *N. grubei*

3.体后部疣足上背舌叶延伸为矩形 ....旗须沙蚕 *N. vexillosa*

 - 体后部疣足上背舌叶末端尖、不为矩形，体前部背面具横色带 ....环带沙蚕 *N. zonata*

拟突齿沙蚕
Paraleonnates uschakovi Chlebovitsch & Wu, 1962

标本采集地： 山东青岛。

形态特征： 口前叶前缘中央具深裂，位于口前叶后缘的前后 2 对眼很靠近，触手和触角近等长。围口节触须 4 对，最长者后伸可达第 11 ～ 17 刚节。吻大，颚环具 2 圈基部软、前部坚硬的圆锥形角皮化颚齿，前圈仅在吻的两侧断开，后圈则稀疏得多，且颚齿仅前 1/5 坚硬；吻口环乳突约排成 2 圈，上圈细长须状，下圈宽三角形，且上下乳突——相对，在各区的排列如下：Ⅴ区无，Ⅵ区 2 排共 4 个，Ⅶ、Ⅷ区 2 排共 8 个。吻端大颚具侧齿 10 ～ 13 个。除前 1 对疣足单叶型外，余皆为双叶型。体前部双叶型疣足背须为长须状，2 个背舌叶圆锥状、末端变细；体中部疣足腹须变小，背须变短、基部膨大且末端尖细；体后部疣足腹舌叶变小，腹后刚叶仍具 2 个突起，有时腹刚叶和腹舌叶退化。刚毛均为复型异齿刺状，无复型镰刀状刚毛。大标本体长 633mm，宽（含疣足）12mm，具 280 个刚节，通常标本体长 150mm，宽 11mm，具 97 个刚节。

生态习性： 栖息于潮间带下区泥滩和红树林底泥中。

地理分布： 黄海，东海，南海；朝鲜半岛。

参考文献： 刘瑞玉，2008；杨德渐和孙瑞平，1988；孙瑞平和杨德渐，2004。

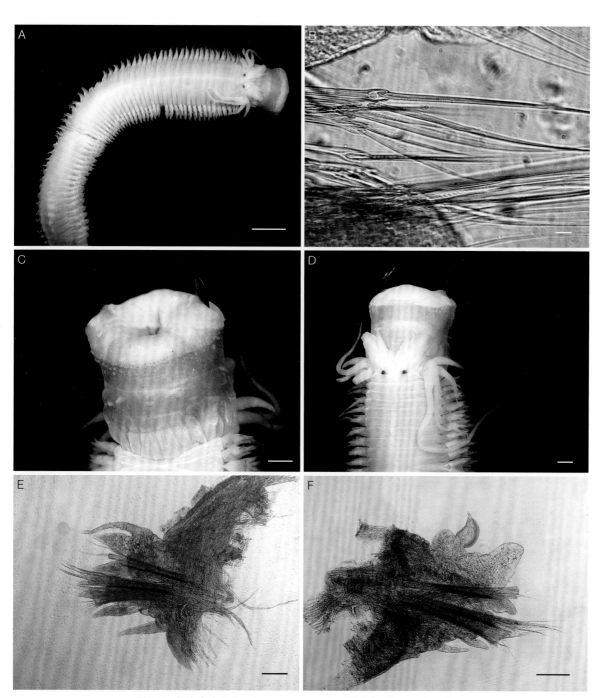

图 214 拟突齿沙蚕 *Paraleonnates uschakovi* Chlebovitsch & Wu, 1962

A. 体前端背面观；B. 等齿刺状刚毛；C. 吻腹面观；D. 头部背面观；E. 第 15 对疣足；F. 体中部疣足

比例尺：A = 2mm；B = 20μm；C = 0.5mm；D = 0.5mm；E = 0.5mm；F = 0.5mm

双齿围沙蚕
Perinereis aibuhitensis (Grube, 1878)

标本采集地： 辽宁旅顺。

形态特征： 口前叶似梨形，前部窄、后部宽，触手稍短于触角，2对眼呈倒梯形排列于口前叶中后部，前对稍大。触须4对，最长者后伸可达第6～8刚节。吻各区具颚齿：Ⅰ区2～4个圆锥状颚齿纵排或排成堆，Ⅱ区12～18个圆锥状颚齿排成2～3弯曲排，Ⅲ区30～54个圆锥状颚齿聚成椭圆形堆，Ⅳ区18～25个圆锥状颚齿排成3～4斜排，Ⅴ区2～4个圆锥状齿（3个时排成三角形），Ⅵ区2～3个平直扁棒状颚齿排成1排或4个扁棒状颚齿排成2排，Ⅶ、Ⅷ区40～50个圆锥状颚齿排成2横排，Ⅰ、Ⅴ、Ⅵ区颚齿数和排列方式常有变化。大颚具侧齿6～7个。除前2对疣足单叶型外，余皆为双叶型。体前部双叶型疣足上背舌叶近三角形，背、腹须须状，背须与上背舌叶约等长，腹须短，仅为下腹舌叶的一半；体中部疣足背须短于上背舌叶，上背舌叶尖细，下背舌叶稍短且钝，2个腹前刚叶和1个腹后刚叶与下腹舌叶近等长，腹须短；体后部疣足明显变小，上下背舌叶和腹舌叶变小为指状。疣足背刚毛皆为复型等齿刺状；腹刚毛在腹足刺上方者为复型等齿刺状和异齿镰刀状，下方者为复型异齿刺状和异齿镰刀状。活标本肉红色或蓝绿色并具闪光。酒精标本黄白色、黄褐色、紫褐色或肉红色，大多数标本上背舌叶具咖啡色斑。大标本体长270mm，宽（含疣足）10mm，具230个刚节。

生态习性： 高中潮带的优势种，亦见于红树林群落中。栖息于潮间带泥沙滩中。

地理分布： 渤海，黄海，东海，南海；朝鲜半岛，泰国，菲律宾，印度，印度尼西亚。

参考文献： 刘瑞玉，2008；杨德渐和孙瑞平，1988；孙瑞平和杨德渐，2004。

图 215　双齿围沙蚕 *Perinereis aibuhitensis* (Grube, 1878)
A. 整体；B. 疣足；C. 体前端背面观；D. 体前端腹面观
比例尺：A = 2mm；B = 0.5mm；C = 0.5mm；D = 0.5mm

弯齿围沙蚕
Perinereis camiguinoides (Augener, 1922)

标本采集地： 山东青岛。

形态特征： 口前叶长与宽近相等，触手短，触角大而长，2 对眼呈矩形排列于口前叶后半部。触须 4 对，最长者后伸可达第 3 ～ 4 刚节。吻端大，各区均具深褐色颚齿：Ⅰ区 2 ～ 3 个圆锥状颚齿，Ⅱ区圆锥状颚齿排成 2 ～ 3 弯曲排，Ⅲ区 14 ～ 16 个圆锥状颚齿不规则地排在一起，Ⅳ区圆锥状颚齿排成 3 ～ 4 斜排，Ⅴ区 3 ～ 4 个圆锥状颚齿横排，Ⅵ区 2 个弯扁棒状颚齿横排，Ⅶ、Ⅷ区 40 ～ 50 个圆锥状颚齿排成 2 ～ 3 横排。大颚琥珀色，具 5 ～ 6 个侧齿。除前 2 对疣足单叶型外，余皆为双叶型。体前部双叶型疣足背须指状、末端渐细，背、腹舌叶均为圆锥形，上背舌叶末端稍尖且稍长于下背舌叶，前腹刚叶 2 片且稍长于后腹刚叶，下腹舌叶末端钝圆，腹须短指状且稍短于下腹舌叶；第 15 对疣足背须长且超过背舌叶，上、下背舌叶末端圆且较前粗钝，下腹舌叶变短而钝，腹须细而短；体中部疣足（约第 30 对）背须粗短且比上背舌叶长，上、下背舌叶均为末端较细的锥形，上背舌叶基部膨大、具色斑，腹刚叶变大且宽而圆，下腹舌叶小指状，腹须短；体后部疣足上背舌叶膨大为叶片状，上具 1 块色斑，长指状背须位于上背舌叶背部的亚前段，下背舌叶小，为上背舌叶宽的 1/3，腹刚叶较短、末端圆，腹舌叶短指状、末端钝，腹须小、末端细。疣足背刚毛皆为复型等齿刺状；腹刚毛在腹足刺上方者为复型等齿刺状和异齿镰刀状，下方者为复型异齿刺状和异齿镰刀状。大标本体长 45mm，宽（含疣足）3mm，具 94 个刚节。

生态习性： 栖息于潮间带岩岸中区、小型海藻和褶牡蛎壳下，同栖的有绿巧岩虫、裂虫和雾海鳞虫。

地理分布： 黄海，东海，南海；新西兰，智利。

参考文献： 刘瑞玉，2008；杨德渐和孙瑞平，1988；孙瑞平和杨德渐，2004。

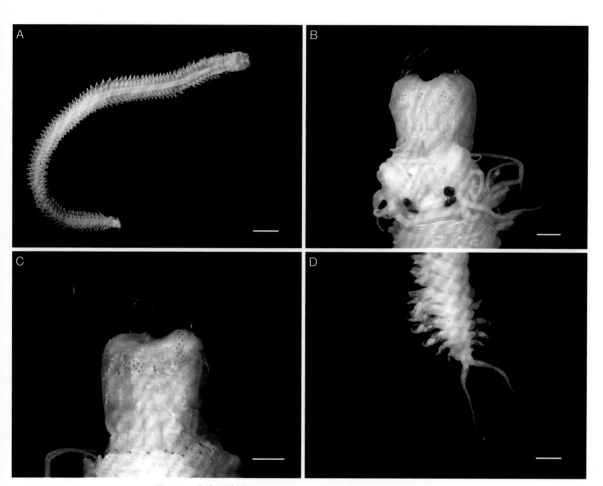

图 216　弯齿围沙蚕 *Perinereis camiguinoides* (Augener, 1922)

A. 整体；B. 体前端背面观；C. 吻腹面观；D. 尾部

比例尺：A = 2mm；B = 0.5mm；C = 0.5mm；D = 0.5mm

独齿围沙蚕
Perinereis cultrifera (Grube, 1840)

标本采集地： 辽宁大连。

形态特征： 口前叶似梨形，2 对黑色眼呈倒梯形排列于口前叶中后部。触手短指状，触角粗大，基节长圆柱状，端节乳突状。围口节触须 4 对，最长者后伸可达第 5～6 刚节。吻各区均具颚齿：Ⅰ区 1～2 个圆锥状颚齿纵排，Ⅱ区 10～26 个圆锥状颚齿排成 2～3 斜排，Ⅲ区 10～15 个圆锥状颚齿排成 3～4 横排，Ⅳ区 20～30 个圆锥状颚齿排成 2～4 斜排，Ⅴ区 3 个圆锥状颚齿排成三角形，Ⅵ区 1 个扁棒状颚齿，Ⅶ、Ⅷ区 2 排大的圆锥状颚齿。大颚具 4～6 个侧齿。除前 2 对疣足单叶型外，余皆为双叶型。单叶型疣足背、腹须和腹舌叶为粗指状，背舌叶最大、钝圆叶形，背须稍长于背舌叶，腹须稍短于腹舌叶。体前部双叶型疣足（第 15 对）为单叶型疣足的一倍大，背须指状、末端尖细且位于背舌叶背面，上背腹舌叶最宽大，为末端稍钝的叶片状，下背舌叶小、末端钝圆，背刚叶乳突状、末端钝圆，腹前刚叶 2 片，下片稍长、末端锥形，腹舌叶与下背舌叶近等大，腹须短、末端尖；体中部疣足上背舌叶伸长、末端钝锥状，末端渐细的背须与上背舌叶等长且位于其上方，似灯泡状的下背舌叶较前小且末端钝圆，腹刚叶增宽，腹舌叶同前但稍小，腹须小且位于腹舌叶基部；体后部疣足变小，背须似一小旗竖立于大而长、末端尖细的上背舌叶上，下背舌叶小、末端钝圆，下腹舌叶亦变细，腹须末端细、短指状。背刚毛皆为复型等齿刺状；腹刚毛在腹足刺上方者为复型等齿刺状和异齿镰刀状，下方者为复型异齿刺状和异齿镰刀状。大标本体长 90mm，宽（含疣足）5mm，具 96 个刚节。

生态习性： 岩岸潮间带中区牡蛎带的优势种。

地理分布： 渤海，黄海，东海，南海；日本，朝鲜半岛，太平洋，印度洋，地中海，大西洋。

参考文献： 刘瑞玉，2008；杨德渐和孙瑞平，1988；孙瑞平和杨德渐，2004。

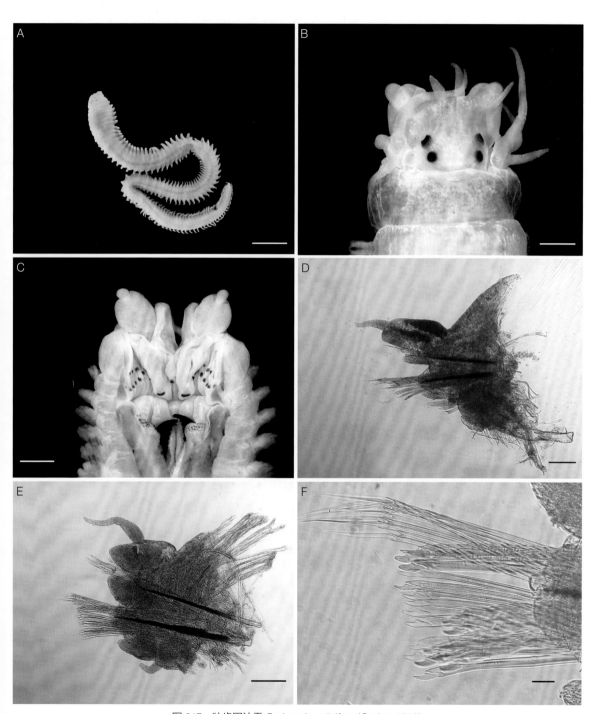

图 217 独齿围沙蚕 *Perinereis cultrifera* (Grube, 1840)

A. 整体；B. 体前端背面观；C. 吻；D. 体后部疣足；E. 体前部疣足；F. 腹刚毛（等齿刺状刚毛、异齿镰刀状刚毛）

比例尺：A = 2mm；B = 0.2mm；C = 1mm；D = 0.5mm；E = 0.5mm；F = 50μm

枕围沙蚕
Perinereis vallata (Grube, 1857)

标本采集地： 辽宁大连。

形态特征： 口前叶卵圆梨形，触手短于触角，2 对眼呈倒梯形排列于口前叶后部，前对稍大。触须 4 对，最长者后伸可达第 6～8 刚节。吻各区具颚齿：Ⅰ区 1～3 个圆锥状颚齿纵排，Ⅱ区 20 多个圆锥状颚齿排成 2～3 斜排，Ⅲ区 20～30 个圆锥状颚齿聚成椭圆形堆，两侧外还有 2～4 个小颚齿，Ⅳ区 30～40 个圆锥状颚齿排成 2～3 月牙形斜排，近大颚处还具几个扁棒状颚齿，Ⅴ区 1 个圆锥状颚齿，Ⅵ区 5～8 个扁棒状和圆锥状颚齿排成 1 排，Ⅶ、Ⅷ区具 2～3 排较大的圆锥状颚齿。大颚具侧齿 5～7 个。除前 2 对疣足单叶型外，余皆为双叶型。单叶型疣足背、腹须指状，背、腹舌叶圆锥形，腹舌叶稍长且末端钝，刚叶短、圆锥形。体前部双叶型疣足增大，长约为前 2 对的 1 倍，背须细长，长于背舌叶，末端钝圆，前腹刚叶 2 片、稍长，后腹刚叶 1 片、末端圆，下腹舌叶同背舌叶但稍小，短而细的指状腹须位于腹舌叶基部；体中部疣足背须长指状，上背舌叶延伸为三角形、末端尖，下背舌叶稍短于上背舌叶，腹后刚叶增大为圆形，腹舌叶变小、末端钝圆，腹须短、末端细；体后部疣足明显变小，上背舌叶大、末端尖细，较短的下背舌叶末端钝圆，但仍比钝指状的腹舌叶大，腹刚叶同前，腹须指状、末端稍细，与腹舌叶等长。疣足背刚毛皆为复型等齿刺状；腹刚毛在腹足上方者为复型等齿刺状和异齿镰刀状，下方者为复型异齿刺状和异齿镰刀状。大标本体长 105mm，宽（含疣足）6.4mm，具 112 个刚节。

生态习性： 潮间带中区牡蛎带的优势种，分布至潮间带上区藤壶、偏顶蛤带。栖息于石块下泥沙中。

地理分布： 渤海，黄海，东海，南海；日本，印度，澳大利亚，新西兰，所罗门群岛，红海，西南非洲，智利。

参考文献： 刘瑞玉，2008；杨德渐和孙瑞平，1988；孙瑞平和杨德渐，2004。

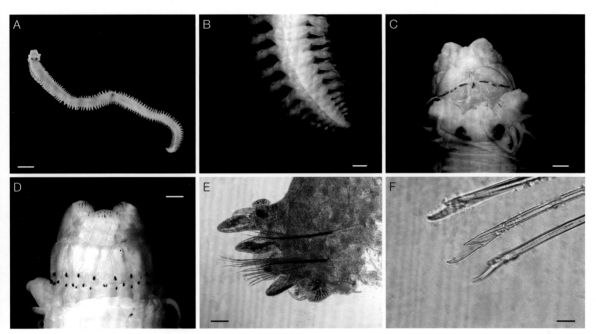

图 218　枕围沙蚕 *Perinereis vallata* (Grube, 1857)
A. 整体；B. 尾部；C. 体前端背面观；D. 吻腹面观；E. 体中部疣足；F. 异齿镰刀状刚毛
比例尺：A = 2mm；B = 0.5mm；C = 0.5mm；D = 0.5mm；E = 0.5mm；F = 20μm

围沙蚕属分种检索表

1. 吻Ⅵ区具 1 个扁棒状颚齿，Ⅴ区具 3 个圆锥状颚齿..................................独齿围沙蚕 *P. cultrifera*

- 吻Ⅵ区具 2 个或多于 2 个扁棒状颚齿 2

2. 吻Ⅵ区具 5 ～ 8 个扁棒状颚齿，Ⅳ区具圆锥状颚齿和扁棒状颚齿 ....枕围沙蚕 *P. vallata*

- 吻Ⅵ区具 2 ～ 4 个扁棒状颚齿 3

3. 吻Ⅵ区扁棒状颚齿平直 ....双齿围沙蚕 *P. aibuhitensis*

- 吻Ⅵ区扁棒状颚齿弯曲 ....弯齿围沙蚕 *P. camiguinoides*

双管阔沙蚕
Platynereis bicanaliculata (Baird, 1863)

标本采集地： 辽宁旅顺。

形态特征： 口前叶似六边形，后缘中央稍向内凹进，触手短于触角，2 对圆眼呈矩形排列于口前叶中后部，前对稍大于后对。触须 4 对，最长者后伸可达第 11 ～ 16 刚节。吻除 I、II、V 区无颚齿外，其余具梳棒状颚齿，颚齿在各区的数目和排列为：III 区 3 ～ 6 堆梳棒状颚齿排横，IV 区 4 ～ 5 排梳棒状颚齿密集成月牙状，VI 区 2 ～ 3 排梳棒状颚齿整齐排成长方形，VII、VIII 区 4 ～ 5 堆梳棒状颚齿排成一直线。大颚琥珀色，具侧齿 8 ～ 9 个。前 2 对单叶型疣足具 2 个背舌叶，背、腹须长度均超过疣足叶。体前部双叶型疣足背、腹须细长须状，背、腹舌叶圆锥状、末端钝圆；体中部疣足上背舌叶加长，稍超过下背舌叶；体后部疣足指状，末端稍细的上背舌叶更长。体前部疣足背刚毛为复型等齿刺状，约从第 10 刚节以后背刚毛中具 1 ～ 3 根琥珀色、鸟嘴状简单型刚毛；腹刚毛为复型等齿刺状、异齿刺状和异齿镰刀状。活标本口前叶具浅咖啡色斑，体背面两侧和疣足背舌叶具绿色斑，且越向后越显著。酒精标本肉色，大多数标本上背舌叶具咖啡色斑。30% 甲醛溶液保存的标本体背面青绿色，斑为咖啡色。大标本体长 100mm，宽（含疣足）9mm，具 130 个刚节。

生态习性： 岩岸潮间带中区的优势种。

地理分布： 渤海，黄海，东海，南海；日本，朝鲜半岛，澳大利亚，新西兰，夏威夷群岛，太平洋东岸的加拿大大不列颠哥伦比亚，美国加利福尼亚，墨西哥湾。

参考文献： 刘瑞玉，2008；杨德渐和孙瑞平，1988；孙瑞平和杨德渐，2004。

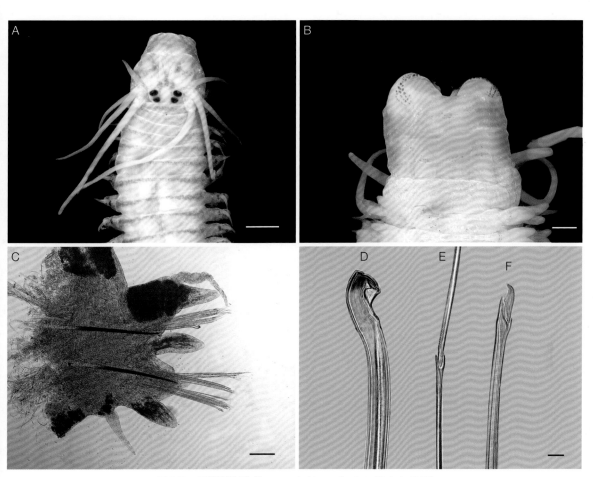

图 219　双管阔沙蚕 *Platynereis bicanaliculata* (Baird, 1863)

A. 体前端背面观；B. 吻腹面观；C. 体中部疣足；D. 鸟嘴状简单型刚毛；E. 等齿刺状刚毛；F. 异齿镰刀状刚毛

比例尺：A = 1mm；B = 0.5mm；C = 0.5mm；D ～ F = 20μm

背褶沙蚕
Tambalagamia fauveli Pillai, 1961

标本采集地： 山东青岛。

形态特征： 口前叶 2 个触手、2 个触角和 2 对眼，前缘具深裂。4 对触须，最长触须可后伸至第 6 ～ 8 刚节。吻仅口环具锥状软乳突，Ⅴ、Ⅳ区 5 个横排，Ⅶ、Ⅷ区 7 个横排。大颚浅黄色，无侧齿。前 2 对疣足附加背须与背须皆位于须基上，约等长；第 15 刚节须基变长，背须紧靠附加背须故似双背须；之后刚节附加背须消失，背须直接位于长的须基上。疣足皆具双腹须。刚毛皆为复型等齿刺状，端片平滑或具细齿。第 25 刚节后，体背面出现横褶。体黄褐色，背面具 3 条红色纵带。不完整标本体长28mm，宽 4mm，具 60 个刚节。

生态习性： 栖息于底质泥、砾石和掺有贝壳的泥沙中，水深 14 ～ 60m。

地理分布： 黄海，南海，北部湾；印度，斯里兰卡，越南，日本。

参考文献： 刘瑞玉，2008；杨德渐和孙瑞平，1988；孙瑞平和杨德渐，2004。

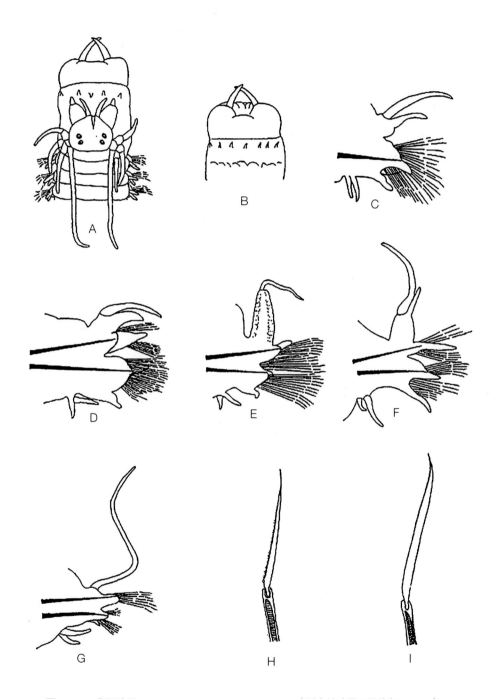

图 220-1　背褶沙蚕 *Tambalagamia fauveli* Pillai, 1961（引自孙瑞平和杨德渐，2004）

A. 体前端背面观（吻翻出）；B. 吻腹面观；C. 第 2 对疣足前面观；D. 第 8 对疣足；E. 体中部疣足；
F. 第 15 对疣足；G. 体后部疣足；H. 复型等齿刺状刚毛；I. 浆状刚毛

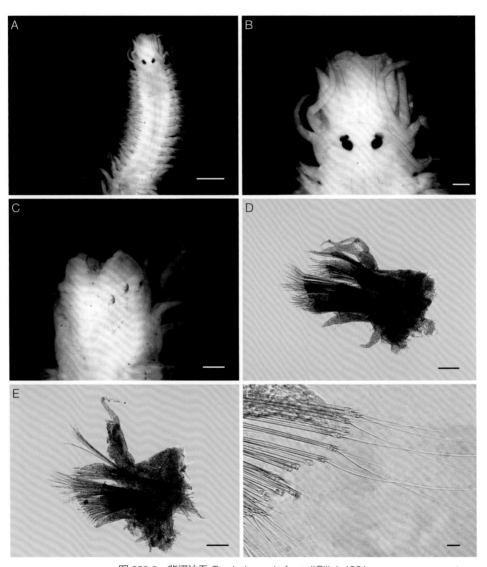

图 220-2　背褶沙蚕 *Tambalagamia fauveli* Pillai, 1961
A. 体前端背面观；B. 头部背面观；C. 头部腹面观（带翻吻）；D. 第 2 对疣足；E. 体后部疣足；
F. 复型等齿刺状刚毛
比例尺：A = 1mm；B = 200μm；C = 200μm；D = 0.5mm；E = 0.5mm；F = 20μm

沙蚕科分属检索表

1. 疣足具双腹须；第 1 刚节具附加背须；体中部具横背褶...
.... 背褶沙蚕属 *Tambalagamia*（背褶沙蚕 *T. fauveli*）

- 疣足具单腹须...2

2. 吻具颚齿、乳突...3

- 吻具颚齿、无乳突...4

3. 颚齿具 3 个背舌叶，具复型刺状、复型镰刀状刚毛
.... 突齿沙蚕属 *Leonnates*（光突齿沙蚕 *L. persicus*）

- 颚齿具 2 个背舌叶，仅具复型刺状刚毛
.... 拟突齿沙蚕属 *Paraleonnates*（拟突齿沙蚕 *P. uschakovi*）

4. 围口节扩展成领部 .... 环唇沙蚕属 *Cheilonereis*（环唇沙蚕 *C. cyclurus*）

- 围口节不扩展成领部...5

5. 仅具梳棒状颚齿 .... 阔沙蚕属 *Platynereis*（双管阔沙蚕 *P. bicanaliculata*）

- 颚齿圆锥形或扁平，口环、颚环皆具颚齿...6

6. 仅 VI 区具棒状或扁平状颚齿；体后部疣足背须不位于背舌叶末端 .... 围沙蚕属 *Perinereis*

- 吻各区皆具圆锥状颚齿...7

7. 体前部背刚毛复型刺状、体后部背刚毛复型镰刀状 .... 沙蚕属 *Nereis*

- 体前、后部背刚毛和腹刚毛皆为复型刺状 ... 全刺沙蚕属 *Nectoneanthes*（全刺沙蚕 *N. oxypoda*）

白毛钩虫
Cabira pilargiformis (Uschakov & Wu, 1962)

标本采集地： 香港，广东大亚湾，山东青岛。

形态特征： 体圆柱状，体表面有很多分散的小乳突。口前叶前缘中间具凹裂，近两侧有 2 个小触手，无中央触手。无眼。触角端节乳突状。围口节较宽。表面覆盖纵排的横纹，两侧具有 2 对等大且靠近的乳突状触须。体前部 6 个刚节疣足亚双叶型，背、腹须乳突状，背须基部仅具足刺、无刚毛。从第 7 刚节开始疣足为双叶型，背须基部具 1 根足刺。背须背上方具有 1 根粗大的黄色弯钩状刚毛，腹叶除足刺外，一侧还具有小刺的简单型毛状刚毛。

生态习性： 栖息于泥沙底质。

地理分布： 黄海；日本本州、九州。

参考文献： 孙瑞平和杨德渐，2004。

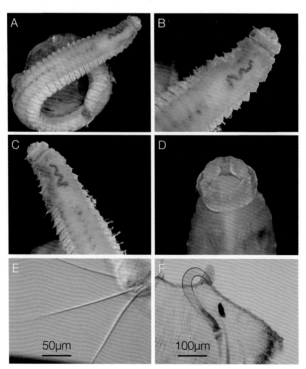

图 221 白毛钩虫 *Cabira pilargiformis* (Uschakov & Wu, 1962)（杨德援和蔡立哲供图）

A. 整体；B. 体前部背面观；C. 体前部；D. 吻腹面观；E. 第 30 刚节疣足刚毛；F. 第 60 刚节疣足刚毛

阿氏刺毛虫
Synelmis albini (Langerhans, 1881)

标本采集地： 山东青岛。

形态特征： 体细长线状，圆筒形，体表光滑。口前叶前端圆钝。1 对弯月形的眼。3 个须状触手，中央触手长为口前叶的 4/5，位于口前叶后缘的中央触手稍长于位于口前叶前缘的侧触手。1 对触角大，长三角形，具乳突状的端节。2 对须状围口节触须，背对稍长于腹对。触手、触须均为须状。翻吻光滑，无附属物。背须基部具收缩部。体前部亚双叶型疣足背、腹须突锥状，背须稍大于腹须，背须基部仅具背足刺。体中后部的双叶型疣足背须基部除具足刺外，还具足刺状刚毛。粗且直的简单型足刺状背刚毛外伸，始于第 5 ～ 20 刚节。腹刚叶钝圆柱状，除具 1 根足刺外，还具数根有细侧齿的简单型毛状刚毛，未见叉状刚毛。

生态习性： 广布的热带和亚热带种。常栖息于潮下带泥砂底质。

地理分布： 黄海，东海，南海；越南南部，日本本州中部和南部，大西洋中部，印度洋中部，美国加利福尼亚，巴拿马。

参考文献： 孙瑞平和杨德渐，2004。

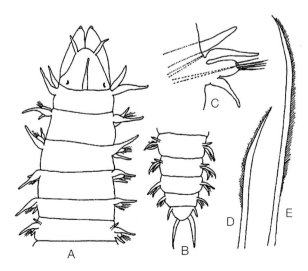

图 222　阿氏刺毛虫 *Synelmis albini* (Langerhans, 1881)（孙瑞平和杨德渐，2004）
A. 体前部背面观；B. 体后部背面观；C. 第 10 刚节疣足背面观（粗且直的足刺刚毛外伸）；
D、E. 简单型毛状腹刚毛

斑齿裂虫
Odontosyllis maculata Uschakov in Annenkova, 1939

标本采集地：山东青岛。

形态特征：口前叶宽大于长，呈矩形。2 对红褐色圆眼梯形排列，前对大于后对。口前叶后缘和围口节之间具半圆形、覆盖口前叶后部和项脊的头后叶。3 个纺锤状触手，位于口前叶前方，钝三角形，仅基部愈合。第 1 刚节背面与口前叶愈合。1 对触须，约等大。触手、触须和疣足背须形状均相似。咽前端具 1 排褐色向下弯曲的齿。前胃椭圆形，位于第 5 ～ 8 刚节。疣足单叶型。背须光滑，纺锤状，末端和基部具色斑，腹须粗短，后刚叶钝圆锥形。疣足具 1 束端片长的复型单齿镰刀状刚毛。足刺 1 ～ 2 根，末端弯曲，顶端圆钝。尾部具 1 对纺锤状肛须。活标本背面刚节间具棕黑色斑带，中间色斑加宽为菱形。酒精标本体不透明，色斑常褪掉。体长 4 ～ 9mm，宽（含疣足）1 ～ 1.3mm，具 36 ～ 40 个刚节。

生态习性：栖息于潮下带。

地理分布：黄海北部；日本海，日本北海道九州，堪察加半岛。

参考文献：刘瑞玉，2008；杨德渐和孙瑞平，1988；孙瑞平和杨德渐，2004。

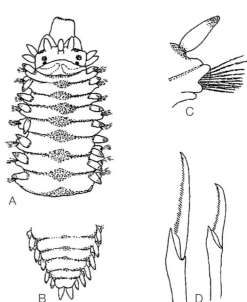

图 223-1 斑齿裂虫 *Odontosyllis maculata* Uschakov in Annenkova, 1939（引自孙瑞平和杨德渐，2004）

A. 体前部背面观（吻部分翻出）；B. 体后部背面观；C. 疣足前面观；D. 复型单齿镰刀状刚毛

图 223-2　斑齿裂虫 *Odontosyllis maculata* Uschakov in Annenkova, 1939
A. 整体；B. 体前端背面观；C. 体前端腹面观；D. 疣足
比例尺：A = 0.5mm；B = 200µm；C = 100µm；D = 200µm

粗毛裂虫
Syllis amica Quatrefages, 1866

标本采集地： 山东青岛。

形态特征： 口前叶亚球形，宽大于长。2 对红色眼倒梯形排列，豆瓣状的前对稍大于圆形的后对。触角亚三角形，基部愈合。中央触手位于后对眼间，具 22 ～ 28 个环轮，侧触手位于口前叶前缘，比中央触手稍短，具 16 ～ 20 个环轮。2 对围口节触须，背对具 16 ～ 20 个环轮，腹对具 13 ～ 15 个环轮。咽具 10 个软乳突，中背齿位于第 3 刚节。前胃位于第（10 ～ 13）～（17 ～ 24）刚节。疣足单叶型。第 1 对背须较长，具 26 ～ 28 个环轮，之后背须长短轮替排列，长的约 18 个环轮，短的约 13 个环轮；近尾部背须短小，具 1 ～ 4 个环轮，腹须指状，刚毛叶圆锥状。体前部疣足具端片长短不一且具锯齿的复型双齿镰刀状刚毛和端片有锯齿的伪复型单齿刚毛；体中部疣足除具复型双齿镰刀状刚毛外，还具 1 根简单型粗棒状刚毛，另外刚毛束上方还具 1 根简单型针状刚毛、下方还具 1 根简单型双齿细刚毛。足刺 2 ～ 3 根，末端圆头状。尾部除具 1 对肛须外，中间还具 1 个乳突状小肛须。雌性生殖个体：雌性生殖匍枝在亲体的第 95 或第 115 刚节处断裂，为具 38 个刚节的雌性生殖个体。头部背、腹各具 1 对红色圆形大眼，腹对大于背对，1 对触手具 8 ～ 10 个环轮，1 对光滑棒状触角完全分离，体前部疣足背须较长，具 15 ～ 18 个环轮，体后部疣足背须较短，具 6 ～ 15 个环轮，肛须 1 对，具 9 ～ 10 个环轮。体内充满紫色卵，消化道为黄色。除具正常刚毛外，还具游泳的毛状刚毛。雄性生殖匍枝在亲体的第 112 刚节处断裂，为具 33 ～ 36 刚节的雄性生殖个体。头部背、腹各具 1 对红色圆形大眼，1 对触手具 3 个环轮，1 对光滑棒状角完全分离，疣足背须具 5 ～ 12 个环轮，肛须 1 对，具 3 个环轮。体内充满精子，为橘红色。除具正常刚毛外，还具游泳的毛状刚毛。体长 15 ～ 32mm，宽（含疣足）1 ～ 2mm，具 100 ～ 130 个刚节。

生态习性： 栖息于潮间带岩岸。

地理分布： 黄海，东海，南海；日本，印度，大西洋，地中海，法国。

参考文献： 刘瑞玉，2008；杨德渐和孙瑞平，1988；孙瑞平和杨德渐，2004。

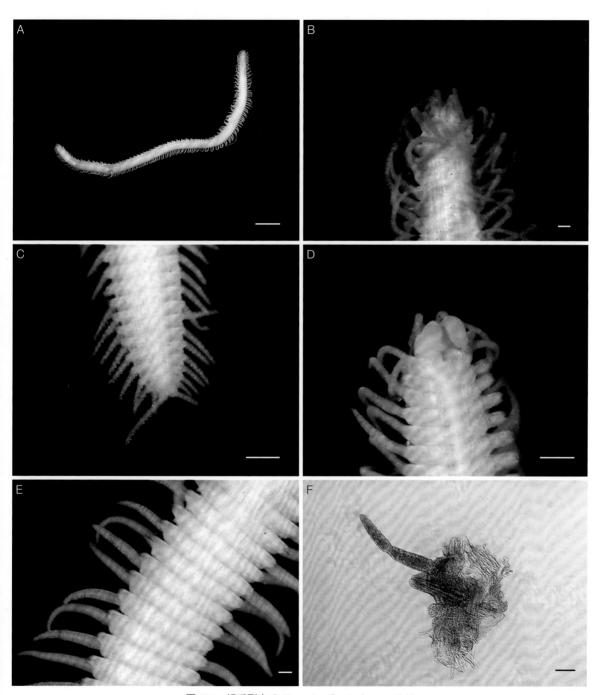

图 224　粗毛裂虫 *Syllis amica* Quatrefages, 1866
A. 整体；B. 体前端背面观；C. 尾部；D. 体前端腹面观；E、F. 疣足
比例尺：A = 2mm；B = 100μm；C = 200μm；D = 200μm；E = 100μm；F = 100μm

透明裂虫
Syllis hyalina Grube, 1863

同物异名： 透明模裂虫 *Typosyllis hyalina* (Grube, 1863)

标本采集地： 海南三亚。

形态特征： 口前叶约呈五边形，宽大于长。2 对红色眼倒梯形排列，豆瓣形的前对大于圆形的后对。触手长，三角形，基部愈合，3 个，中央触手位于后对眼之间，具 11～16 个环轮，侧触手位于口前叶前缘、前对眼基部，与中央触手约等长。2 对围口节触须，背触须具 14～16 个环轮，腹触须具 10～12 个环轮。咽具 10 个软乳突和 1 个中背齿。前胃位于第 7（8）～16（18）刚节，具 40 多排肌肉细胞。疣足单叶型。第 1 背须较长，具 14～18 个环轮，之后背须较短，具 9～13 个环轮；腹须指状，不长于刚叶，刚叶钝圆锥状。体前部疣足具 10～13 根复型双齿镰刀状刚毛，端片较长；体中后部疣足具 6～8 根复型双齿镰刀状刚毛，端片较短且尖；体后部疣足刚毛束上、下方还各具 1 根简单型双齿刚毛，一侧具锯齿。体前部具足刺 3～4 根，其末端稍尖细，体后部具 1 根足刺。体长 8～16mm，宽（含疣足）0.5～1mm，具70～110 个刚节。

生态习性： 栖息于潮间带砂滩区附着生物中及死珊瑚内。

地理分布： 黄海，南海；日本北海道、本州北部和南部，太平洋东西两岸，夏威夷群岛，马绍尔群岛，澳大利亚，新西兰，印度洋，地中海，南冰洋，大西洋。

参考文献： 刘瑞玉，2008；杨德渐和孙瑞平，1988；孙瑞平和杨德渐，2004。

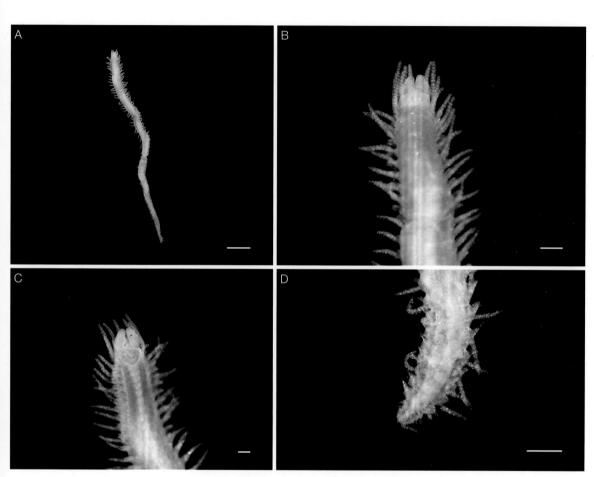

图 225　透明裂虫 *Syllis hyalina* Grube, 1863

A. 整体；B. 体前端背面观；C. 体前端腹面观；D. 尾部

比例尺：A = 1mm；B = 1mm；C = 100μm；D = 200μm

齿吻沙蚕科 Nephtyidae Grube, 1850

齿吻沙蚕科 Nephtyidae Grube, 1850
内卷齿蚕属 *Aglaophamus* Kinberg, 1866

中华内卷齿蚕
Aglaophamus sinensis (Fauvel, 1932)

标本采集地： 山东青岛。

形态特征： 口前叶稍宽，近卵圆形，背面具人字形色斑，无眼。2 对触手，前对位于口前叶前缘，后对位于口前叶腹面前两侧，稍大于前对。1 对乳突状项器位于口前叶后缘两侧。翻吻末端具 22 个端乳突，背、腹各 10 个且分叉，背中线 2 个较小且不分叉；亚末端具 14 纵排亚端乳突，每排具 20 ~ 30 个（吻前部乳突较大，后逐渐变小，且每个变为 3 ~ 4 个密集的小乳突），无中背乳突。第 1 刚节疣足前伸，足刺叶短而圆，前、后刚叶短小，无背须，具发达纤细的腹须。间须始于第 2 刚节，较长且内卷，近基部具一小乳突体。中部疣足背须长叶状，间须位于其基部，背足刺叶圆三角形，具一大的指状突起，背前刚叶小，为 2 个圆叶，背后刚叶与其类似，上叶较大；腹足刺叶斜圆形，具一指状上叶，腹前刚叶小，为 2 个圆叶，腹后刚叶很长，为足刺叶 2 倍，舌叶状向外直伸。腹须与背须同形但稍长。刚毛 2 种：横纹（梯形）毛状刚毛位于前足刺叶上，小刺毛状刚毛位于后足刺叶上，无竖琴状刚毛。最大体长 140mm，宽（含疣足）11mm，具 180 多个刚节。一般体长 20 ~ 60mm，具 50 ~ 80 个刚节。

生态习性： 栖息于潮间带泥沙滩中、潮下带泥砂质底。

地理分布： 渤海，黄海，东海，南海；日本本州中部和九州，越南，泰国。

参考文献： 刘瑞玉，2008；杨德渐和孙瑞平，1988；孙瑞平和杨德渐，2004。

438

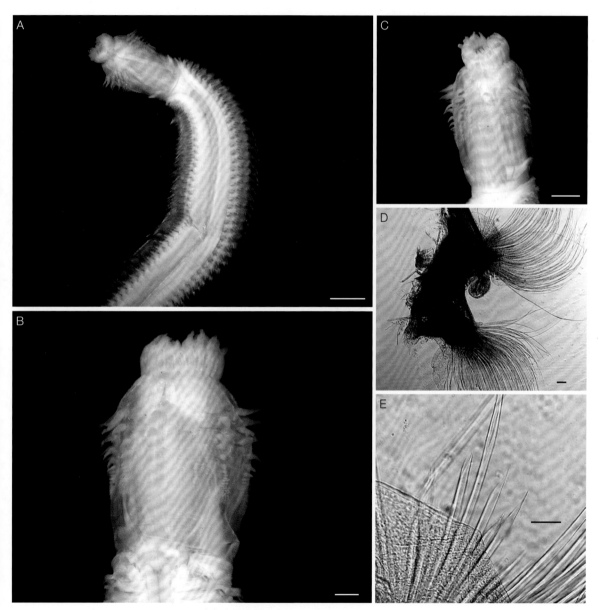

图 226　中华内卷齿蚕 Aglaophamus sinensis (Fauvel, 1932)

A. 体前端腹面观；B. 头部背面观（吻翻出）；C. 头部腹面观；D. 疣足；E. 刚毛

比例尺：A = 2mm；B = 0.5mm；C = 1mm；D = 0.2mm；E = 50μm

无疣齿吻沙蚕
Inermonephtys inermis (Ehlers, 1887)

标本采集地： 山东青岛。

形态特征： 体细长，腹中线具一浅的纵沟，背中线少突起。口前叶圆五边形，具一明显的向后延长部，具竖的色斑。无眼。1 对乳突状触手位于口前叶前缘腹面，1 对指状项器位于口前叶后缘两侧。翻吻不具任何乳突。内须始于第 3～4 刚节，前 15 个刚节的内须指状，近基部具乳突，之后变长内卷，至体后部又为指状。第 1 刚节的足刺叶圆锥形，前刚叶小，背后刚叶很发达、四边形，腹后刚叶小，具背、腹须。体中部典型的疣足双叶型，背足刺叶圆锥形，背前刚叶圆，稍短于背足刺叶，背后刚叶三角形，长为足刺叶的 2 倍，背须指状；腹足刺叶圆锥形，具钝端，腹前刚叶圆，短于腹足刺叶，腹后刚叶几乎退化，腹须指状。疣足具梯形刚毛和侧缘有锯齿的短毛状刚毛，后刚叶多数刚毛侧缘具细锯齿，背、腹足叶皆具叉状刚毛。第 20 刚节疣足背叶的前足刺叶圆锥形，中央稍具浅凹，小于钝圆锥状的足刺叶，后足刺叶圆叶形，大于足刺叶；腹足的前足刺叶半圆形，小于钝圆锥状足刺叶，后足刺叶圆锥形，近等长于足刺叶；内须发达，内卷，近基部具一小乳突；背须位于内须的基部；腹须位于腹足的基部，长指状。第 80 刚节疣足背叶的前足刺叶和足刺叶均为圆锥状，前足刺叶小于足刺叶，后足刺叶为尖叶形，长于足刺叶；腹足的前足刺叶圆钝形，前足刺叶短于圆锥形足刺叶，后足刺叶等长于足刺叶；内须稍内卷，近基部仍具一小乳突；背、腹须指状，腹须紧靠足刺叶。刚毛 3 种：横纹（梯形）毛状刚毛位于前足刺叶上，小刺毛状刚毛位于后足刺叶上，竖琴状刚毛位于背、腹足的后足刺叶上。一般体长 40～60mm，宽（含疣足）5mm，具 120～150 个刚节。大标本体长 165mm，宽 5mm，具 220 个刚节。

生态习性： 栖息于潮间带、砂质泥或泥质砂底质中。

地理分布： 黄海，东海，南海；朝鲜半岛，越南，泰国，印度，地中海，苏伊士湾，马尔代夫群岛，美国加利福尼亚，巴拿马沿岸，墨西哥湾。

参考文献： 刘瑞玉，2008；杨德渐和孙瑞平，1988；孙瑞平和杨德渐，2004。

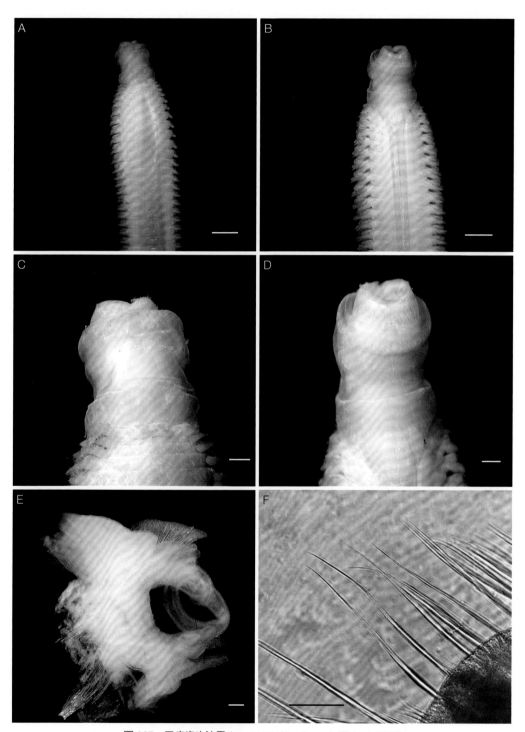

图 227　无疣齿吻沙蚕 *Inermonephtys inermis* (Ehlers, 1887)

A. 体前端背面观；B. 体前端腹面观；C. 头部背面观（吻翻出）；D. 头部腹面观；E. 疣足；F. 毛状刚毛

比例尺：A = 2mm；B = 2mm；C = 0.5mm；D = 0.5mm；E = 0.2mm；F = 100μm

寡鳃微齿吻沙蚕
Micronephthys oligobranchia (Southern, 1921)

同物异名： 寡鳃齿吻沙蚕 *Nephtys oligobranchia* Southern, 1921

标本采集地： 山东青岛。

形态特征： 口前叶长方形，前缘平直，后部缩入第 2 刚节。1 对眼，位于口前叶后缘、第 2 刚节前部。2 对大小相等的触手，前对位于口前叶前缘并前伸，后对前伸于口前叶腹面前两侧。乳突状项器，位于口前叶中部两侧。翻吻具 22 对分叉的端乳突，22 纵排亚端乳突（每排乳突 6～9 个从大到小排列）和 1 个中背乳突。疣足双叶型。内须始于第 6～8 刚节，开始很小，之后变大为不外弯的囊状，至第 15～18 刚节变小，至第 16～27 刚节后消失。第 7 刚节疣足背、腹足的前足刺叶、足刺叶和后足刺叶均为钝圆锥形，足刺叶长于前、后足刺叶；内须指状，稍大于背须；背须位于内须的基部，为小指状；腹须位于腹足的基部，为细指状。体中部第 14 刚节疣足背、腹足的前足刺叶钝圆锥形，稍短于圆锥形足刺叶；背足后足刺叶圆锥形，稍短于圆锥形足刺叶；腹足后足刺叶亦为圆锥形，但稍短于圆锥形足刺叶；内须囊状，远大于背须，背须短指状，腹须细指状。体后部第 50 刚节疣足背、腹足的前、后足刺叶皆为圆锥形，均短于锥状足刺叶；内须消失，背须乳突状，腹须细指状。2 种刚毛：横纹（梯形）毛状刚毛位于前足刺叶上，小刺毛状刚毛位于背、腹足的后足刺叶上，无竖琴状刚毛。体长 14～17mm，宽（含疣足）1～1.5mm，具 50～60 个刚节。

生态习性： 栖息于潮下带、潮间带的细砂中。

地理分布： 渤海，黄海，东海，南海；日本，朝鲜半岛，越南，泰国，印度。

参考文献： 刘瑞玉，2008；杨德渐和孙瑞平，1988；孙瑞平和杨德渐，2004。

图 228-1　寡鳃齿吻沙蚕 *Nephtys oligobranchia* （Southern, 1921）（引自孙瑞平和杨德渐，2004）A. 体前部背面观；B. 翻吻背面观

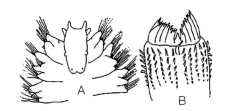

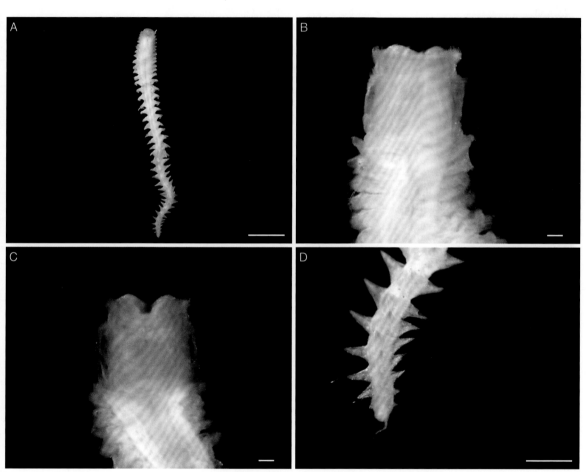

图 228-2　寡鳃齿吻沙蚕 *Nephtys oligobranchia* Southern, 1921
A. 整体背面观；B. 体前端背面观；C. 体前端腹面观；D. 尾部背面观
比例尺：A = 2mm；B = 100μm；C = 200μm；D = 0.5mm

囊叶齿吻沙蚕
Nephtys caeca (Fabricius, 1780)

标本采集地： 辽宁长海。

形态特征： 口前叶无色斑，呈长宽相等的近四边形，前缘宽平，后端变窄且伸入第 1 刚节。无眼。2 对触手，前对位于口前叶前侧缘且大于后对，后对位于口前叶腹面两侧。口前叶后缘两侧各具 1 对乳突状项器。翻吻具 22 对分叉的端乳突和 22 纵排亚端乳突（每纵排乳突 5 ～ 6 个从大到小排列），无中背乳突。疣足双叶型。内须始于第 4 刚节，稍外弯，至体后部为小指状。体前部足刺稍伸出足刺叶，体后部足刺叶完整无缺刻，前刚叶退缩不发达，后刚叶发达、叶状，尤以腹后刚叶最发达。第 4 刚节疣足背、腹足的前足刺叶和足刺叶皆为 2 个半圆形叶，且前足刺叶短于足刺叶；背、腹足的后足刺叶均为圆叶形，均长于足刺叶；内须指状，稍外弯，远大于背须，背、腹须小指状。体中部第 30 刚节疣足背、腹足的前足刺叶为半圆形，均短于其 2 个半圆形的足刺叶；背、腹足的后足刺叶增大为圆三角形叶，远大于足刺叶 1 ～ 2 倍长；内须指状，发达，镰刀状外弯，背、腹须小指状。体后部疣足背、腹足的前足刺叶和足刺叶均为半圆形，前足刺叶小于足刺叶，背、腹足的后足刺叶变小，也为半圆形，稍长于足刺叶；内须指状，不外弯，背、腹须小指状。刚毛 2 种：横纹（梯形）毛状刚毛位于前足刺叶上，小刺毛状刚毛位于背、腹足的后足刺叶上，无竖琴状刚毛。体长 100 ～ 200mm，宽（含疣足）5 ～ 6mm，具 140 ～ 160 个刚节。

生态习性： 栖息于黄海潮下带碎石下泥沙中、渤海水深 30 ～ 49m 砂底质。

地理分布： 渤海，黄海；日本，朝鲜半岛，北大西洋，太平洋，北冰洋，挪威，美国新英格兰、阿拉斯加 - 北加利福尼亚。

参考文献： 刘瑞玉，2008；杨德渐和孙瑞平，1988；孙瑞平和杨德渐，2004。

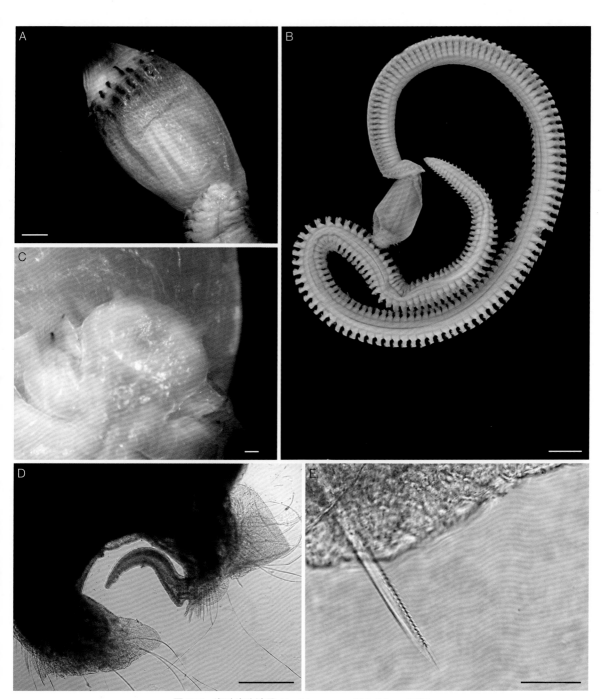

图 229 囊叶齿吻沙蚕 *Nephtys caeca* (Fabricius, 1780)

A. 头部背面观（吻翻出）；B. 整体；C. 头部；D. 疣足；E. 毛状刚毛

比例尺：A = 2mm；B = 2mm；C = 0.2mm；D = 1mm；E = 50μm

加州齿吻沙蚕
Nephtys californiensis Hartman, 1938

标本采集地: 江苏连云港。

形态特征: 口前叶长方形,前缘稍圆,后端稍窄且陷入第 1 刚节。无眼。2 对触手,前对位于口前叶前缘,后对稍长,位于口前叶腹面两侧。口前叶中部有一红色斑点,其后缘似展翅翔鹰状。口前叶近后缘两侧各具 1 个乳突状项器。翻吻具 22 对分叉的端乳突和 22 纵排亚端乳突(每纵排乳突 6～8 个从大到小排列),无中背乳突。疣足双叶型。指状内须始于第 3 刚节,约第 10 刚节后皆外弯为镰刀状。背须细长且位于内须旁,基部常见一膨大突起。疣足足刺叶前端具缺刻,呈 2 叶瓣,后刚叶比足刺叶大,前刚叶比足刺叶小。第 30 刚节疣足背、腹足的前足刺叶为半圆形,均短于其 2 个半圆形的足刺叶,后足刺叶为半圆形并长于足刺叶;内须外弯,远大于背须;背须位于内须基部,细指状;腹须位于腹足基部,指状。体中部第 80 刚节疣足背、腹足的前足刺叶仍为半圆形,均短于足刺叶(背足的足刺叶仍为 2 个半圆形叶,腹足的足刺叶为圆锥形);背、腹足的后足刺叶为圆叶形,近等长于足刺叶;内须稍外弯,背须细指状,指状腹须位于腹足的基部。刚毛 2 种:横纹(梯形)毛状刚毛位于前足刺叶上,小刺毛状刚毛位于背、腹后足刺叶上,无竖琴状刚毛。活标本浅黄色,并具闪烁的珠光。酒精保存的标本灰白色。体长 40～100mm,宽(含疣足)3～6mm,具 90～140 个刚节。

生态习性: 栖息于潮间带底质砂中。

地理分布: 渤海,黄海,东海,南海;朝鲜半岛,日本北海道和本州,美国加利福尼亚,澳大利亚昆士兰,北大西洋。

参考文献: 刘瑞玉,2008;杨德渐和孙瑞平,1988;孙瑞平和杨德渐,2004。

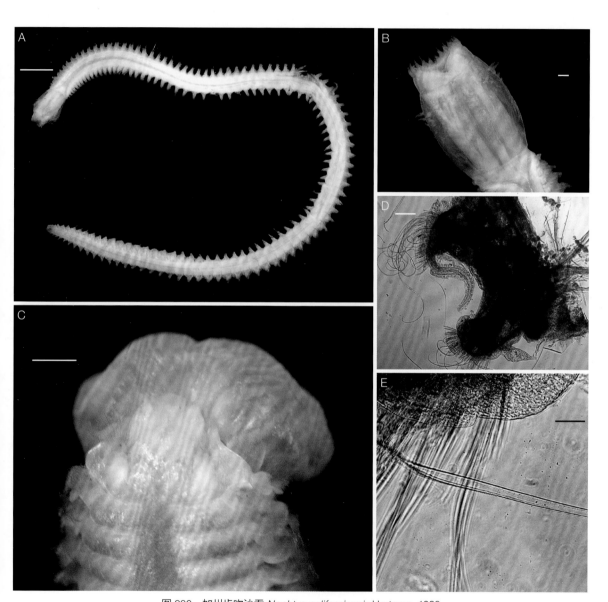

图 230　加州齿吻沙蚕 *Nephtys californiensis* Hartman, 1938
A. 整体；B. 头部腹面观；C. 头部背面观；D. 疣足；E. 毛状刚毛
比例尺：A = 2mm；B = 0.5mm；C = 0.5mm；D = 0.5mm；E = 50μm

毛齿吻沙蚕
Nephtys ciliata (Müller, 1788)

标本采集地： 天津驴驹河口。

形态特征： 口前叶为长大于宽的近五边形，前缘宽平，后端变窄且陷入第 1～2 刚节。无眼。2 对触手，前对位于口前叶前缘，后对较小，位于口前叶腹面前两侧。口前叶后缘两侧各具 1 个乳突状项器。翻吻具 22 对分叉的端乳突、22 纵排亚端乳突（每纵排乳突 3～5 个，从大到小排列）和 1 个较大的中背乳突。疣足双叶型。内须始于第 7～8 刚节，外弯镰刀状，延至体后部。第 10 刚节疣足背、腹足的前足刺叶为半圆形，短于其 2 个半圆形的足刺叶，足刺叶稍短于圆叶形后足刺叶；内须为稍外弯镰刀状，大于背须，背、腹须细指状。体中部第 35 刚节疣足增大，背、腹足的各叶与前部疣足相似，腹足的后足刺叶稍长于足刺叶；内须外弯镰刀状，远大于背须；背须细指状；腹须位于腹足的基部，指状。刚毛 2 种：横纹（梯形）毛状刚毛位于前足刺叶上，小刺毛状刚毛位于背、腹足叶的后足刺叶上，无竖琴状刚毛。体长 30～40mm，宽（含疣足） 1.5～2.5mm，具 74～80 个刚节。

生态习性： 栖息于潮间带泥滩中。

地理分布： 渤海，黄海；日本本州北部，美国阿拉斯加、新英格兰，北大西洋，挪威，丹麦，白令海。

参考文献： 刘瑞玉，2008；杨德渐和孙瑞平，1988；孙瑞平和杨德渐，2004。

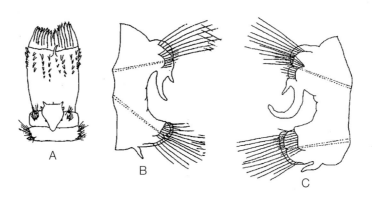

图 231-1　毛齿吻沙蚕 *Nephtys ciliata* (Müller, 1788)（引自孙瑞平和杨德渐，2004）
A. 体前部背面观；B. 第 10 刚节疣足；C. 第 35 刚节疣足

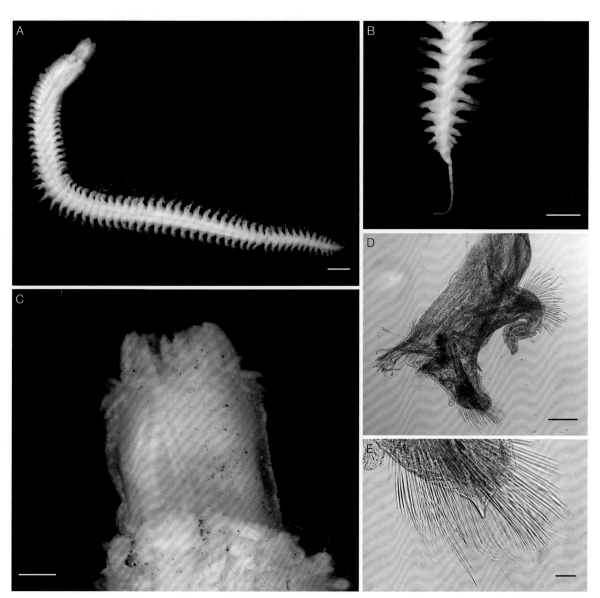

图 231-2　毛齿吻沙蚕 *Nephtys ciliata* (Müller, 1788)
A. 整体；B. 尾部；C. 头部（吻翻出）；D. 疣足；E. 毛状刚毛
比例尺：A = 1mm；B = 0.5mm；C = 200μm；D = 0.5mm；E = 50μm

长毛齿吻沙蚕
Nephtys longosetosa Örsted, 1842

标本采集地：上海长江口。

形态特征：口前叶为稍长的近六边形，前缘平直，后端变窄且缩入第 1 刚节。无眼。2 对触手，前对位于口前叶前缘，后对稍大，位于口前叶腹面前两侧。口前叶中后缘两侧各具 1 个乳突状项器。翻吻具 22 对分叉的端乳突、22 纵排亚端乳突（每纵排乳突 3 ～ 6 个从大到小排列）和 1 个较大的中背乳突。疣足双叶型。内须始于第 3 ～ 5 刚节，最初为稍外弯的指状，近基部具 1 个小突起，之后外弯镰刀状。第 3 刚节疣足背足的前足刺叶和足刺叶均为半圆形，足刺叶长于前足刺叶、短于圆叶形后足刺叶；腹足的前足刺叶和足刺叶均为两个半圆形，足刺叶长于前足刺叶、短于圆叶形后足刺叶；内须指状，大于背须，近基部具一乳突；背须位于内须基部，很小，细指状；腹须位于腹足基部，细指状。体中部第 25 刚节疣足背、腹足的前足刺叶为半圆形，短于其 2 个近半圆形的足刺叶，半圆形背足叶的后足刺叶稍长于背足刺叶，腹足的长叶片状后足刺叶为腹足刺叶的 2 倍长；内须外弯镰刀状，近基部的乳突变小，背、腹须的形状同前。体中部 40 刚节疣足形状同前，仅腹足的后足刺叶变长为足刺叶的 3 倍；内须外弯明显，近基部乳突不明显，背、腹须形状同前。2 种刚毛：横纹（梯形）毛状刚毛位于前足刺叶上，小刺毛状刚毛位于背、腹后足刺叶上，无竖琴状刚毛。不完整标本体长 35mm，宽（含疣足）4mm，具 45 个刚节。

生态习性：栖息于底质泥质砂中。

地理分布：黄海；日本，朝鲜半岛，白令海，鄂霍次克海，美国阿拉斯加、加利福尼亚、马萨诸塞，挪威，地中海。

参考文献：刘瑞玉，2008；杨德渐和孙瑞平，1988；孙瑞平和杨德渐，2004。

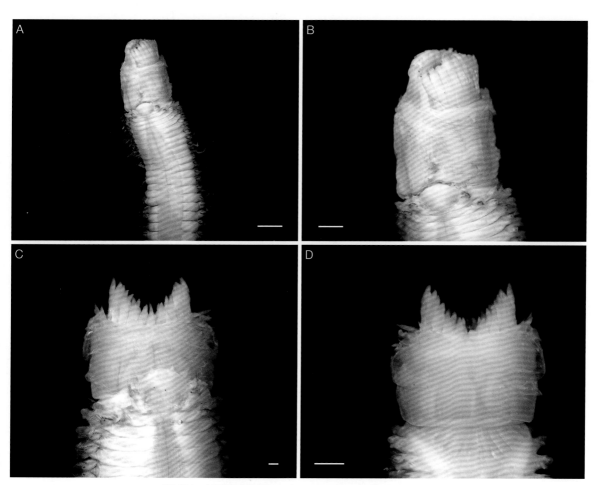

图 232 长毛齿吻沙蚕 *Nephtys longosetosa* Örsted, 1842
A. 体前端背面观；B. 吻背面观（翻出）；C. 头部背面观（吻翻出）；D. 头部腹面观
比例尺：A = 2mm；B = 2mm；C = 0.2mm；D = 0.5mm

多鳃齿吻沙蚕
Nephtys polybranchia Southern, 1921

标本采集地： 江苏南京。

形态特征： 口前叶为长大于宽的长方形，前缘平直，后端具凹裂且缩入第 3 刚节。1 对眼，位于口前叶后部约第 3 刚节处。2 对触手，前对位于口前叶前缘，后对位于口前叶腹面前两侧。口前叶后部两侧各具 1 个乳突状项器。翻吻具 22 对分叉的端乳突和 22 纵排亚端乳突（每排乳突 6 ～ 7 个从大到小排列），无中背乳突。疣足双叶型。内须始于第 5 刚节，乳突状，从第 8 ～ 10 刚节开始为囊状，至体后部为指状，接近尾部消失。第 15 刚节疣足背足的前足刺叶小于足刺叶、后足刺叶，皆为钝圆锥形；腹足的前足刺叶为斜三角形，小于末端具尖部的足刺叶和圆叶形后足刺叶；内须囊状，远大于背须；背须位于内须基部，小指状；腹须位于腹足基部，细指状。体中后部第 75 刚节疣足背、腹足的前足刺叶为三角形且均与钝圆锥形足刺叶等长，背足的后足刺叶为半圆形且短于足刺叶，腹足的后足刺叶则稍长于足刺叶；内须消失，背、腹须细指状。2 种刚毛横纹：（梯形）毛状刚毛位于前足刺叶上，小刺毛状刚毛位于背、腹后足刺叶上，无竖琴状刚毛。体长 14 ～ 20mm，宽（含疣足）1 ～ 2mm，具 50 ～ 90 个刚节。

生态习性： 栖息于潮下带、潮间带泥沙滩中。

地理分布： 渤海，黄海，东海，南海；日本，朝鲜半岛，越南，泰国，印度。

参考文献： 刘瑞玉，2008；杨德渐和孙瑞平，1988；孙瑞平和杨德渐，2004。

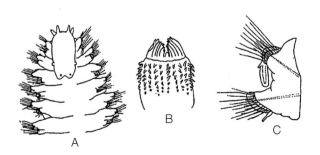

图 233-1　多鳃齿吻沙蚕 *Nephtys polybranchia* Southern, 1921（引自孙瑞平和杨德渐，2004）
A. 体前部背面观；B. 翻吻背面观；C. 第 15 刚节疣足前面观

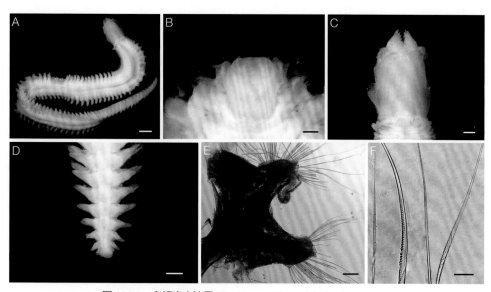

图 233-2　多鳃齿吻沙蚕 *Nephtys polybranchia* Southern, 1921

A. 整体；B. 头部背面观；C. 头部背面观（吻翻出）；D. 尾部背面观；E. 疣足；F. 毛状刚毛

比例尺：A = 2mm；B = 200μm；C = 0.5mm；D = 0.5mm；E = 0.5mm；F = 50μm

齿吻沙蚕属分种检索表

1. 内须为囊状；翻吻无中背乳突 ....多鳃齿吻沙蚕 *N. polybranchia*
  - 内须为外弯镰刀状...2
2. 内须无侧叶；翻吻无中背乳突 3
  - 内须无侧叶；翻吻具中背乳突..4
3. 口前叶具翔鹰状色斑；体中部腹足的后足刺叶近等长于足刺叶.....加州齿吻沙蚕 *N. californiensis*
  - 口前叶无翔鹰状色斑；体中部腹足的后足刺叶长远大于足刺叶 1～2 倍....囊叶齿吻沙蚕 *N. caeca*
4. 体中部腹足的后足刺叶为足刺叶长的 2 倍 ....长毛齿吻沙蚕 *N. longosetosa*
  - 体中部腹足的后足刺叶仅稍长于足刺叶 ....毛齿吻沙蚕 *N. ciliata*

齿吻沙蚕科分属检索表

1. 疣足无内须 ....微齿吻沙蚕属 *Micronephthys*（寡鳃微齿吻沙蚕 *M. oligobranchia*）
  - 疣足具内须...2
2. 间须叶状或须状、外弯 ....齿吻沙蚕属 *Nephtys*
  - 间须须状、内卷...3
3. 触手 2 对，吻具乳突............................内卷齿蚕属 *Aglaophamus*（中华内卷齿蚕 *A. sinensis*）
  - 触手 1 对，吻无乳突............................无疣齿吻沙蚕属 *Inermonephtys*（无疣齿吻沙蚕 *I. inermis*）

叶须虫科 Phyllodocidae Örsted, 1843

双须虫属 *Eteone* Savigny, 1822

长双须虫
Eteone longa (Fabricius, 1780)

标本采集地： 辽宁大连。

形态特征： 口前叶椭圆形或近三角形，长宽近相等。4个短的前触手和2个小眼。项器位于口前叶与第1刚节之间。吻前部膨大，具皱纹，有时具节瘤，前缘有乳突，其余部分平滑。第1刚节有2对短指状触须，背、腹须几乎等长。第2刚节具刚毛。疣足背须为近对称的椭圆形或圆形，前部背须较宽，后部较窄；腹须小，稍尖，卵圆形。肛须短而宽，长卵圆形。刚毛异齿刺状，端片具细齿。体常呈深棕色或黄色，有时具色斑。性成熟的雄虫苍白色，雌虫黑色或棕色。体长40～50mm，宽0.5～3mm，具350个刚节。

生态习性： 主要生活在浅海，也有记录采自水深400～500m软相底质，喜栖息于砂质泥底质中。在藤壶、贻贝、海带和虾形藻基部等也有发现。在潮间带穴居于泥砂质底，可密集栖息达50～216个/m²。

地理分布： 黄海；白令海，日本海。

参考文献： 刘瑞玉，2008；杨德渐和孙瑞平，1988；孙瑞平和杨德渐，2004；吴宝铃等，1997。

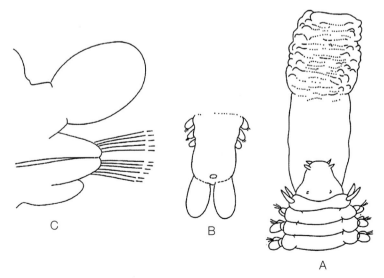

图234-1 长双须虫 *Eteone longa* (Fabricius, 1780)（引自吴宝铃等，1997）
A. 口前叶及吻翻出背面观；B. 体后部；C. 第20疣足

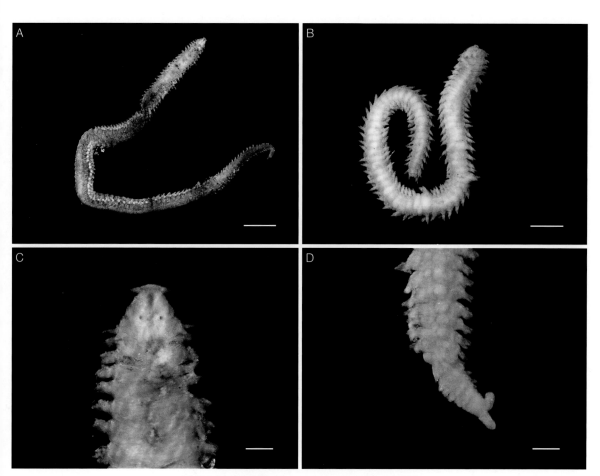

图 234-2　长双须虫 *Eteone longa* (Fabricius, 1780)

A、B. 整体；C. 体前端背面观；D. 尾部

比例尺：A = 1mm；B = 1mm；C = 200μm；D = 200μm

双带巧言虫
Eulalia bilineata (Johnston, 1840)

标本采集地： 山东烟台。

形态特征： 口前叶椭圆形。靠近口前叶后缘具 2 个小眼。头触手 5 个，细长，中央触手较长，位于 2 个眼前方。吻具大的软乳突。第 1 刚节背面部分与口前叶愈合。触须刺状，具尖的末端。第 2 和第 3 刚节的背须后伸可达第 6 ～ 8 刚节。第 2 和第 3 刚节具刚毛。疣足背须粗大，椭圆形，末端圆钝或圆球形，腹须与背须同形但稍小。疣足刚毛叶具等大的圆形上、下唇。刚毛喙部具端刺，端片短、具细齿。肛须椭圆形，末端圆，长为宽的 2 倍。酒精标本浅黄色或黄棕色，有的标本疣足基部具小黑色斑，形成 2 纵行黑色条纹，背须有时为黑棕色。体长 30 ～ 50mm，宽 3 ～ 5mm，具 100 ～ 150 个刚节。

生态习性： 在岩相带、砂滩潮间带至 2350m 的深海都有分布，主要栖息于潮间带和潮下带浅海区，经常栖息于砂滩其他多毛类空管中。

地理分布： 黄海；温哥华，大西洋，地中海，日本海，太平洋。

参考文献： 刘瑞玉，2008；杨德渐和孙瑞平，1988；孙瑞平和杨德渐，2004；吴宝铃等，1997。

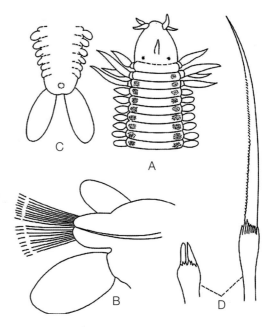

图 235-1 双带巧言虫 *Eulalia bilineata*
(Johnston, 1840)（引自吴宝铃等，1997）
A. 体前部背面观；B. 第 25 刚节疣足；
C. 体后部；D. 刚毛

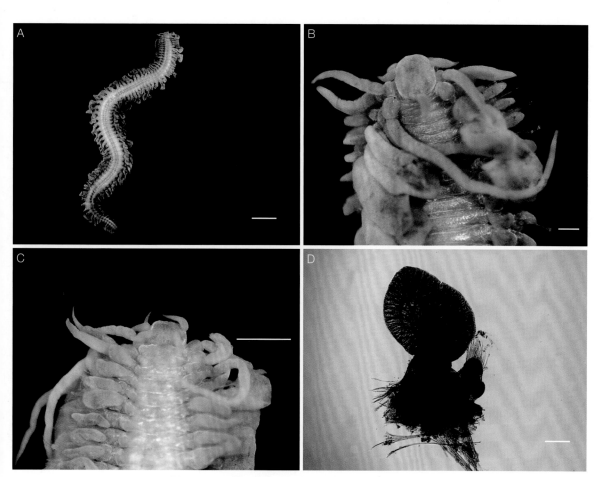

图 235-2　双带巧言虫 *Eulalia bilineata* (Johnston, 1840)
A. 整体；B. 体前端背面观；C. 体前端腹面观；D. 疣足
比例尺：A = 2mm；B = 200μm；C = 500μm；D = 0.5mm

巧言虫
Eulalia viridis (Linnaeus, 1767)

标本采集地： 山东蓬莱。

形态特征： 口前叶稍细长。5 个头触手，单个头触手比成对的稍长。2 个大黑色眼，有时在眼的边缘上附加 2 个色斑。吻上分散着许多颗粒状的小乳突，有时吻基部无乳突，吻的前端具 14 ～ 17 个或更多个大缘突。触须圆柱状，具锥形的尖端，第 2 刚节的腹须最短且稍扁。第 2 和第 3 刚节的背须后伸可达第 10 ～ 12 刚节。通常第 2 刚节无刚毛。疣足背须长叶片形，末端尖；腹须小，卵形或稍尖，长不超疣足刚毛叶。疣足刚毛叶具等大的上、下唇。刚毛喙部具大刺，端片具细齿。肛须长而尖，长为宽的 4 倍。活标本草绿色，雄虫体表发亮、淡黄色。酒精标本橄榄色或黑棕色，有时具黑色斑，后部刚节背面具横纹。在黄海和海南岛采的标本黑紫罗兰色。体长达 150mm，宽 2 ～ 3mm，刚节数 150 ～ 200 个。

生态习性： 栖息于岩相潮间带。

地理分布： 黄海，东海，南海；白令海，俄罗斯诺沃西比尔斯克科，白令海，千岛群岛，堪察加半岛，鄂霍次克海，日本海。

参考文献： 刘瑞玉，2008；杨德渐和孙瑞平，1988；孙瑞平和杨德渐，2004；吴宝铃等，1997。

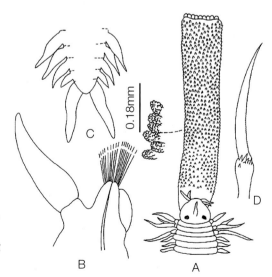

图 236-1　巧言虫 *Eulalia viridis* (Linnaeus, 1767)（引自吴宝铃等，1997）

A. 口前叶及吻外翻出背面观及吻上乳突；B. 第 25 刚节疣足；C. 体后部；D. 刚毛

图 236-2 巧言虫 *Eulalia viridis* (Linnaeus, 1767)
A. 整体；B. 头部；C. 尾部；D. 疣足
比例尺：A = 2mm；B = 0.5mm；C = 0.5mm；D = 200μm

球淡须虫
Genetyllis gracilis (Kinberg, 1866)

标本采集地：天津塘沽。

形态特征：口前叶圆形，后部稍凹陷。2 个大黑色眼。前 2 个刚节背面愈合。最长触须后伸直达第 9 刚节。第 2 和第 3 刚节具刚毛。背须细长，末端尖。口前叶后部有小的白色斑点形成凹陷，凹陷内具脑后乳突。整个虫体具黑棕色斑点，体前部颜色较深，以致前后刚节背须皆为黑棕色。体长 5mm，宽 0.5mm，具约 35 个刚节。

生态习性：栖息于潮间带。

地理分布：渤海，黄海；孟加拉湾，波利尼西亚，澳大利亚。

参考文献：刘瑞玉，2008；杨德渐和孙瑞平，1988；孙瑞平和杨德渐，2004；吴宝铃等，1997。

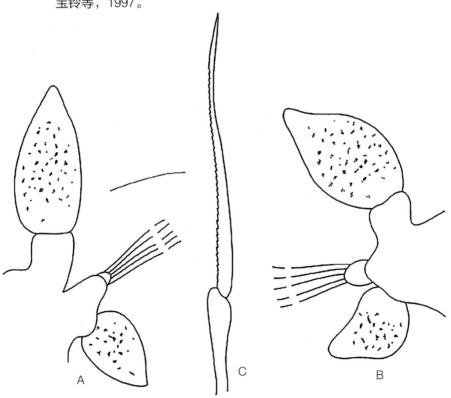

图 237-1　球淡须虫 *Genetyllis gracilis* (Kinberg, 1866)（引自吴宝铃等，1997）

A、B. 疣足；C. 刚毛

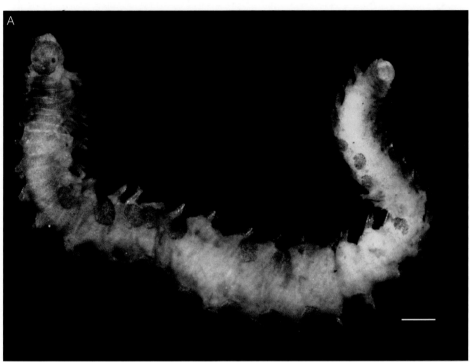

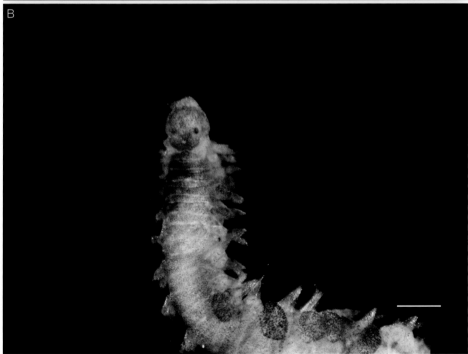

图 237-2　球淡须虫 *Genetyllis gracilis* (Kinberg, 1866)
A. 整体；B. 体前端背面观
比例尺：A = 200μm；B = 200μm

神须虫属 *Mysta* Malmgren, 1865

张氏神须虫
Mysta tchangsii (Uschakov & Wu, 1959)

同物异名： *Eteone* (*Mysta*) *tchangsii* Uschakov & Wu, 1959

标本采集地： 山东青岛。

形态特征： 口前叶宽圆锥形，头触手短，具眼，有小的项乳突。2 对相对较短的触须，上须比下须稍长，后伸可达第 4 刚节。第 2 刚节具刚毛。吻很大，长 15mm，吻前部特别膨大，上面具 1 个大的背乳突；吻的两侧各具 1 行大而软的乳突；吻上除具有显著的横褶皱外，还覆有黑色几丁质的小刺。接近吻顶端周围有一圈软而细长的指状突起（腹面的最长）。疣足背须椭圆形，位于 1 个粗大的长柱形须基上，腹须小而钝。复型异齿刺状刚毛，每一束刚毛约有 30 根，在每根刚毛柄部的喙端有 2 个大小不等的关节齿，齿的基部具有很多小刺。虫体和背须均为黄褐色，背面比腹面色深。有些标本具虹彩。海南岛标本每个刚节有 2 条横走色带。体长 160mm，宽 8mm，刚节数达 300 个。

生态习性： 栖息于潮间带砂滩中。

地理分布： 黄海，东海，南海；印度沿岸。

参考文献： 刘瑞玉，2008；杨德渐和孙瑞平，1988；孙瑞平和杨德渐，2004；吴宝铃等，1997。

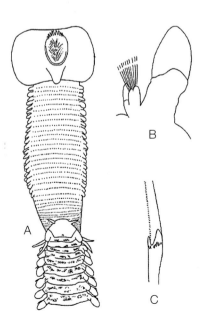

图 238-1　张氏神须虫 *Mysta tchangsii* (Uschakov & Wu, 1959)（引自吴宝铃等，1997）

A. 口前叶及吻翻出背面观；B. 体中部疣足；C. 刚毛

462

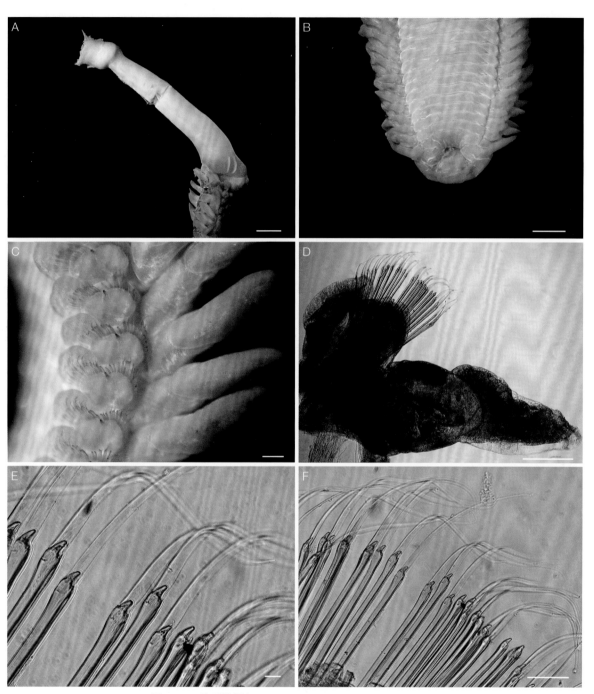

图 238-2　张氏神须虫 *Mysta tchangsii* (Uschakov & Wu, 1959)
A. 体前端侧面观；B. 尾部；C、D. 疣足；E、F. 复型刺状刚毛
比例尺：A = 2mm；B = 1mm；C = 200μm；D = 1mm；E = 20μm；F = 100μm

背叶虫
Notophyllum foliosum (Sars, 1835)

标本采集地： 山东青岛。

形态特征： 口前叶前部圆形。眼常具晶体。头触手 5 个，纺锤形或稍扁，末端锥形，单个的比成对的稍大，位于两眼间稍靠前。口前叶后缘两侧有 1 对短圆形（有时为叉形）的头后侧项突起。第 1 刚节背面退化。口前叶后背部和刚节背部具明显的白色纤毛带。触须形状，与头触手相似但较长。第 2 和第 3 刚节的背触须最长，后伸可达第 9 ～ 10 刚节。刚节上的背须长而粗大，长为宽的 2 倍，外缘有许多长方形的腺细胞，基部具 1 根足刺和 1 ～ 2 根毛状刚毛。腹须卵形，比疣足叶突大。疣足腹叶突有许多分节的腹刚毛，其柄部喙端有大而尖的棘刺，端片刺刀形，具细齿。体褐色，但在背须外缘具黑点。体长 50 ～ 60mm，宽（含疣足）5mm，具 115 个刚节。

生态习性： 栖息于潮间带。

地理分布： 黄海；日本海，俄罗斯彼得大帝湾，美国阿拉斯加，千岛群岛，白领群岛，大西洋北美洲东海岸，大西洋东北部法罗群岛，欧洲大西洋沿岸，地中海，非洲西海岸。

参考文献： 刘瑞玉，2008；杨德渐和孙瑞平，1988；孙瑞平和杨德渐，2004；吴宝铃等，1997。

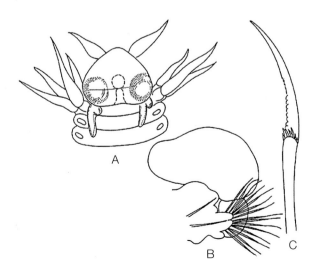

图 239-1 背叶虫 *Notophyllum foliosum* (Sars, 1835)（引自吴宝铃等，1997）
A. 口前叶背面观；B. 体中部疣足；C. 刚毛

图 239-2　背叶虫 *Notophyllum foliosum* (Sars, 1835)
A. 整体；B. 体前端腹面观；C. 体前端背面观；D. 疣足
比例尺：A = 2mm；B = 200μm；C = 200μm；D = 200μm

覆瓦背叶虫
Notophyllum imbricatum Moore, 1906

标本采集地： 黄海。

形态特征： 口前叶圆形，或前端稍窄、后端肿大似半圆形。具眼和中央触手，5个头触手形状相似，纺锤形、末端尖。头后侧项器具3个叶片（稀见4个）。第1和第2刚节背面退化并愈合。吻外翻后其基部平滑，前部覆盖许多大乳突，背面具横向褶皱，两侧各具1纵列侧乳突，基部的侧乳突较小，逐渐向前部变大，变得更长和更密。此外，在大的侧乳突和平滑的吻表面上还覆盖有肉眼看不见的致密小球形乳突，这种小球形乳突形成精细的表面（只有在高度放大的显微镜下才能看到）。虫体背面的背须宽、肾形，像瓦片一样叠盖着整个虫体背面。固定标本的背须外缘有起伏的褶皱，腹须为卵形。背须基部具足刺和2～3根伴随毛状刚毛。腹叶有40根以上的复型刺状刚毛。体褐色或灰橄榄色，背须和腹须黑橄榄色或绿褐色。体长75mm，宽（含疣足和刚毛）7～8mm，刚节数125个。

生态习性： 栖息于砾石或卵石海底，水深0～75m。

地理分布： 黄海；新西兰，千岛群岛，科曼多尔群岛，美国阿拉斯加、加利福尼亚，加拿大温哥华，日本海。

参考文献： 刘瑞玉，2008；杨德渐和孙瑞平，1988；孙瑞平和杨德渐，2004；吴宝铃等，1997。

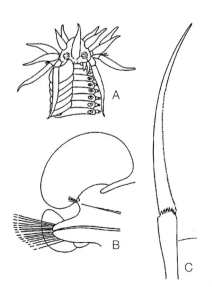

图 240-1　覆瓦背叶虫 *Notophyllum imbricatum* Moore, 1906（引自吴宝铃等，1997）
A. 体前部背面观；B. 体中部疣足；C. 刚毛

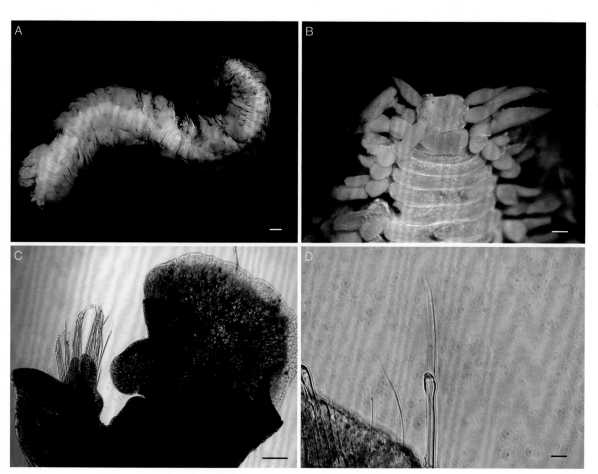

图 240-2　覆瓦背叶虫 *Notophyllum imbricatum* Moore, 1906
A. 整体；B. 体前端腹面观；C. 疣足；D. 刚毛
比例尺：A = 1mm；B = 0.2mm；C = 0.5mm；D = 20μm

华彩背叶虫
Notophyllum splendens (Schmarda, 1861)

标本采集地： 山东烟台。

形态特征： 体短而粗。口前叶圆，具 5 个头触手，均为纺锤形、两头尖。在 2 个大眼间向前伸出 1 个中央触手。口前叶后缘两侧具掌状大项器，大项器上各具 2～4 个指状突起。吻粗大，背面与腹面均具横脊，侧面具 2 纵列密集的叶片突。第 1 刚节背面退化，触须 4 对都较短。疣足背叶退化，具一足刺，但不具毛状刚毛。疣足背须大、肾形，覆盖虫体大部分；腹叶较小，具复型刺状刚毛，刚毛柄部喙端具小刺，端片具锯齿状细齿。酒精保存标本绿色或褐色。体长 15～50mm，宽 1～4mm。

生态习性： 栖息于岩相潮间带。

地理分布： 黄海，东海，南海；日本，美国阿拉斯加，新西兰，红海，南非，斯里兰卡，菲律宾，澳大利亚。

参考文献： 刘瑞玉，2008；杨德渐和孙瑞平，1988；孙瑞平和杨德渐，2004；吴宝铃等，1997。

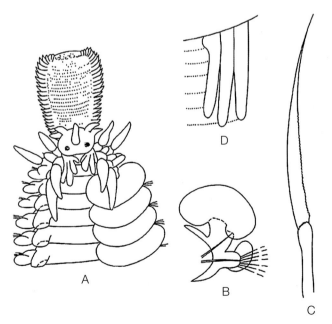

图 241-1　华彩背叶虫 *Notophyllum splendens* (Schmarda, 1861)（引自吴宝铃等，1997）
A. 体前部及吻部分翻出背面观；B. 疣足；D. 刚毛；D. 项器

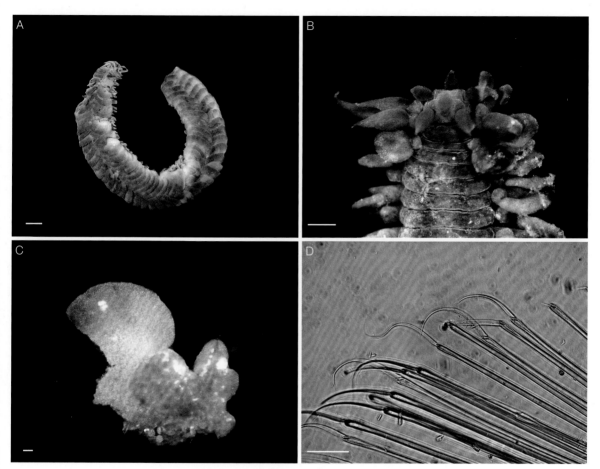

图 241-2　华彩背叶虫 *Notophyllum splendens* (Schmarda, 1861)
A. 整体；B. 体前端背面观；C. 疣足；D. 复型刺状刚毛
比例尺：A = 1mm；B = 200μm；C = 100μm；D = 50μm

背叶虫属分种检索表

1. 项器有 1 对短圆形或分叉的突起..背叶虫 N. foliosum

- 项器由 2 ～ 4 个或更多个细长的突起组成 2

2. 背足刺有 2 ～ 3 根伴随毛状刚毛 ....覆瓦背叶虫 N. imbricatum

- 背足刺无伴随毛状刚毛 ....华彩背叶虫 N. splendens

乳突半突虫
Phyllodoce (Anaitides) papillosa Uschakov & Wu, 1959

标本采集地： 山东青岛。

形态特征： 口前叶心脏形，具脑后凹陷和 1 个小的项乳突。吻完全翻出以后，在口前叶两侧可以看到很显著的侧项乳突，缩入吻的标本就见不到这种乳突。吻可以分为前后两部：吻的前部整个覆盖有大型的乳突，其排列无规则，似毛发蓬松样；吻的后部具 12 纵列有色素的乳突（每侧各具 6 列）。第 2 和第 3 刚节的背须最长，后伸可达第 9 刚节。第 2 和第 3 刚节不具刚毛。疣足背须为不规则的椭圆形（长大于宽），位于一个高的柱形须托上，腹须尖叶形，稍比腹叶长。性成熟雌性标本的腹面和疣足内充满卵，背须比一般的标本宽。酒精标本体色很均匀，为由浅而深的黄褐色，第 3 ～ 5 刚节最黑，体中部的背须有时色较深。体长可达 130mm，宽（含疣足）2.5mm，刚节数一般在 270 个左右。

生态习性： 栖息于潮间带、潮下带。

地理分布： 黄海，东海，南海。太平洋西北部至热带水域的特有种。

参考文献： 刘瑞玉，2008；杨德渐和孙瑞平，1988；孙瑞平和杨德渐，2004；吴宝铃等，1997。

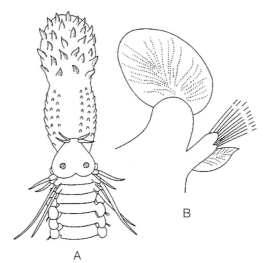

图 242-1　乳突半突虫 *Phyllodoce papillosa* Uschakov & Wu, 1959（引自吴宝铃等，1997）

A. 口前叶及吻翻出背面观；B. 体中部疣足

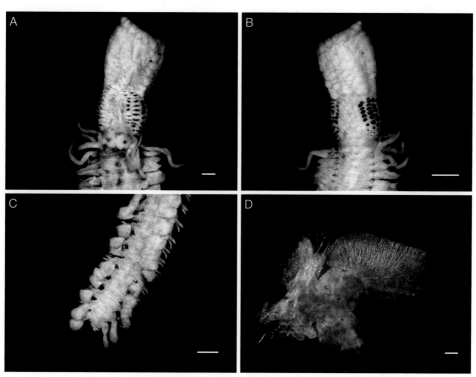

图 242-2　乳突半突虫 *Phyllodoce papillosa* Uschakov & Wu, 1959
A. 体前端背面观；B. 体前端腹面观；C、D. 疣足
比例尺：A = 0.5mm；B = 1mm；C = 1mm；D = 0.2mm

叶须虫科分属检索表

1. 触须 2 对；吻平滑或具分散的乳突 2

\- 触须 4 对 3

2. 吻两侧无乳头状大突起 ....双须虫属 *Eteone*（长双须虫 *E. longa*）

\- 吻两侧具大的乳头状突起 ....神须虫属 *Mysta*（张氏神须虫 *M. tchangsii*）

3. 疣足伪双叶型、背须指状；第 1 和第 2 刚节愈合，第 1 刚节具 1 对触须、无刚毛 ....
.... 背叶虫属 *Notophyllum*

\- 疣足单叶型 4

4. 4 个头触手；第 1 和第 2 刚节背部愈合 5

\- 5 个头触手；第 1 和第 2 刚节不愈合 ....
....巧言虫属 *Eulalia*（双带巧言虫 *E. bilineata*，巧言虫 *E. viridis*）

5. 具项乳突 ....叶须虫属 *Phyllodoce*（乳突半突虫 *P. papillosa*）

\- 无项乳突 ....淡须虫属 *Genetyllis*（球淡须虫 *G. gracilis*）

欧文虫科 Oweniidae Rioja, 1917

欧文虫属 *Owenia* Delle Chiaje, 1844

多毛纲 Polychaeta / 未定亚纲

欧文虫
Owenia fusiformis Delle Chiaje, 1841

标本采集地：渤海。

形态特征：体前部圆柱状，体后部渐细变为圆锥状。触手冠每叶各具 3 或 4 对主枝，每个主枝又分出 4 或 5 个分枝。触手冠和前 3 个刚节具浅棕色斑。触手冠背面基部的膜状领不明显。触手冠基部侧面常见浅色斑。胸区的 3 个刚节较短，前端腹面具一短的裂隙。胸区疣足单叶型，前 2 个刚节的背刚毛位于体两侧，第 3 刚节的背刚毛稍位于体背中间，仅具刺毛状背刚毛。自第 4 刚节起为腹区，腹区疣足双叶型，具长而窄的腹足枕，其中第 4 ～ 9 刚节的腹足枕几乎环绕身体。腹区背刚毛刺毛状，齿片横排于齿片枕上，齿片为长柄、双齿近等大且近平行排列的钩状。从第 8 刚节起节间距渐短，最后端的 5 ～ 7 个刚节最密。尾节圆锥状，肛叶不明显。栖管为棕黑色、两端稍细的长纺锤状，外面黏有粗沙粒和碎贝壳，其有规则地排列成瓦状。活标本银珠色，固定标本苍白色或浅灰色。体长 25 ～ 50mm，宽（胸区最宽处）0.9 ～ 2.5mm，具 20 ～ 23 个刚节，第 5 ～ 8 刚节最长。

生态习性：栖息于泥沙滩中、大型海藻基部。

地理分布：渤海，黄海，东海，南海；格陵兰岛，瑞典卡罗里娜，墨西哥湾，非洲沿岸，地中海，红海，印度洋，北太平洋，日本，白令海。

参考文献：刘瑞玉，2008；杨德渐和孙瑞平，1988；孙瑞平和杨德渐，2004。

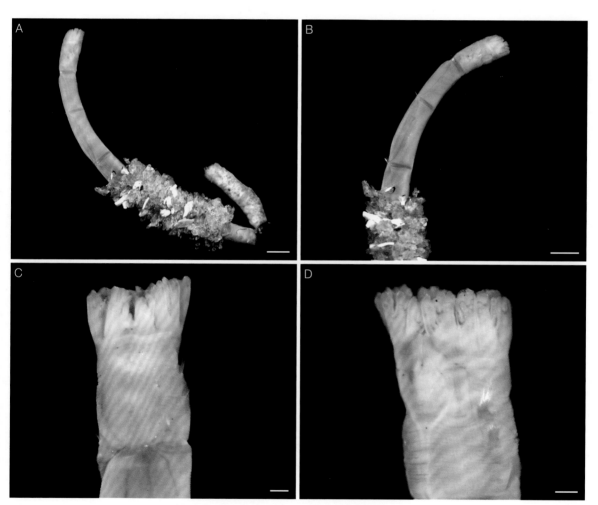

图 243　欧文虫 *Owenia fusiformis* Delle Chiaje, 1841
A. 整体侧面观（不完整）；B. 体前端侧面观；C. 体前端腹面观；D. 头部侧面观
比例尺：A = 1mm；B = 1mm；C = 0.2mm；D = 200μm

光州欧文虫
Owenia gomsoni Koh & Bhaud, 2001

标本采集地： 山东青岛。

形态特征： 触手冠为2个叶状的鳃叶，每叶各具5对主枝，每个主枝又分出数个小枝，其中背面者较扁平。触手冠基背部侧缘具低矮的领，基中腹部具达领部的深裂。胸区前2个刚节背侧具一稍突起的白色腺带，并延伸至腹区第1刚节。胸区疣足单叶型，前2个刚节的背刚毛位于体两侧，第3刚节位于近背中间，仅具刺毛状背刚毛。自第4刚节起为腹区，疣足双叶型。腹区背刚毛刺毛状，腹齿片枕横排，几乎环绕身体背中部，具长柄、双齿且不平行排列的钩状齿片。体后端的刚节逐渐变细密。尾节圆锥状，无肛叶突。栖管硬而坚固，由白色或浅棕色的粗沙粒和碎贝壳构成，其似屋瓦状排列。体长80mm，宽（胸区最宽处）3.5mm，具27个刚节。

生态习性： 栖息于潮间带泥沙滩中。

地理分布： 黄海；韩国，日本，地中海。

参考文献： 刘瑞玉，2008；杨德渐和孙瑞平，1988；孙瑞平和杨德渐，2014。

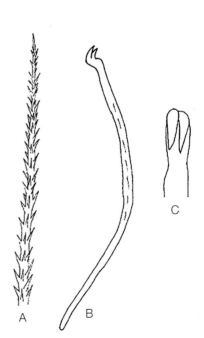

图244-1 光州欧文虫 *Owenia gomsoni* Koh & Bhaud, 2001（引自孙瑞平和杨德渐，2014）
A. 胸区刺毛状背刚毛；B. 腹区钩状腹齿片侧面观；
C. 腹区钩状腹齿片正面观

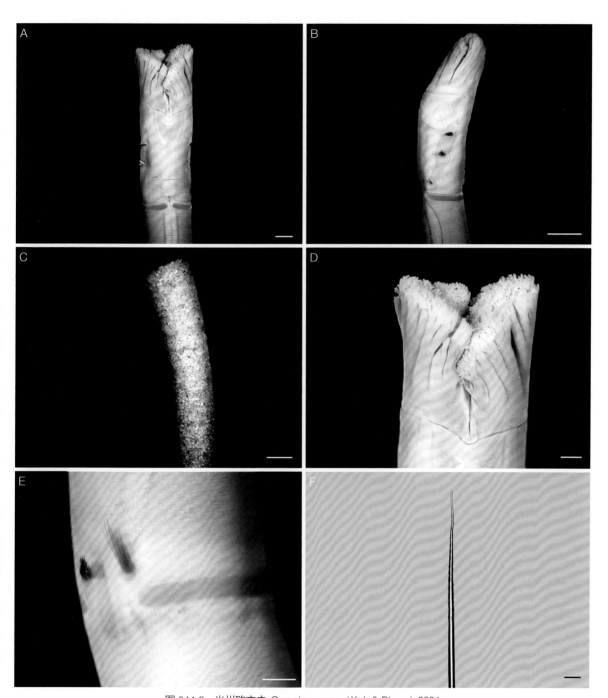

图 244-2 光州欧文虫 *Owenia gomsoni* Koh & Bhaud, 2001

A. 体前端腹面观；B. 体前端侧面观；C. 沙质栖管；D. 头部腹面观；E. 疣足；F. 锯齿毛状刚毛

比例尺：A = 1mm；B = 2mm；C = 2mm；D = 0.5mm；E = 0.5mm；F = 20μm

尖叶长手沙蚕
Magelona cincta Ehlers, 1908

标本采集地： 香港、厦门潮下带。

形态特征： 体细线状。口前叶大，扁平，近三角形，具前侧角，长宽约相等。第
5～8 刚节具有红色斑。前区第 1～9 刚节的疣足背、腹刚叶尖叶状，
无背、腹须（有的学者称刚叶为背、腹须），均无前刚叶，具细翅毛状
刚毛。第 9 刚节较短，与第 8 刚节相似，均具翅毛状刚毛。后区背、
腹两刚叶亦为尖叶状、等大或一个刚叶稍大，具 6～12 根双齿巾钩
刚毛。

生态习性： 穴居于潮下带泥沙沉积物中。

地理分布： 黄海，东海，南海。

参考文献： Mortimer and Mackie，2009；Zhou and Mortimer，2013。

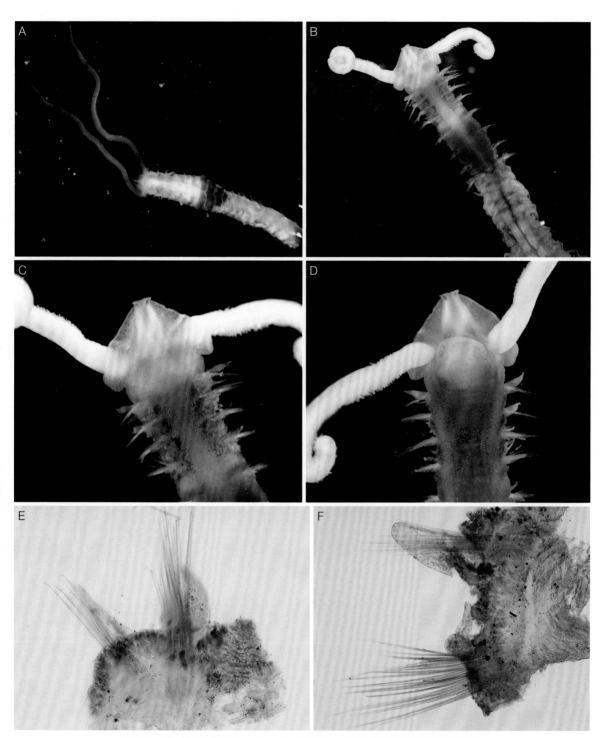

图 245　尖叶长手沙蚕 *Magelona cincta* Ehlers, 1908（杨德援和蔡立哲供图）
A、B. 体前中部背面观；C. 体前部背面观；D. 体前部腹面观；E. 第 5 刚节疣足；F. 第 9 刚节疣足

日本长手沙蚕
Magelona japonica Okuda, 1937

标本采集地： 黄海南部。

形态特征： 口前叶稍圆而短，具前侧角。前区 9 个刚节，前 8 个刚节具尖叶形背、腹刚叶，有翅毛状刚毛，第 9 刚节背、腹刚叶较小，亦具翅毛状刚毛。后区疣足背、腹刚叶宽叶片状，末端尖细，大小约相等，具三齿巾钩刚毛。标本无后部，体长 20 ～ 30mm。

生态习性： 栖息于潮下带软泥中，水深 6m。

地理分布： 黄海；日本，加拿大。

参考文献： 刘瑞玉，2008；杨德渐和孙瑞平，1988；孙瑞平和杨德渐，2004。

图 246　日本长手沙蚕 *Magelona japonica* Okuda, 1937
A. 整体背面观；B. 体前端背面观；C. 体前端腹面观；D. 前区疣足
比例尺：A = 1mm；B = 1mm；C = 0.5mm；D = 200μm

环节动物门参考文献

蔡文倩. 2010. 中国海索沙蚕科分类学和动物地理学研究. 青岛：中国科学院海洋研究所博士学位论文.

刘瑞玉. 2008. 中国海洋生物名录. 北京：科学出版社：405-452.

隋吉星. 2013. 中国海双栉虫科和蛰龙介科分类学研究. 青岛：中国科学院海洋研究所博士学位论文.

孙瑞平，杨德渐. 2004. 中国动物志 无脊椎动物 第三十三卷 环节动物门 多毛纲（二）沙蚕目. 北京：科学出版社：1-520.

孙瑞平，杨德渐. 2014. 中国动物志 无脊椎动物 第五十四卷 环节动物门 多毛纲（三）缨鳃虫目. 北京：科学出版社：1-493.

孙悦. 2018. 中国海多毛纲仙虫科和锥头虫科的分类学研究. 青岛：中国科学院海洋研究所博士学位论文.

王跃云. 2017. 中国海多毛纲鳞虫科和竹节虫科的分类学研究. 青岛：中国科学院海洋研究所博士学位论文.

吴宝铃，吴启泉，邱健文，等. 1997. 中国动物志 环节动物门 多毛纲 叶须虫目. 北京：科学出版社：1-329.

吴旭文. 2013. 中国海矶沙蚕科和欧努菲虫科的分类学和地理分布研究. 北京：中国科学院大学博士学位论文.

杨德渐，孙瑞平. 1988. 中国近海多毛环节动物. 北京：农业出版社：1-352.

周红，李凤鲁，王玮. 2007. 中国动物志无脊椎动物第四十六卷 星虫动物门 螠虫动物门. 北京：科学出版社.

周进. 2008. 中国海异毛虫科和海稚虫科分类学和地理分布研究. 青岛：中国科学院海洋研究所博士学位论文.

岡田要，内田亨，等. 1960. 原色動物大圖鑑 IV. 東京：北隆館.

Goto R. 2017. The Echiura of Japan: diversity, classification, phylogeny, and their associated Fauna. *In*: Motokawa M, Kajihara H. Species Diversity of Animals in Japan. Tokyo: Springer: 513-542.

Mortimer K, Mackie A S Y. 2009. Magelonidae (Polychaeta) from Hong Kong, China, with discussions on related species and redescriptions of three species. Zoosymposia, 2(1): 179-199.

Wu X W, Salazar-Vallejo S I, Xu K D. 2015. Two new species of *Sternaspis* Otto, 1821 (Polychaeta: Sternaspidae) from China seas. Zootaxa, 4052(3): 373.

Wu X W, Sun R P, Liu R Y. 2013a. A new species of Eunice (Polychaeta: Eunicidae) from Hainan Island, South China Sea. Chinese Journal of Oceanology and Limnology, 31(1): 134-139.

Wu X W, Sun R P, Liu R Y, et al. 2013b. Two new species of Eunice Cuvier, 1817 (Polychaeta, Eunicidae) from the coral reefs of Hainan Island with a key to 16 species of Eunice from China seas. Zootaxa, 3652(2): 249-264.

Zhou J, Mortimer K. 2013. A new species of Magelona (Polychaeta: Magelonidae) from Chinese coastal waters (Article). Journal of the Marine Biological Association of the United Kingdom, 93(6): 1503-1510.

中文名索引

拉丁名索引